Animate 2022 动画设计与制作（微课版）

文杰书院◎编著

清華大學出版社
北京

内 容 简 介

本书以通俗易懂的语言、精挑细选的实用技巧、翔实生动的操作案例，全面介绍了Animate动画制作快速入门、使用基础工具绘制图形、文本操作与对象编辑、元件和库应用、制作基本动画、图层与高级动画、导入和处理多媒体对象、动作脚本和交互动画、组件和动画预设等方面的知识、技巧及应用案例。

全书结构清晰、图文并茂，以实战演练的方式介绍知识点，让读者一看就懂，一学就会，学有所成。本书面向学习Animate的初中级读者，适合无基础又想快速掌握Animate动画设计与制作的读者，可作为自学Animate人员的参考用书，还可以作为大中专院校相关专业或相关培训机构的教材，同时对有一定经验的Animate使用者也有很高的参考价值。

图书在版编目 (CIP) 数据

Animate 2022 动画设计与制作：微课版/文杰书院编著. —北京：清华大学出版社, 2022.12（2024.7重印）
（微课堂学电脑）
ISBN 978-7-302-62046-4

Ⅰ. ①A…　Ⅱ. ①文…　Ⅲ. ①动画制作软件　Ⅳ. ①TP391.414

中国版本图书馆CIP数据核字(2022)第192361号

责任编辑：魏　莹
封面设计：李　坤
责任校对：周剑云
责任印制：刘海龙
出版发行：清华大学出版社
　　网　　址：https://www.tup.com.cn, https://www.wqxuetang.com
　　地　　址：北京清华大学学研大厦A座　　**邮　　编**：100084
　　社 总 机：010- 83470000　　**邮　　购**：010-62786544
　　投稿与读者服务：010-62776969, c-service@tup.tsinghua.edu.cn
　　质量反馈：010-62772015, zhiliang@tup.tsinghua.edu.cn
印 装 者：三河市君旺印务有限公司
经　　销：全国新华书店
开　　本：187mm × 250mm　　**印　　张**：15.25　　**字　　数**：369千字
版　　次：2022年12月第1版　　**印　　次**：2024年 7月第4次印刷
定　　价：89.00元

产品编号：096724-01

前 言

Animate 2022 是 Adobe 公司开发的一款功能强大的交互式矢量动画制作软件，利用该软件可以制作出丰富多彩的动画效果。Animate 软件功能完善、性能稳定、使用方便，是动画设计、多媒体课件制作、游戏制作和网站制作等多个领域不可或缺的工具。为了帮助读者快速掌握 Animate 2022 软件的操作方法，以便在日常的学习和工作中灵活运用，我们编写了本书。

一、购买本书能学到什么

本书在编写过程中根据初学者的学习习惯，采用由浅入深、由易到难的方式讲解，为读者快速学习提供了一个全新的学习和实践操作平台，无论是基础知识安排还是实践应用能力的训练，都充分地考虑了用户的需求，能快速达到理论知识与应用能力的同步提高。本书结构清晰，内容丰富，主要包括以下 3 方面的内容。

1. 基础知识与操作入门

本书第 1 ～ 2 章，介绍了 Animate 动画制作基础知识及操作，包括 Animate 动画制作概述、Animate 2022 的工作界面、Animate 的文件操作、使用基础工具绘制图形等几方面的知识与操作案例。

2. 高级动画制作

本书第 3 ～ 7 章，全面介绍了使用 Animate 制作高级动画的相关知识，包括文本操作与对象编辑、元件和库应用、制作基本动画、图层与高级动画、导入和处理多媒体对象等方面的操作技巧与案例。

3. 程序设计与交互动画

本书第 8 ～ 9 章，介绍了 Animate 软件程序设计与交互动画的相关知识，包括动作脚本和交互动画、组件和动画预设等方面的相关操作方法与应用案例。

二、如何获取本书更多的学习资源

为帮助读者高效、快捷地学习本书的知识点，我们不但为读者准备了与本书知识点有关的配套素材文件，而且还设计并制作了精品短视频教学课程，同时还为教师准备了 PPT 课件资源。购买本书的读者，可以通过以下途径获取相关的配套学习资源。

读者在学习本书的过程中，可以使用微信的“扫一扫”功能，扫描本书“课堂范例”标题左下角的二维码，在打开的视频播放页面中在线观看视频讲解，此外，读者也可以下载并保存到手机或电脑中离线观看。还可以扫描下方二维码，下载文件“读者服务 .docx”，获得本书的配套学习素材、作者官方网站链接、微信公众号和读者 QQ 群服务等。

读者服务

本书由文杰书院组织编写，参与编写工作的有李军、袁帅、文雪、李强、高桂华等。

我们真切地希望读者在阅读本书之后，可以开阔视野，增长实践操作技能，并从中学习和总结操作的经验和规律，达到灵活运用的水平。鉴于编者水平有限，书中纰漏和考虑不周之处在所难免，热忱欢迎读者予以批评、指正，以便我们进一步改进。

编　者

目 录

第1章

Animate 动画制作快速入门

- Animate动画制作概述
- Animate 2022的工作界面
- Animate的文件操作
- 动画制作与测试发布

本章主要介绍了Animate动画制作概述、Animate 2022的工作界面、Animate文件操作方面的知识与技巧，在本章的最后还针对实际工作需求，讲解了动画制作与测试发布的方法。通过本章的学习，读者可以掌握Animate动画制作快速入门方面的知识，为深入学习Animate 2022动画设计与制作知识奠定基础。

1.1 Animate 动画制作概述

在使用 Animate 制作动画前，首先应对该软件有个初步的了解。在二维动画制作领域，Animate 是一个比较新的名词，很多人没有听说过，但对其前身绝对熟悉，那就是 Flash。本节将详细介绍 Animate 的一些基本知识以及它的主要应用领域。

1.1.1 Animate 简介

Animate 是 Adobe 公司为了适应移动互联网和跨平台数字媒体的应用需求，由原来的 Adobe Flash Professional CC 更名而来的一款集动画创作和应用程序开发于一体的二维动画编辑软件，缩写为 An。Animate 提供了直观且丰富的设计工具和命令，用户可以借助这些工具和命令，创建应用程序、广告、栩栩如生的动画人物等多媒体内容，并使其在屏幕上“动”起来。通过使用代码片断和代码向导，用户无须手动编写任何代码即可为动画添加交互功能。

Animate 在继续支持 Flash SWF 文件的基础上，加入了对 HTML5、Web GL 甚至虚拟现实（VR）的支持，为网页开发者提供了更适应现有网页应用的音频、图片、视频、动画等创作方案，其发布格式也具有很强的灵活性。Animate 为专业设计人员和业余爱好者制作短小精悍的动画作品和应用程序提供了很大帮助，深受动画设计爱好者和网页设计人员的喜爱。

1.1.2 Animate 的应用领域

Animate 继承了原 Flash 的矢量动画制作功能，用户依然可以用其创作基于时间轴的二维动画，并且利用其提供的众多实用设计工具，在不用写代码的情况下实现交互动画效果，轻松制作出适用于网页、数字出版、多媒体广告、应用程序、游戏等的互动式 HTML 动画。Animate 主要应用于制作动画短片、网络广告、交互游戏、UI 动态效果等。

1. 动画短片

Animate 简单易学、容易上手，用户通过自学也能制作出很不错的动画作品。此外，Animate 也是一个矢量绘图工具，能实现较好的动画效果，所以非常适合制作简短的动画短片，一些公益短片、宣传短片、故事短片都可以使用 Animate 来制作。例如曾经火爆一时的“绿豆蛙”系列动画短片就是用 Animate 制作完成的，如图 1-1 所示。

2. 网络广告

网络上的广告一般具有短小精悍、表现力强的特点，Animate 使用的是矢量动画技术，具有动画体积小、画面精美、多媒体表现力丰富、交互空间广阔、在网络上的传播速度快、方便用户观看等特点，所以 Animate 非常适合于制作网络广告。图 1-2 所示为网页上出现的动态产品广告。

图 1-1

3. 交互游戏

在 Flash 时代，用户可以利用 ActionScript 动作脚本制作一些有趣的在线小游戏，如看图识字游戏、贪吃蛇游戏、射击类游戏、棋牌类游戏等，这些游戏具有制作简单、体积小、无须安装等特点。Animate 除了提供原来的 ActionScript 3.0 脚本语言外，还提供了 Create JS 游戏开发引擎，可以开发更加复杂的跨平台游戏，如图 1-3 所示。

图 1-2

图 1-3

4. UI 动态效果

随着移动互联网的发展及智能手机的普及，UI 动态效果越来越多地被应用于实际项目中。Animate 作为一款二维动画制作软件和跨平台交互动画制作软件，也经常被用于制作 UI 动态效果，以展示交互原型，增加产品的亲和力和趣味性，如图 1-4 所示。

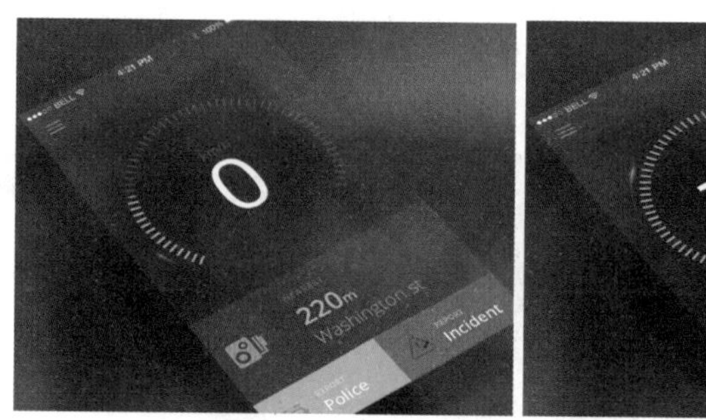

图 1-4

1.2 Animate 2022 的工作界面

工作界面是软件给人的第一印象，协调的界面颜色和合理的功能布局，可以减少初学者的使用压力，提高软件的使用效率。Animate 2022 的工作界面是为用户提供工具、信息和命令的工作区域。使用 Animate 2022 制作动画，首先需要了解工作界面及其各部分的功能。

1.2.1 菜单栏

Animate 2022的工作区将多个文档集中到一个界面中，这样不仅降低了系统资源的占用，而且还可以更加方便地操作文档。Animate 2022的操作界面包括以下几部分：菜单栏、工具箱、时间轴、场景和舞台、属性面板、浮动面板等。图 1-5 所示为 Animate 2022 的主要操作界面。

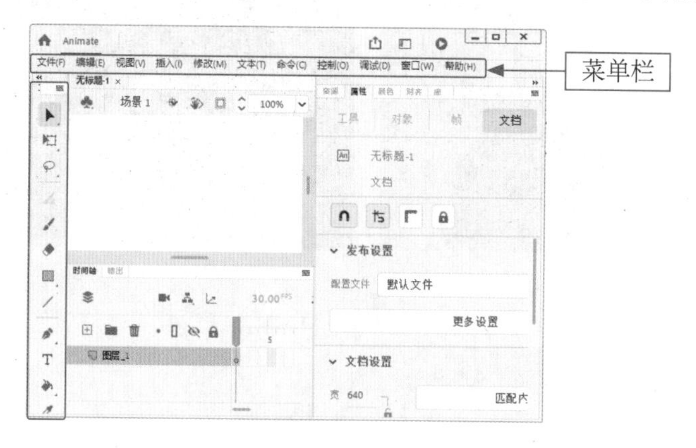

图 1-5

Animate 2022 的主菜单命令共有 11 种，即文件、编辑、视图、插入、修改、文本、命令、控制、调试、窗口和帮助，如图 1-6 所示。

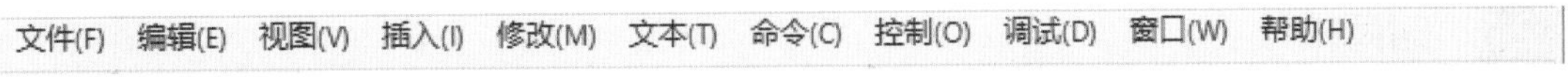

文件(F) 编辑(E) 视图(V) 插入(I) 修改(M) 文本(T) 命令(C) 控制(O) 调试(D) 窗口(W) 帮助(H)

图 1-6

下面介绍这些主要的菜单命令。

- 【文件】菜单：包含文件处理、参数设置、输入和输出文件、发布、打印等功能，还包括用于同步设置的命令。
- 【编辑】菜单：包含用于基本编辑操作的标准菜单项，以及对“首选项”的访问。
- 【视图】菜单：主要功能是进行环境设置。
- 【插入】菜单：提供创建元件、图层、关键帧和舞台场景等内容的命令。
- 【修改】菜单：主要功能是修改动画中的对象。
- 【文本】菜单：主要功能是修改文字的大小、样式、对齐方式，以及对字母间距进行调整等。
- 【命令】菜单：用于管理、保存和获取命令，以及导入、导出动画 XML。
- 【控制】菜单：主要功能是测试、播放动画。
- 【调试】菜单：主要功能是对影片代码进行测试和调试。
- 【窗口】菜单：主要功能是控制各功能面板的显示及面板的布局设置。
- 【帮助】菜单：主要功能是提供在线帮助信息和支持站点的信息，包括教程和 ActionScript 帮助。

1.2.2 工具箱

选择【窗口】→【工具】菜单项，或按 Ctrl+F2 组合键，即可打开【工具】面板。

Animate 2022 的工具箱提供了图形绘制和编辑的各种工具，分为工具、查看、颜色和选项 4 个功能区。工具箱中主要包括选择工具、绘图工具、文字工具、着色和编辑工具、导航工具以及其他工具选项，如图 1-7 所示。工具箱中部分工具按钮的右下角会带有图标，表示该工具包含一组同类型工具，如图 1-8 所示。

工具

图 1-7

工具
套索工具 L
多边形工具 Shift+L
魔术棒

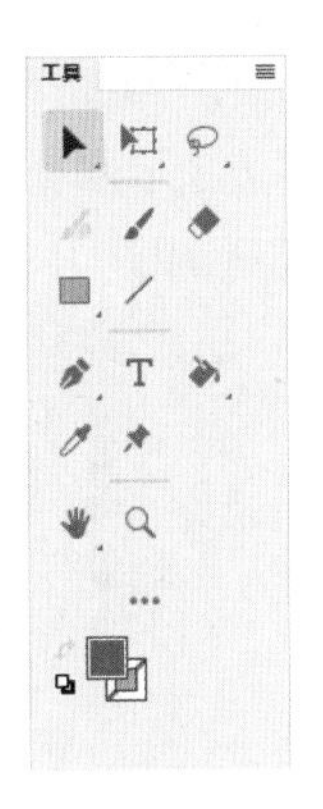

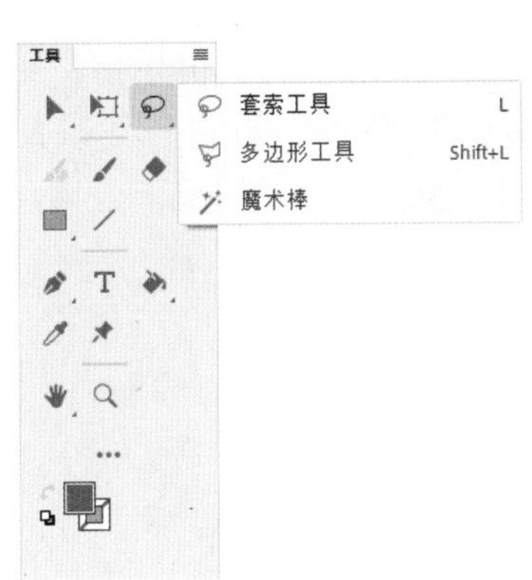

图 1-8

1.2.3 时间轴

时间轴用于组织和控制影片内容在一定时间内播放的层数和帧数。按照功能的不同，时间轴分为左右两部分，即层控制区和时间轴控制区。时间轴的主要组件是图层、帧和播放头，如图 1-9 所示。

图 1-9

1. 层控制区

层控制区位于时间轴的左侧。层就像堆叠在一起的多张幻灯片，每个层都包含一个可在舞台中显示的图像。在层控制区中，可以显示舞台上正在编辑的作品的所有层的名称、类型和状态，并可以通过工具按钮对层进行操作。

2. 时间轴控制区

时间轴控制区位于时间轴的右侧，由帧、播放头、多个按钮及信息栏组成。与电影胶片一样，Animate 文档也将时间长度分为帧。每个层包含的帧显示在该层名称右侧的一行中。时间轴顶部的时间轴标题指示帧的编号，播放头指示当前舞台中显示的帧，信息栏显示当前帧的编号、动画播放速率以及到当前帧为止的运行时间等信息。

1.2.4 场景和舞台

场景是所有动画元素的最大活动空间，像多幕剧一样，场景可能不止一个。要查看特定场景，可以选择【视图】→【转到】菜单项，再在其子菜单中选择场景的名称。场景，也就是常说的舞台，是编辑和播放动画的矩形区域。在舞台上可以绘制、编辑和放置矢量插图、文本框、按钮、导入的位图图形和进行视频剪辑等。在舞台上可以显示网格、标尺和辅助线，帮助用户实现准确定位。在默认情况下，舞台显示为白色，如图 1-10 所示。

图 1-10

显示网格的方法是选择【视图】→【网格】→【显示网格】菜单项，如图 1-11 所示。显示标尺的方法是选择【视图】→【标尺】菜单项，如图 1-12 所示。

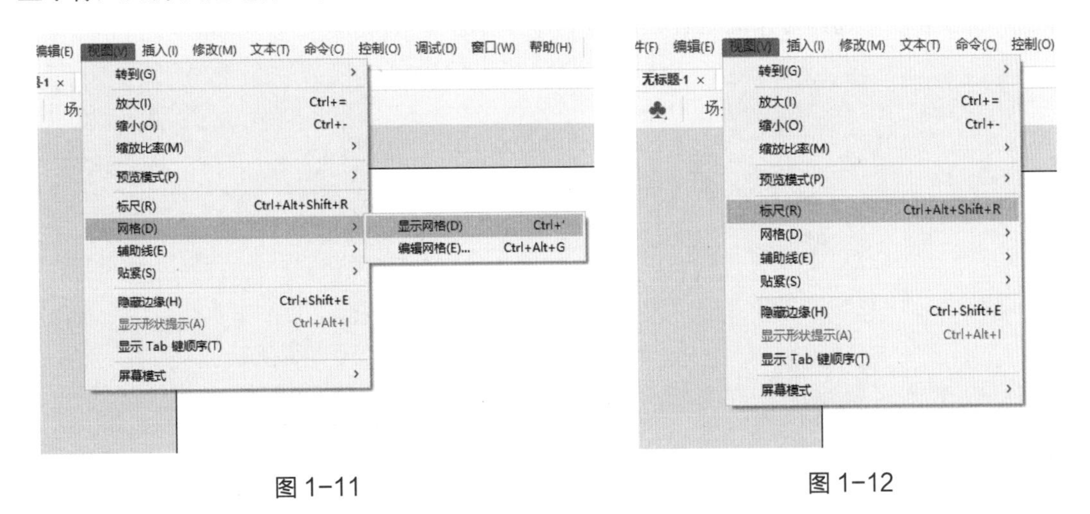

图 1-11　　图 1-12

在设计和制作动画时，通常需要辅助线来作为舞台上不同对象的对齐标准，需要辅助线时可以从标尺上向舞台拖曳鼠标以产生浅蓝色的辅助线，如图 1-13 所示。在播放动画时，辅助线不会显示。不需要辅助线时，将其从舞台向标尺方向拖曳即可删除。

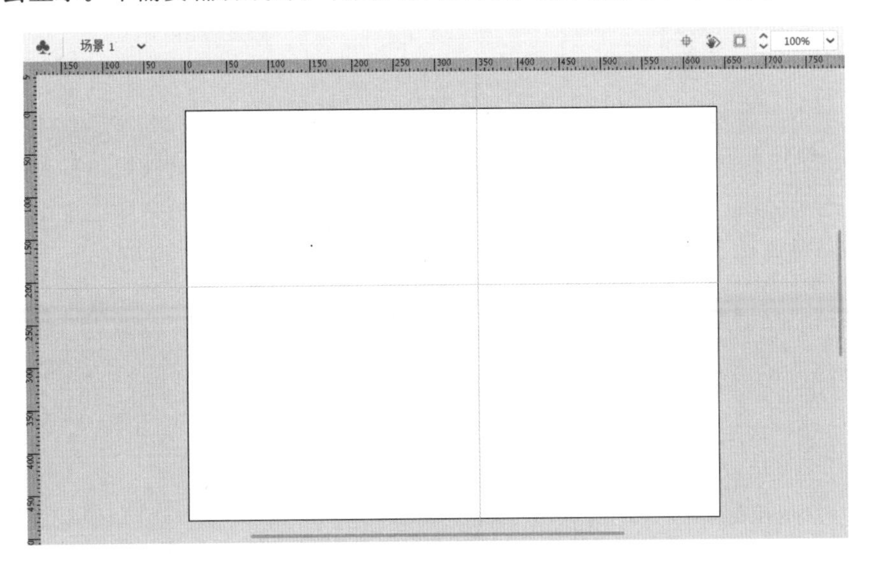

图 1-13

1.2.5 【属性】面板

对于正在使用的工具或资源，使用【属性】面板可以很容易地查看和更改它们的属性，从而简化文档的创建过程。当选择单个对象时，如文本、组件、形状、位图、视频、组、帧等，【属性】面板可以显示相应的信息和设置，如图 1-14 所示。当选择两个或多个不同类型的对象时，【属性】面板会显示选择对象的组合，如图 1-15 所示。

图 1-14

图 1-15

1.2.6 浮动面板

使用面板可以查看、组合和更改资源。但由于屏幕的大小有限，为了尽量使工作区最大化，Animate 2022 提供了多种自定义工作区的方式。例如，可以通过【窗口】菜单来显示、隐藏面板；还可以通过拖动面板左上方的面板名称，将面板从面板组合中拖曳出来，利用这种方法也可以将独立的面板添加到面板组合中，如图 1-16 和图 1-17 所示。

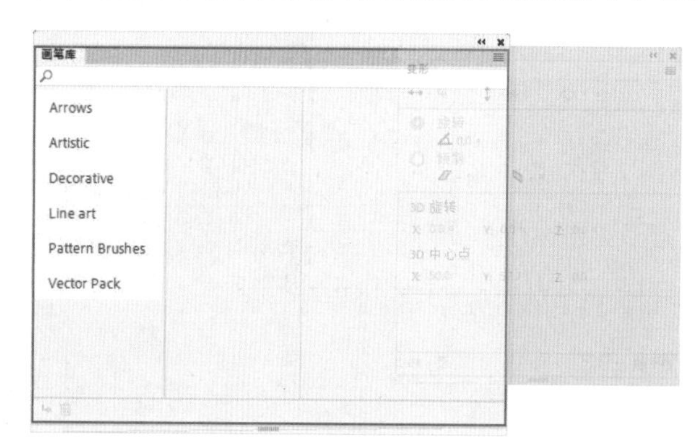

图 1-16

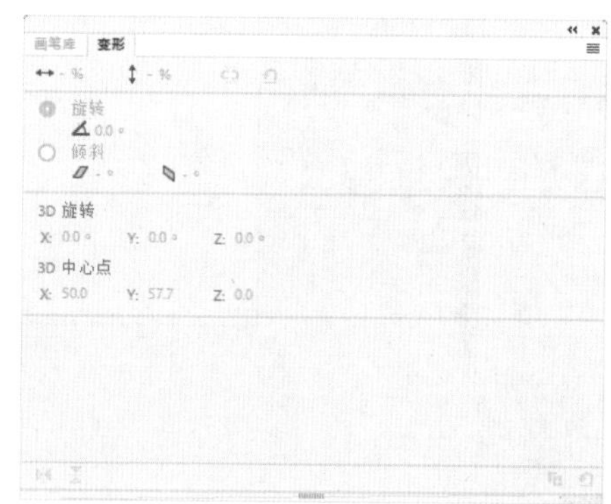

图 1-17

1.3 Animate 的文件操作

使用 Animate 2022 制作动画，首先需要掌握该软件的基本操作技巧。利用 Animate 2022 可以创建新的文档，打开已有的文档进行编辑和保存文档等。本节将详细介绍 Animate 文件的相关知识及操作方法。

1.3.1 新建文件

创作动画的首要步骤是创建一个新的文件，在 Animate 2022 中用户可以创建一个新的空白文档，也可以根据模板创建新文档。

1. 新建空白文档

选择【文件】→【新建】菜单项，或按 Ctrl+N 组合键，弹出【新建文档】对话框，如图 1-18 所示。在左侧的【类型】列表中选择需要创建的新文档类型。此时，在对话框的右侧可以对新建文档的宽、高、标尺单位、帧速率等进行设置，单击【创建】按钮即可创建一个新文档。

2. 从模板新建文档

Animate 2022 提供了多种类别的应用模板供用户选择使用。选择【文件】→【从模板新建】菜单项，或按 Ctrl+Shift+N 组合键，弹出【从模板新建】对话框。在该对话框的【类别】列表框中选择需要使用的模板类别，在【模板】列表中选择需要使用的模板。此时，在对话框中能够预览模板文件的效果并看到对该模板的描述信息，如图 1-19 所示。选择完成后单击【确定】按钮，即可使用该模板创建新文档。

图 1-18　　图 1-19

1.3.2 保存文件

在完成文档的创建和制作后，需要对文档进行保存，以便日后再次打开该文档或对已保存的文档进行编辑和修改。因此，掌握文档的保存方法是掌握 Animate 2022 的基础操作的至关重要的一步。

1. 文档的保存

编辑和制作完动画后，就需要保存动画文件。对文档进行保存的详细操作步骤为：选择【文件】→【保存】菜单项，Animate 2022 会弹出【另存为】对话框，利用该对话框用户可以设置动画文件的保存位置和文件名，如图 1-20 所示。设置完成后，单击【保存】按钮，即可完成文档的保存。

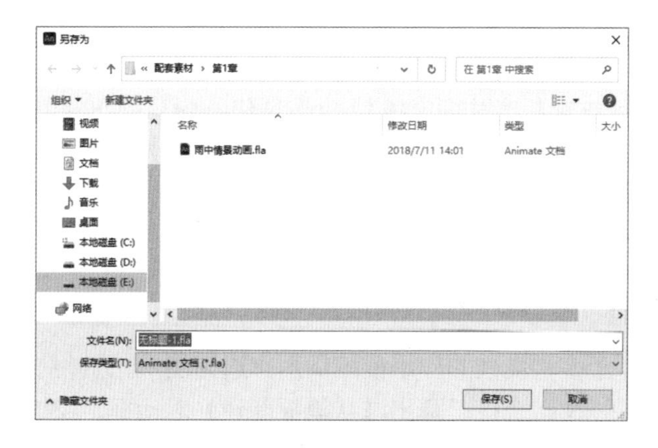

图 1-20

专家解读：使用快捷键随时保存文档

在动画的制作过程中，随时保存文档是一个很好的习惯，这样可以有效地避免因为计算机死机或断电等原因造成的数据丢失。在需要对文件进行保存时，还可以通过快捷键 Ctrl+S 快速保存，按下 Ctrl+Shift+S 组合键可实现另存为操作。

2. 将文档另存为模板

Animate 2022 允许用户将文档保存为模板。选择【文件】→【另存为模板】菜单项，弹出【另存为模板警告】对话框，如图 1-21 所示。单击【另存为模板】按钮，系统会弹出【另存为模板】对话框。在对话框的【名称】文本框中输入模板的名称，在【类别】下拉列表框中选择模板类型，在【描述】列表框中输入对模板的描述，如图 1-22 所示。设置完成后，单击【保存】按钮，即可将动画以模板的形式保存下来。

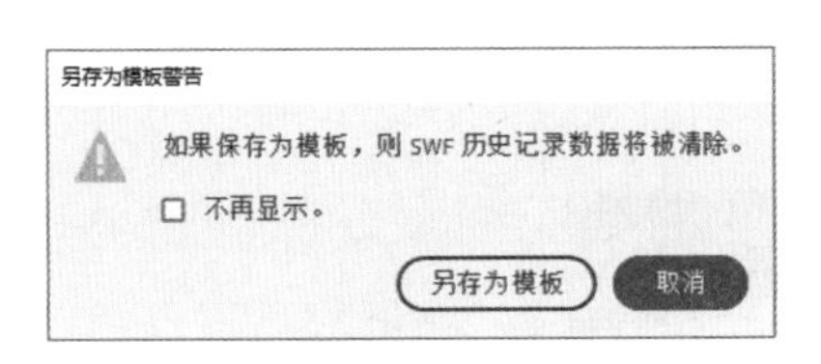

图 1-21

图 1-22

1.3.3 打开与关闭文档

在 Animate 2022 中，用户可以快捷地打开已有的文档和关闭当前正在编辑的文档。本小节介绍打开和关闭文档的操作方法。

1. 打开文档

启动 Animate 2022，在菜单栏中选择【文件】→【打开】命令，弹出【打开】对话框。在该对话框中选择需要打开的文档后，单击【打开】按钮，即可在 Animate 2022 中打开该文档，如图 1-23 所示。

图 1-23

知识拓展：同时打开多个文档

在【打开】对话框中，也可以同时打开多个文档，只要在文档列表中将需要打开的多个文档选中，并单击【打开】按钮，就可以打开多个文档，以避免多次调用【打开】对话框。在【打开】对话框中，按住 Ctrl 键的同时，单击可以选择不连续的文档；按住 Shift 键，单击可以选择连续的文档。

2. 关闭文档

在 Animate 2022 中，文档在程序中以选项卡的形式打开。若要关闭单个文档，需要单击文档标签上的【关闭】按钮，如图 1-24 所示。若要关闭整个 Animate 2022 软件，则需要单击主界面上标题栏中的【关闭】按钮。

图 1-24

1.3.4 课堂范例——设置动画文档

在开始动画创作之前，必须进行周密的计划，正确地设置动画的放映速度和作品尺寸。如果中途修改这些属性，将会大大地增加工作量，而且可能使动画播放效果与原来预想的相差很大。下面详细介绍设置动画文档的相关方法。

<< 扫码获取配套视频课程，本视频课程播放时长约为 2 分 14 秒。

配套素材路径：配套素材/第1章

素材文件名称：雨中情景动画.fla

操作步骤 Step by Step

第 1 步 打开本例的素材文件“雨中情景动画.fla”，在菜单栏中选择【修改】→【文档】菜单项，如图 1-25 所示。

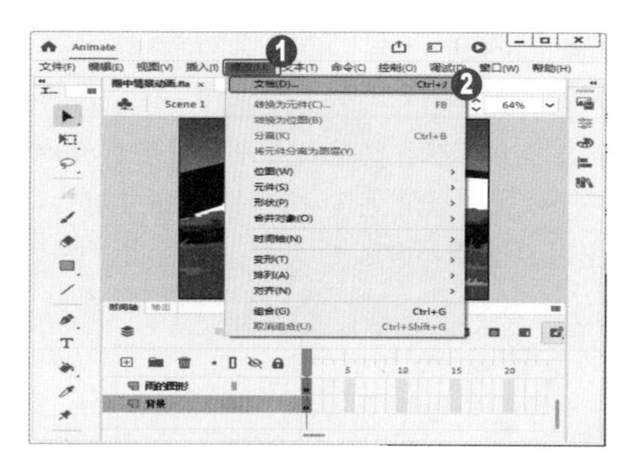

图 1-25

第 2 步 弹出【文档设置】对话框，用户即可在该对话框中设置详细的文档属性，如图 1-26 所示。

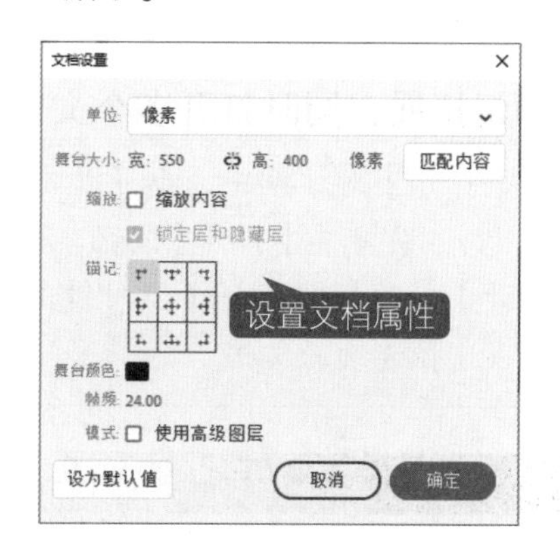

图 1-26

第 3 步 【文档设置】对话框中的选项与【属性】面板中的选项基本一致，单击【属性】面板中的【更多设置】按钮也可以打开【文档设置】对话框，如图 1-27 所示。

图 1-27

第 4 步 在【文档设置】对话框的【单位】下拉列表框中，用户可以选择舞台大小的度量单位，如图 1-28 所示。

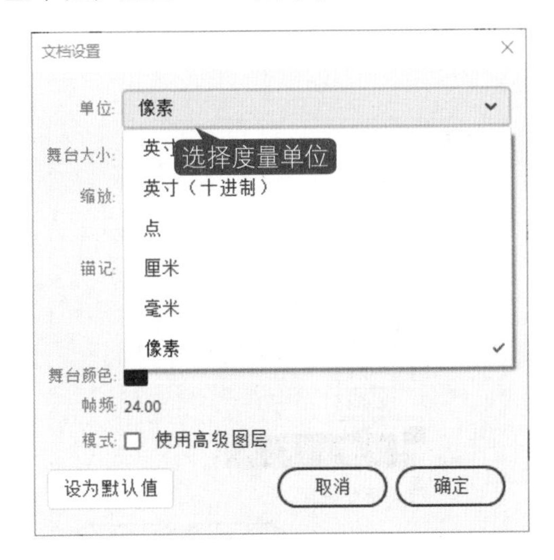

图 1-28

第 5 步 在【舞台大小】区域，输入影片的宽度和高度值，如图 1-29 所示。单击【匹配内容】按钮，则自动将舞台大小设置为刚好能容纳舞台上所有对象的尺寸。设置舞台大小时，单击【链接】按钮 可按比例设置舞台尺寸。如果要单独修改高度值或宽度值，可单击该按钮，解除约束比例设置。

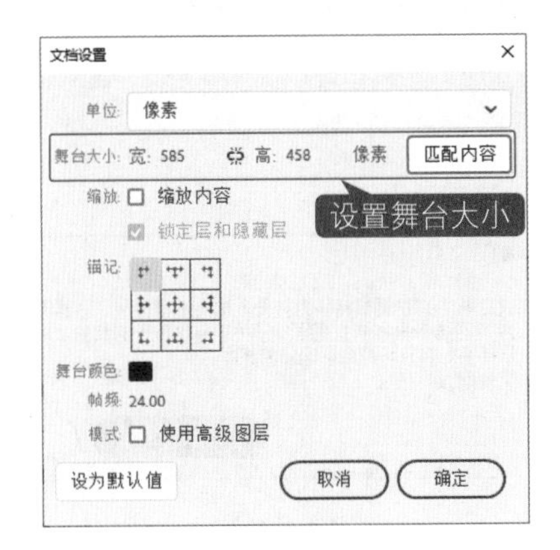

图 1-29

第 6 步 用户可以根据需要选中【缩放内容】复选框。“缩放内容”功能是指根据舞台大小缩放舞台上的内容。选中该复选框后，如果调整了舞台大小，舞台上的内容会随着舞台同比例调整大小，此外，选中【缩放内容】复选框后，舞台尺寸将自动关联并禁用，如图 1-30 所示。

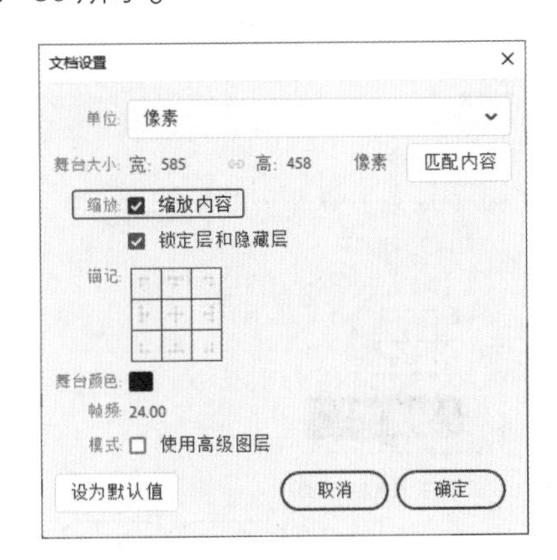

图 1-30

第 7 步 在【锚记】区域设置随着舞台尺寸变化，舞台扩展或收缩的方向。例如选择锚点，单击【确定】按钮后，舞台会根据所选锚点沿相应方向收缩，如图 1-31 所示。

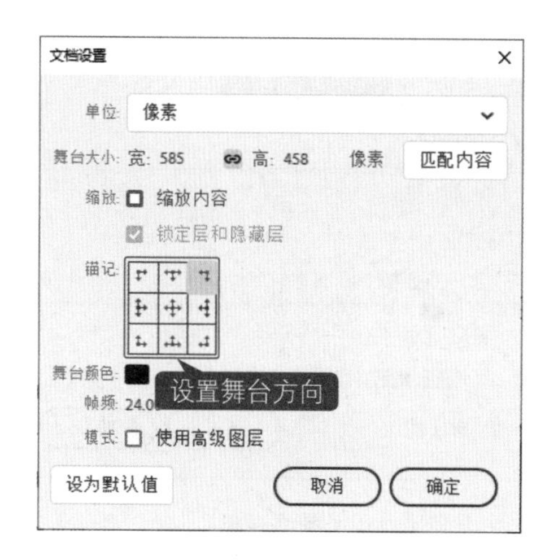

图 1-31

第 8 步 舞台的默认颜色为黑色，可用作影片的背景，在最终影片中的任何区域都可看到该背景。单击【舞台颜色】右侧的颜色框，在弹出的色板中选择动画背景的颜色，如图 1-32 所示。用户选择一种颜色后，色板左上角会显示这种颜色，同时以 RGB 格式显示对应的数值。

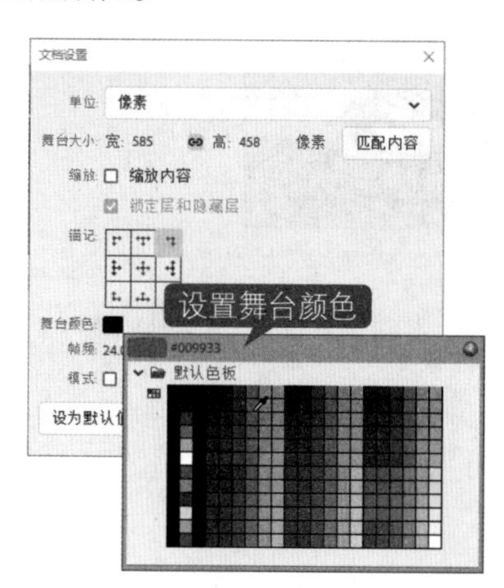

图 1-32

第 9 步 “帧频”表示动画的放映速度，单位为帧 / 秒。默认值为 24，对于大多数项目而言已经足够，当然，用户也可以根据需要选择一个更大或更小的数。帧频数值越大，对于速度较慢的计算机则越难放映。可以在【帧频】文本框中设置帧频，如图 1-33 所示。

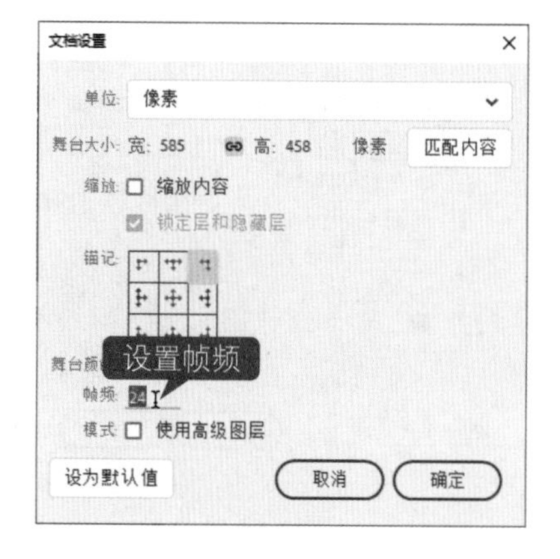

图 1-33

第10步 选中【使用高级图层】复选框，系统会弹出【打开高级图层？】提示框，单击【打开高级图层】按钮即可应用高级图层模式，如图 1-34 所示。在 Animate 中的高级图层模式下，时间轴中的所有图层将发布为元件，当用户在 Animate 中使用高级图层时，所发布的动画项目的大小可能会增大。

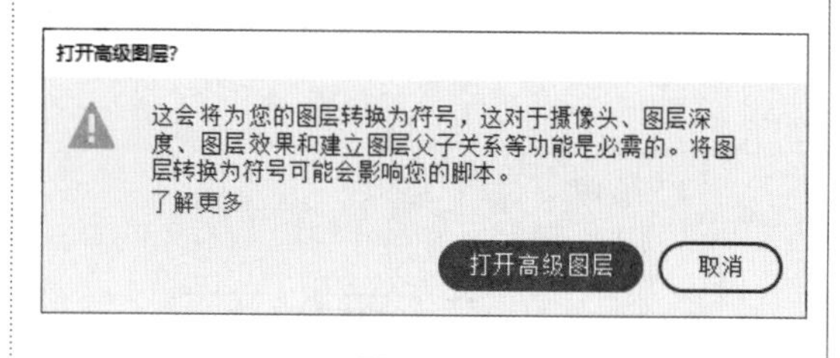

图 1-34

专家解读

设置文档属性以后，如果希望以后新建的动画文件都沿用这种设置，可以单击【文档设置】对话框底部的【设为默认值】按钮，将它作为默认的属性设置；如果不想设置为默认属性，单击【确定】按钮即可完成当前文档属性的设置。

1.4 实战课堂——动画制作与测试发布

使用 Animate 可以快速地制作出一个小动画。在动画制作完成后，需要预览一下动画效果，并对动画效果进行实时修改完善，这就需要对动画效果进行测试。通过不断地完善并达到满意效果后才可以发布，最终使用户能够看到和使用。

<< 扫码获取配套视频课程，本视频课程播放时长约为 1 分 58 秒。

配套素材路径：配套素材/第1章

素材文件名称：方向盘.jpg

1.4.1 快速制作小动画

在 Animate 2022 中，用户可以利用代码片断快速地制作出一个不断旋转的小动画，本例详细介绍使用代码制作旋转动画的操作方法。

操作步骤

Step by Step

第 1 步 新建一个空白文档，在菜单栏中选择【文件】→【导入】→【导入到舞台】菜单项，如图 1-35 所示。

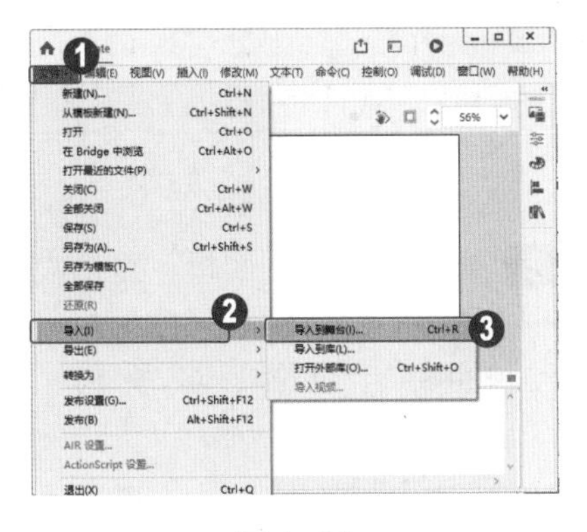

图 1-35

第 2 步 弹出【导入】对话框，❶选择本例的素材文件“方向盘.jpg”，❷单击【打开】按钮，如图 1-36 所示。

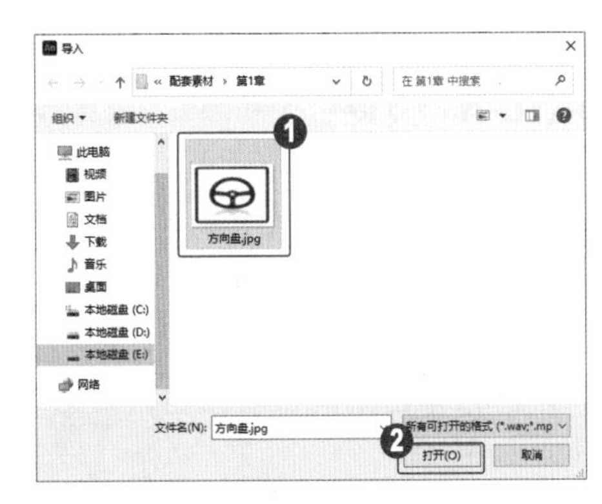

图 1-36

第 3 步 选中图形，然后在菜单栏中选择【修改】→【转换为元件】菜单项，如图 1-37 所示。

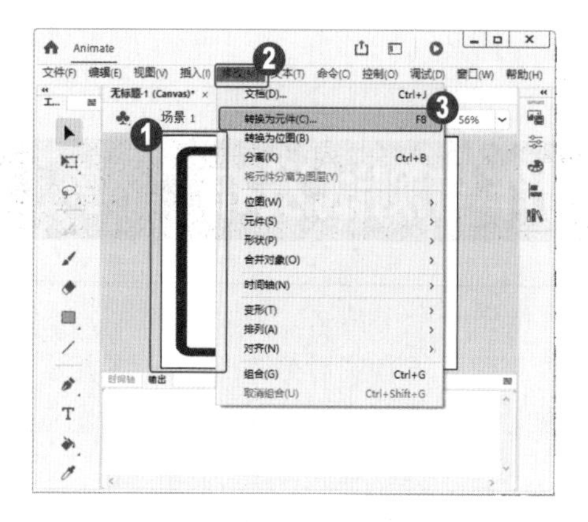

图 1-37

第 4 步 弹出【转换为元件】对话框，❶在【名称】文本框中输入元件名称，❷在【类型】下拉列表框中选择【影片剪辑】选项，❸单击【确定】按钮，如图 1-38 所示。

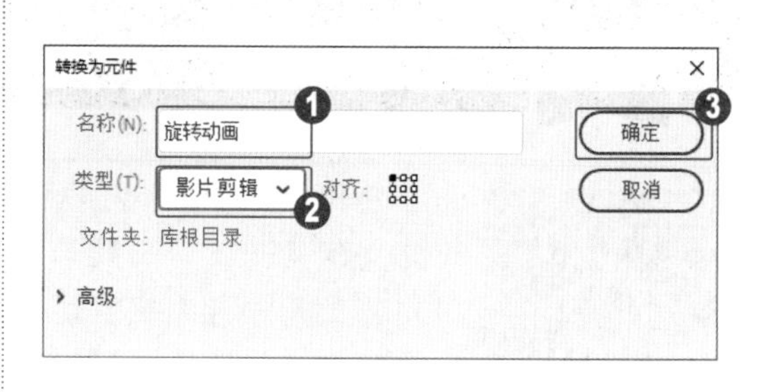

图 1-38

第 5 步 在菜单栏中，选择【窗口】→【代码片断】菜单项，如图 1-39 所示。

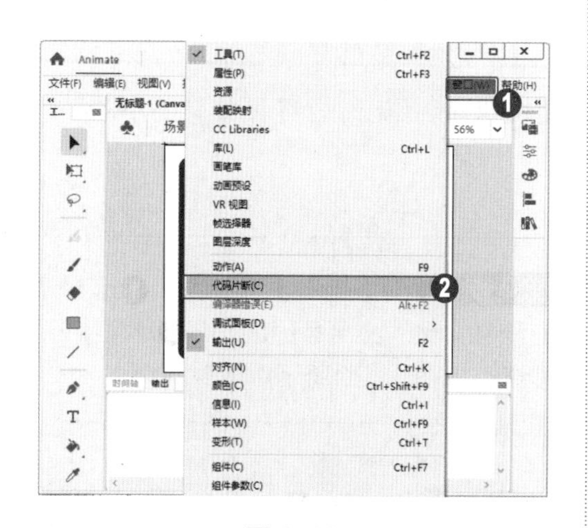

图 1-39

第 6 步 打开【代码片断】面板，❶单击 HTML5 Canvas 折叠按钮 ▶，❷单击【动画】折叠按钮 ▶，❸在展开的列表中双击【不断旋转】选项，如图 1-40 所示。

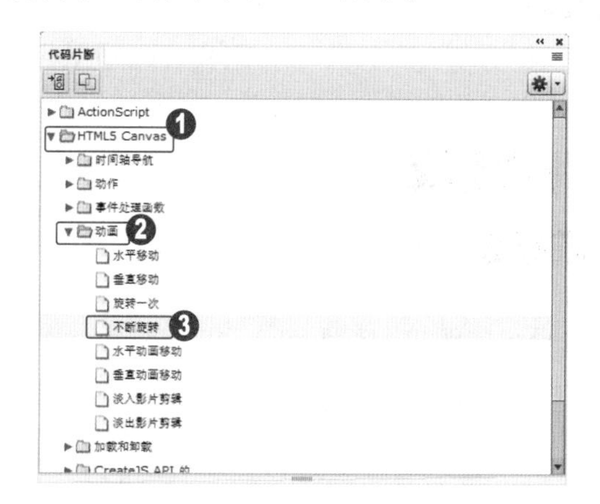

图 1-40

第 7 步 弹出 Adobe Animate 对话框，提示“所选元件需要一个实例名称。在应用此代码范例之前，Animate 将创建一个实例名称”信息，单击【确定】按钮，如图 1-41 所示。

第 8 步 弹出【动作】面板，显示代码信息以及相关说明，这样即可完成使用代码制作旋转动画的操作，如图 1-42 所示。

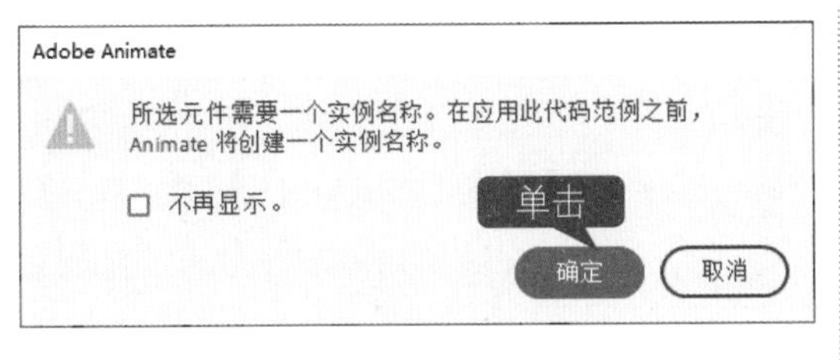

图 1-41

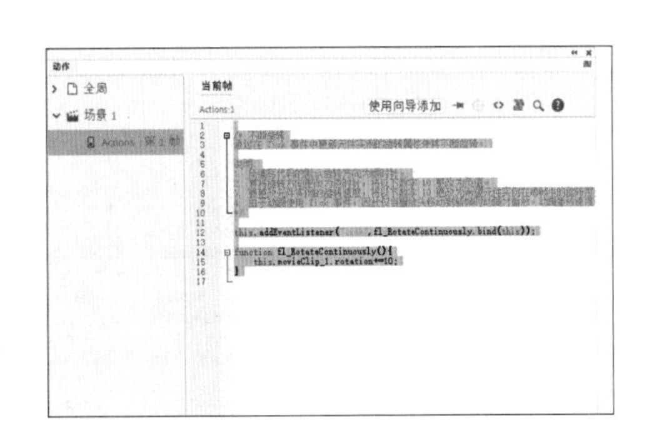

图 1-42

1.4.2 预览和测试动画

预览和测试动画是在动画制作完成后，进行发布之前的一个步骤。如果要预览和测试动画，可以执行下面的操作。

操作步骤 Step by Step

第 1 步 在菜单栏中选择【控制】→【测试】菜单项，如图 1-43 所示。

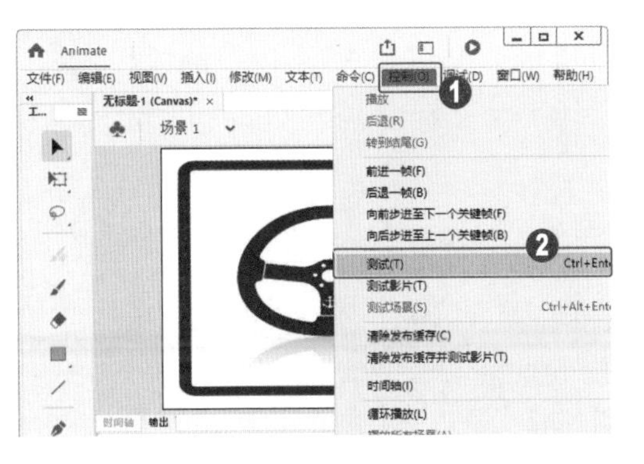

图 1-43

第 2 步 此时即可在浏览器中预览动画效果，如图 1-44 所示。

图 1-44

知识拓展：快速预览和测试动画

按 Ctrl+Enter 组合键，即可快速预览和测试动画。

1.4.3 文件的导出

在完成动画的预览和测试后，对创建完成的动画可以导出为用户需要的文件格式，在菜单栏中选择【文件】→【导出】菜单项，然后选择准备导出格式的对应菜单即可。

Animate 2022 可以导出的文件格式主要有图像、影片、视频以及动画（GIF）等，如图 1-45 所示。

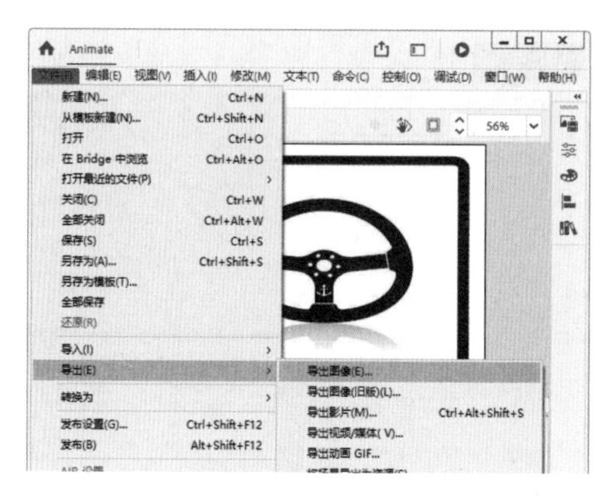

图 1-45

1.4.4 文件的发布设置

为了提高制作效率，避免每次在发布时都要进行设置，可以在【发布设置】对话框中对需要发布的格式进行设置。

在菜单栏中选择【文件】→【发布设置】菜单项，即可打开【发布设置】对话框，按照设置直接导出文件发布即可，如图 1-46 所示。

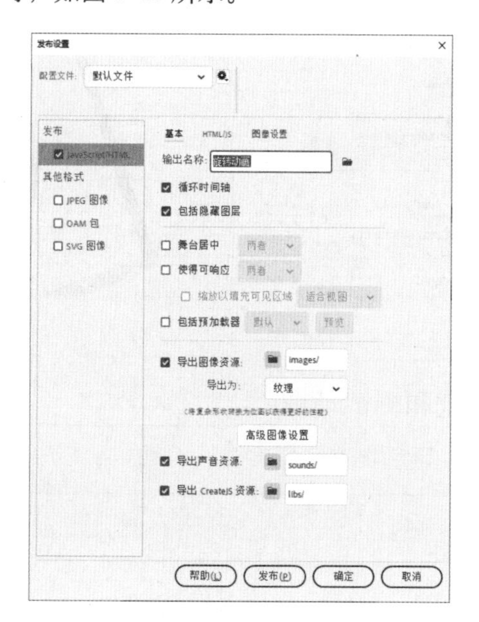

图 1-46

专家解读：快速对需要发布的格式进行设置

按 Ctrl+Shift+F12 组合键，即可快速打开【发布设置】对话框，从而快速地对需要发布的格式进行设置。

1.5 思考与练习

通过本章的学习，读者可以掌握 Animate 动画制作快速入门的基本知识以及一些常见的操作方法。本节将针对本章知识点，有目的地进行相关知识测试，以达到巩固与提高的目的。

一、填空题

1. Animate 是 Adobe 公司为了适应移动互联网和跨平台数字媒体的应用需求，由原来的 Adobe Flash Professional CC 更名而来的一款集动画创作和应用程序开发于一体的二维动画编辑软件，缩写为 ________。

2. Animate 继承了原 Flash 的 ________ 制作功能，用户依然可以用其创作基于时间轴的二维动画，并且利用其提供的众多实用设计工具，在不用写代码的情况下实现交互动画效果，轻松地制作出适用于网页、数字出版、多媒体广告、应用程序、游戏等的互动式 HTML 动画。

3. 网络上的广告一般具有短小精悍、表现力强的特点，Animate 使用的是 ________ 技术，具有动画体积小、画面精美、多媒体表现力丰富、交互空间广阔、在网络上的传播速度快、方便用户观看等特点，所以 Animate 非常适合制作网络广告。

4. Animate 除了提供原来的 ActionScript 3.0 脚本语言外，还提供了 ________ 游戏开发引擎，可以开发更加复杂的跨平台游戏。

5. Animate 2022 的主菜单命令共有 11 种，即文件、编辑、________、插入、修改、文本、命令、控制、________、窗口和帮助。

6. 选择【窗口】→【工具】菜单项，或按 Ctrl+F2 组合键，即可打开 ________。

7. 工具箱中部分工具按钮右下角会带有图标，表示该工具包含一组 ________ 工具。

8. 层控制区位于时间轴的左侧。层就像堆叠在一起的多张幻灯片，每个层都包含一个可在舞台中显示的图像。

9. 在设计和制作动画时，通常需要辅助线作为舞台上不同对象的 ________ 标准，需要辅助线时可以从标尺上向舞台拖曳鼠标以产生浅蓝色的辅助线。

10. 对于正在使用的工具或资源，使用【________】面板可以很容易地查看和更改它们的属性，从而简化文档的创建过程。

二、判断题

1. Animate 提供了直观且丰富的设计工具和命令，用户可以借助这些工具和命令，创建应用程序、广告、栩栩如生的动画人物等多媒体内容，并使其在屏幕上“动”起来。(　　)

2. 通过使用代码片断和代码向导，用户需要手动编写任何代码即可为动画添加交互功能。(　　)

3. Animate 在继续支持 Flash SWF 文件的基础上，加入了对 HTML5、Web GL 甚至虚拟现实（VR）的支持，为网页开发者提供了更适应现有网页应用的音频、图片、视频、动画等创作方案，其发布格式也具有很强的灵活性。(　　)

4. 时间轴用于组织和控制影片内容在一定时间内播放的层数和帧数。按照功能的不同，时间轴分为左右两部分，即层控制区和时间轴控制区。(　　)

5. 场景是所有动画元素的最大活动空间，像多幕剧一样，场景可能不止一个。(　　)

6. 在舞台上可以隐藏网格、标尺和辅助线，帮助用户实现准确定位。(　　)

7. 在层控制区中，可以显示舞台上正在编辑的作品的所有层的名称、类型、状态，但不可以通过工具按钮对层进行操作。(　　)

8. 时间轴控制区位于时间轴的右侧，由帧、播放头、多个按钮及信息栏组成。与电影胶片一样，Animate 文档也将时间长度分为帧。(　　)

三、简答题

1. 如何从模板新建文档？

2. 如何将文档另存为模板？

第2章

使用基础工具绘制图形

- 绘制基本线条
- 绘制简单图形
- 绘制复杂图形
- 编辑图形
- 图形色彩
- 辅助绘制工具

本章主要介绍了绘制基本线条、绘制简单图形、绘制复杂图形、编辑图形、图形色彩方面的知识与技巧，在本章的最后还针对实际工作需求，讲解了辅助绘制工具的方法。通过本章的学习，读者可以掌握使用基础工具绘制图形方面的知识，为深入学习Animate 2022动画设计与制作知识奠定基础。

2.1 绘制基本线条

使用 Animate 制作的充满活力的设计作品都是由基本图形组成的，Animate 2022 提供了各种工具来绘制线条和图形。使用工具箱中的绘图工具来绘制图形，是创作动画的主要步骤，是进行动画设计与制作的基础。本节将详细介绍绘制基本线条的相关知识。

2.1.1 线条工具

线条是构成矢量图形的基本要素，在使用 Animate 2022 制作动画时，需要用到线条工具绘制矢量图形。下面详细介绍使用线条工具的操作方法。

操作步骤 Step by Step

第 1 步 在工作区的工具箱中，单击【线条工具】按钮 ⁄ ，如图 2-1 所示。

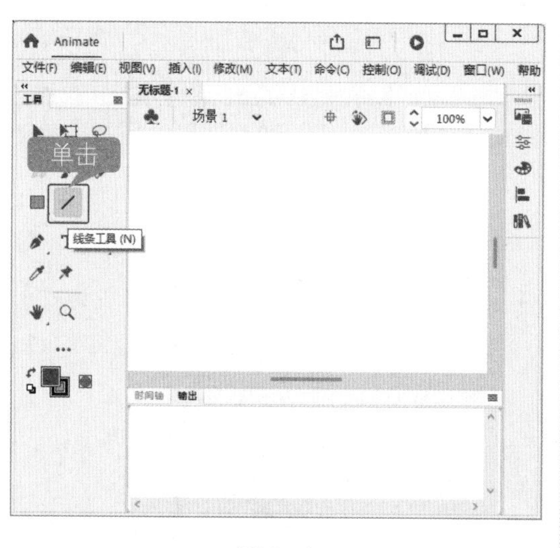

图 2-1

第 2 步 将鼠标指针移动到舞台上，当鼠标指针变为“+”形状时，按住鼠标左键拖动，拖至适当的位置及长度后，释放鼠标左键即可绘制出一条直线，如图 2-2 所示。

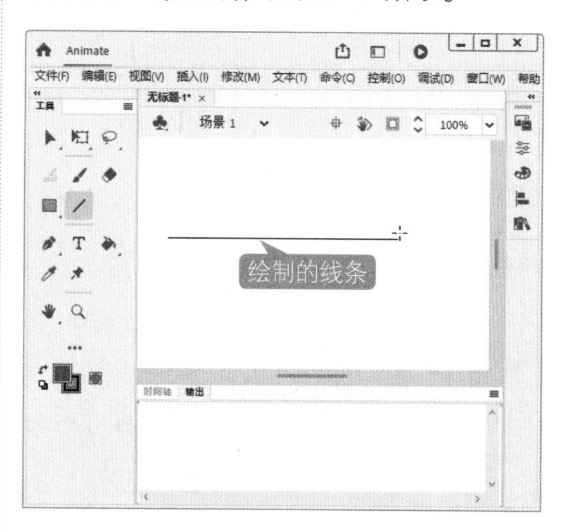

图 2-2

专家解读

在使用线条工具绘制直线的过程中，按下 Shift 键的同时拖动鼠标，可以绘制出垂直或水平的直线，或者是 45° 的斜线。按下 Ctrl 键可以切换到选择工具，对工作区中的对象进行选取，当释放 Ctrl 键时，又会自动回到线条工具。

利用【属性】面板可对直线的笔触、样式、宽度、颜色、粗细等进行修改，具体操作步骤为：选择工具箱中的【线条工具】，再选择【窗口】→【属性】命令，打开【属性】面板，如图 2-3 所示。

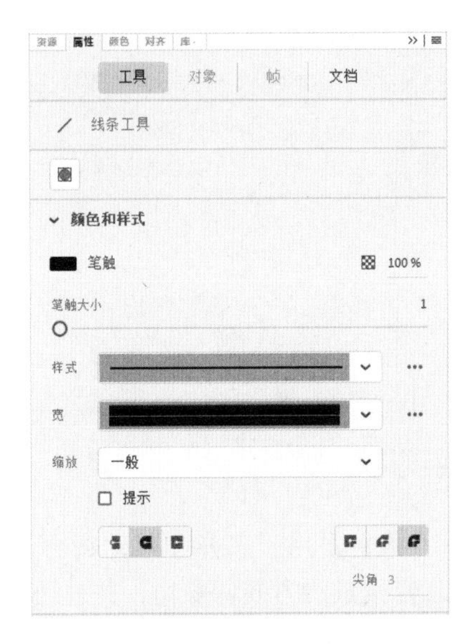

图 2-3

- 颜色和样式：主要用来设置线条的笔触颜色和样式。
- 笔触大小：主要用于设置线条笔触的大小，即线条的宽度，用鼠标拖动滑块或在文本框中输入数值均可调节笔触大小。
- 样式：用于设置线条的样式，如实线、虚线、点状线、锯齿线、点刻线和斑马线等。
- 宽：主要用来设置线条的宽度。Animate 2022 提供了多种宽度配置文件，通过选择不同宽度效果选项可以绘制多种样式的线条。
- 缩放：用于设置线条的缩放样式。系统提供了 4 个选项，分别为【一般】、【水平】、【垂直】和【无】，若需要提示可以选中【提示】复选框。
- “端点”选项组：用来设置线条的端点样式。
- “连接”选项组：用来设置两条线段相接处的拐角端点样式。

2.1.2 自定义笔触样式

在打开的线条工具【属性】面板中，单击【样式】右侧的【样式选项】按钮，在弹出的下拉菜单中选择【编辑笔触样式】命令，如图 2-4 所示。系统会打开【笔触样式】对话框，在该对话框中可以自定义笔触样式，包括线条的粗细、类型和点距，如图 2-5 所示。设置好笔触样式后，单击【确定】按钮完成自定义笔触样式。

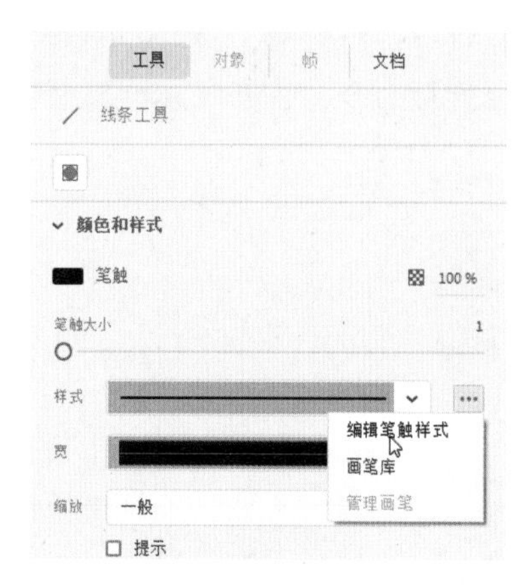

图 2-4

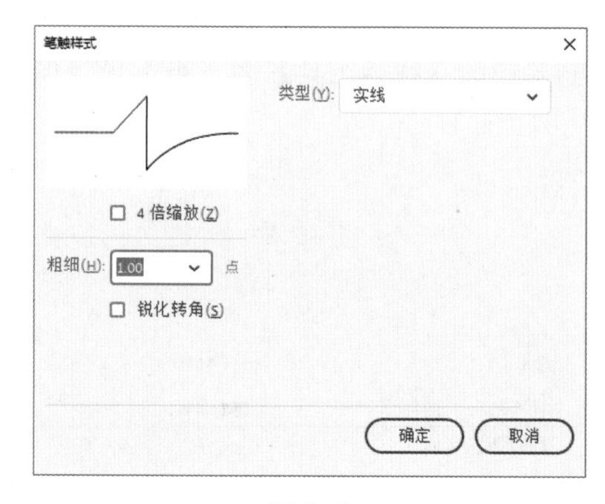

图 2-5

2.1.3 用选择工具改变线条形状

在 Animate 2022 中，选择工具主要用于选择和移动舞台上的对象、改变对象的大小和形状等，利用选择工具还可以改变线条的方向、长短，并且还可以使直线变成各种形状的弧线。下面详细介绍其操作方法。

操作步骤 Step by Step

第 1 步 使用线条工具绘制直线后，在工具箱中单击【选择工具】按钮 ，如图 2-6 所示。

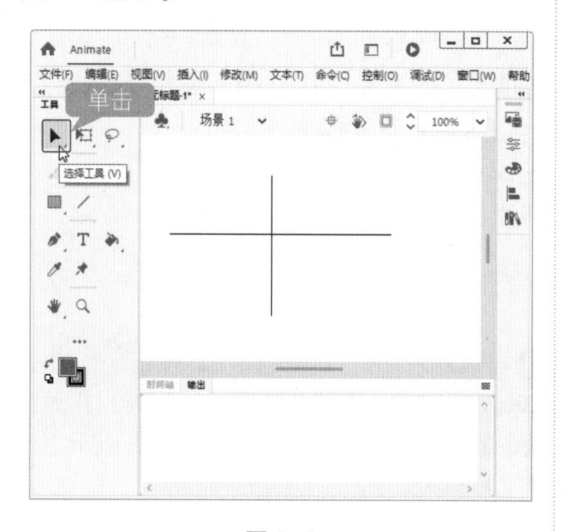

图 2-6

第 2 步 将鼠标指针停留在线条右边端点，此时，鼠标指针右下角会出现直角标志 ，如图 2-7 所示。

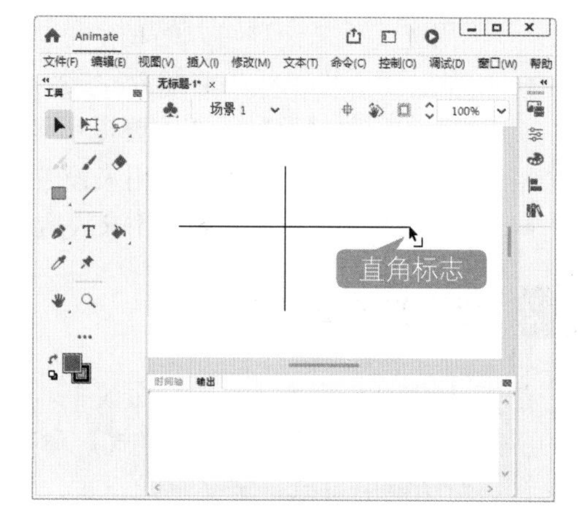

图 2-7

第 3 步 按住鼠标左键上下移动即可改变线条方向，如图 2-8 所示。

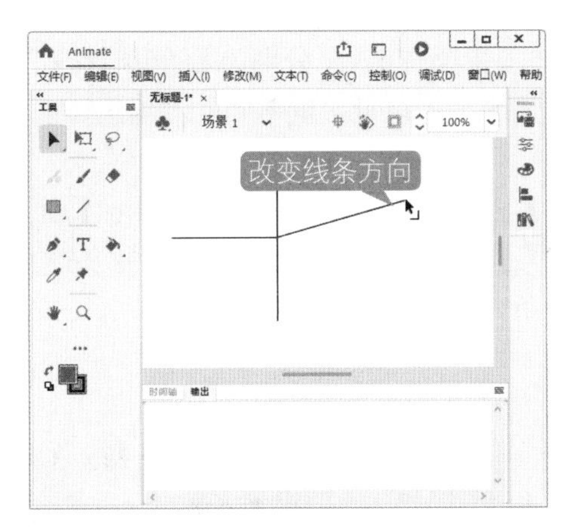

图 2-8

第 4 步 按住鼠标左键向左移动或向右移动即可改变线条长短，如图 2-9 所示。

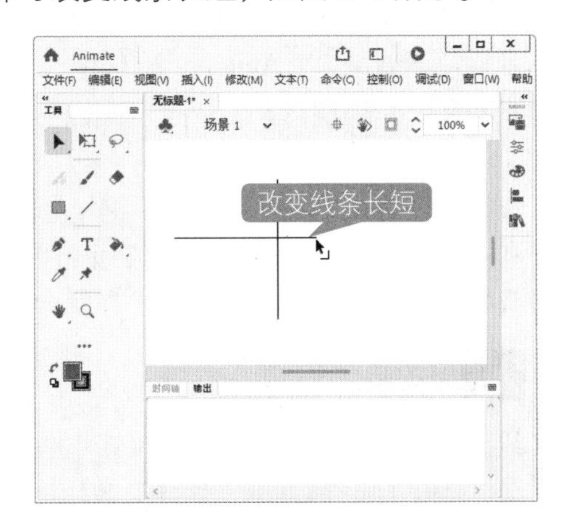

图 2-9

第 5 步 将鼠标指针移动到线条上停留，此时，鼠标指针右下角会出现弧线标志，如图 2-10 所示。

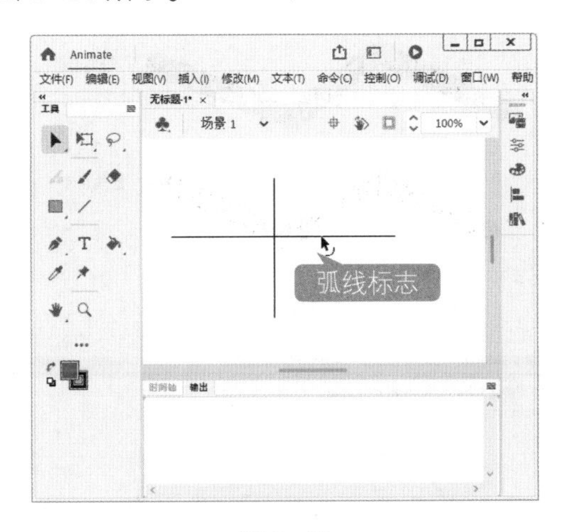

图 2-10

第 6 步 拖曳鼠标即可改变线条的轮廓，这样可使直线变成各种形状的弧线，如图 2-11 所示。

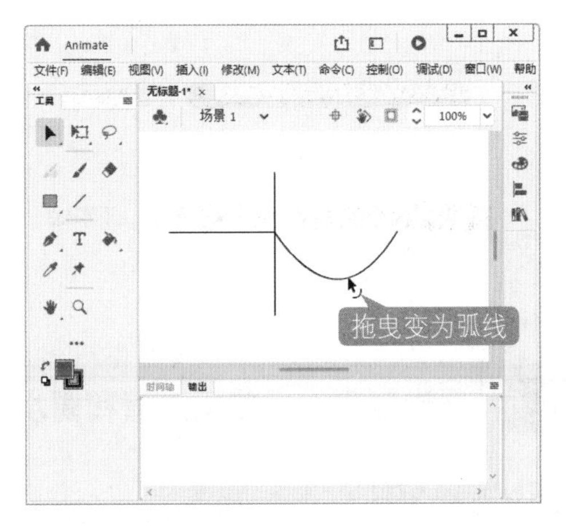

图 2-11

2.1.4 线条的端点和接合

在【属性】面板中，通过“端点”选项组和“连接”选项组可以对线条的端点和接合效果进行相关设置。

1. 线条的端点

端点是独立笔触的末端。在【属性】面板中对端点样式进行设置，可以绘制出圆角或方形形状的线条效果。在 Animate 2022 中，端点样式选项主要有 3 个，分别为【平头端点】、【圆头端点】和【矩形端点】。通过“端点”选项组，用户可根据不同的需求选择端点的样式。

选择工具箱中的【线条工具】，选择【窗口】→【属性】命令，打开【属性】面板，将【笔触】设置为 20。通过【属性】面板中的“端点”选项组，分别选择【平头端点】、【圆头端点】和【矩形端点】样式在舞台上绘制线条，效果如图 2-12 所示。

2. 线条的接合

线条的接合是指两条线段相接处，也就是拐角的端点形状。选择工具箱中的【线条工具】，然后打开【属性】面板，将【笔触】设置为 20。通过“连接”选项组，分别选择【尖角连接】、【斜角连接】、【圆角连接】样式在舞台上绘制线条，效果如图 2-13 所示。

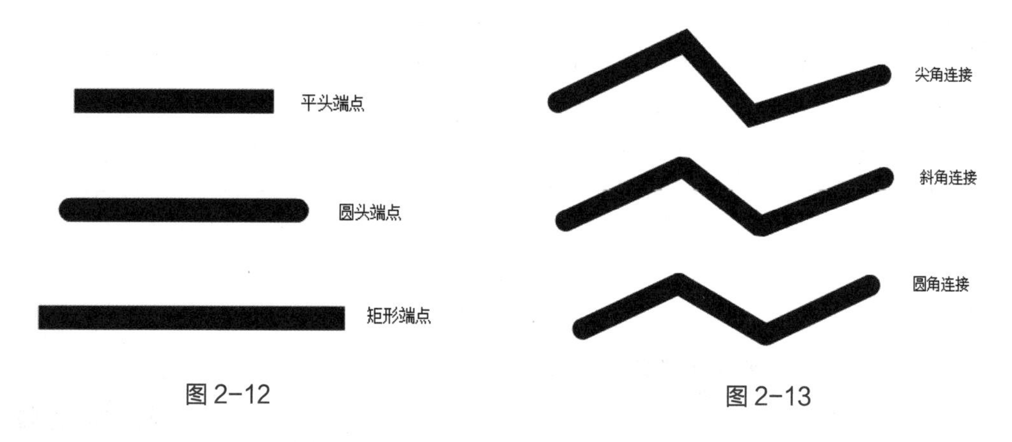

图 2-12　　图 2-13

2.1.5 课堂范例——使用滴管和墨水瓶工具套用线条属性

在 Animate 2022 中，用户可以利用滴管工具和墨水瓶工具快速地将任意线条的属性套用到其他线条上。本例详细介绍套用线条属性的操作方法。

<< 扫码获取配套视频课程，本视频课程播放时长约为 29 秒。

配套素材路径：配套素材/第2章

素材文件名称：套用线条属性.fla

操作步骤

Step by Step

第 1 步 打开本例的素材文件“套用线条属性.fla”，单击工具箱中的【滴管工具】按钮，如图 2-14 所示。

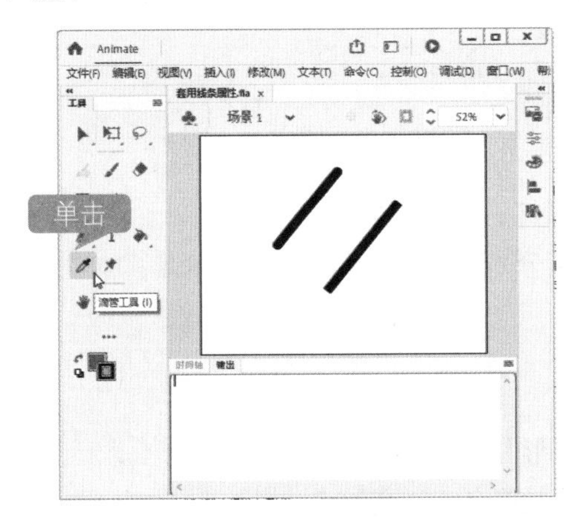

图 2-14

第 2 步 此时鼠标指针会变为“”形状，单击第一个样式的线条，如图 2-15 所示。

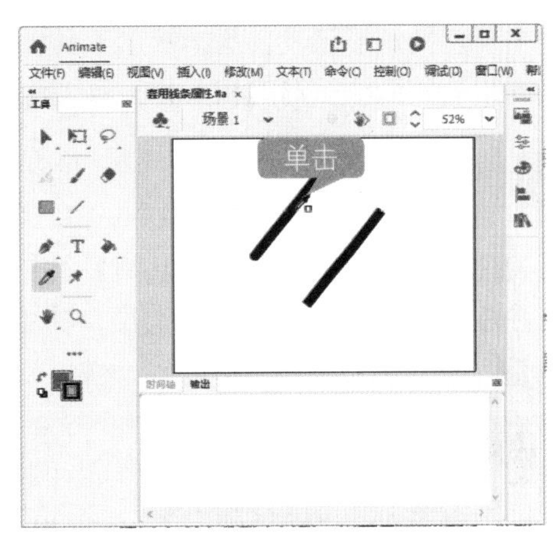

图 2-15

第 3 步 此时，滴管工具自动变成了墨水瓶工具，单击右侧的线条，如图 2-16 所示。

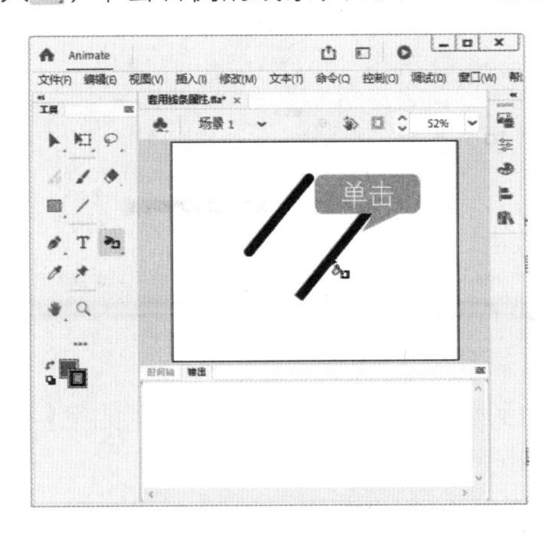

图 2-16

第 4 步 此时，右侧线条的样式变为左侧线条的样式，即被单击的右侧线条的属性与左侧线条的属性一样，如图 2-17 所示。

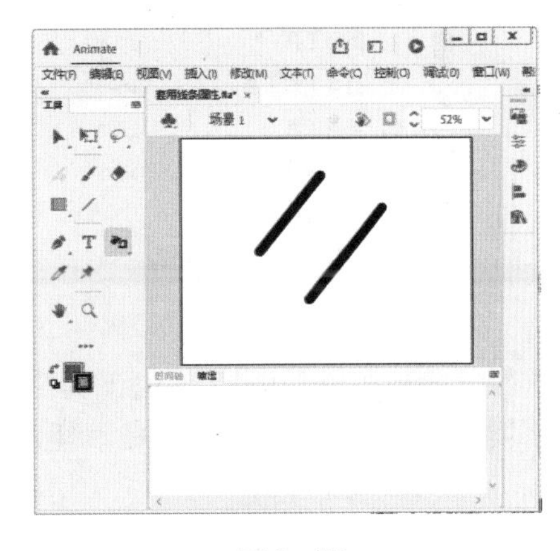

图 2-17

专家解读

单击第一个样式的线条后，用户可以查看【属性】面板，该面板显示的就是该线条的相关属性。

2.2 绘制简单图形

在 Animate 2022 中，利用工具箱中的矩形工具组可以绘制一些简单的图形。矩形工具组中主要包括矩形工具、基本矩形工具、椭圆工具、基本椭圆工具和多角星形工具。本节将详细介绍绘制简单图形的相关知识及方法。

2.2.1 矩形工具

长按工具箱中的【矩形工具组】按钮，可以打开矩形工具组下拉菜单，如图 2-18 所示。在该下拉菜单中共有 5 个选项，其中矩形工具分别为【矩形工具】和【基本矩形工具】。

1. 矩形工具

使用矩形工具可以绘制出矩形、圆角矩形、长方形和正方形等基本图形。选择【矩形工具】，打开【属性】面板，在该面板中可设置矩形的笔触颜色、填充颜色、笔触大小、笔触样式、宽度、缩放、端点、接合以及矩形边角半径等属性，如图 2-19 所示。

图 2-18

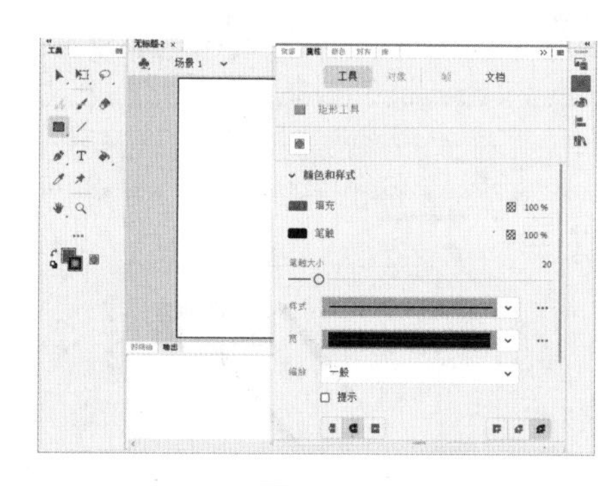

图 2-19

选择【矩形工具】，单击工具箱中的【对象绘制】按钮，设置好矩形的笔触颜色和内部填充颜色，可以在舞台上绘制矩形，如图 2-20 所示。

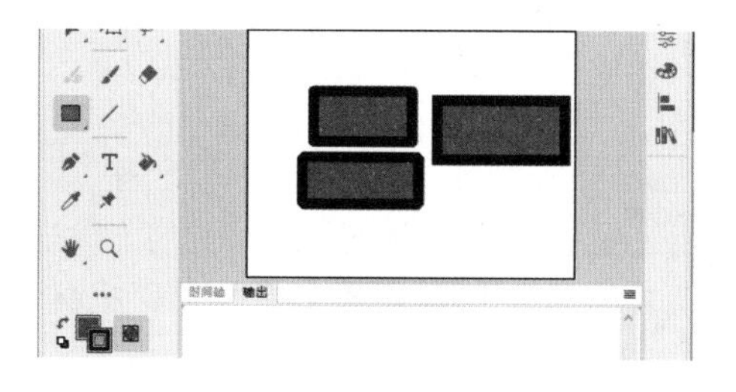

图 2-20

2. 基本矩形工具

选择【基本矩形工具】，打开【属性】面板，设置相关参数，如图 2-21 所示。设置好矩形的笔触颜色和内部填充颜色，用户就可以在舞台上绘制基本矩形了，如图 2-22 所示。

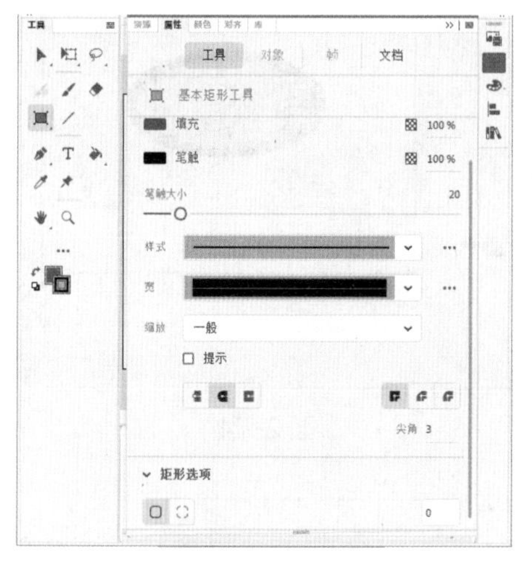

图 2-21

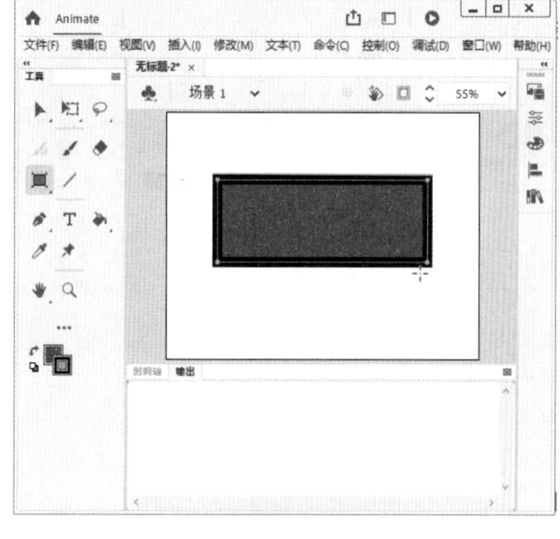

图 2-22

2.2.2 椭圆工具

在 Animate 2022 中，椭圆工具分别为【椭圆工具】和【基本椭圆工具】，下面分别予以详细介绍。

1. 椭圆工具

使用椭圆工具可以绘制圆、椭圆、圆环和扇形等基本图形。

选择工具箱中的【椭圆工具】，打开【属性】面板，在此可设置椭圆的笔触颜色、填充颜色、笔触大小、笔触样式、宽度、缩放、端点、接合，以及开始角度、结束角度和内径等属性，如图 2-23 所示。设置好椭圆的笔触颜色和内部填充颜色后，即可在舞台上绘制椭圆了，如图 2-24 所示。

打开【属性】面板，设置笔触颜色为绿色，填充颜色为蓝色，【笔触大小】设置为 10，通过拖动【椭圆选项】选项组中的【开始角度】滑块，将【开始角度】设置为 240，选中【闭合路径】复选框。设置完成后，在舞台上按住鼠标左键向右拖曳，即可绘制出一个扇形，效果如图 2-25 所示。

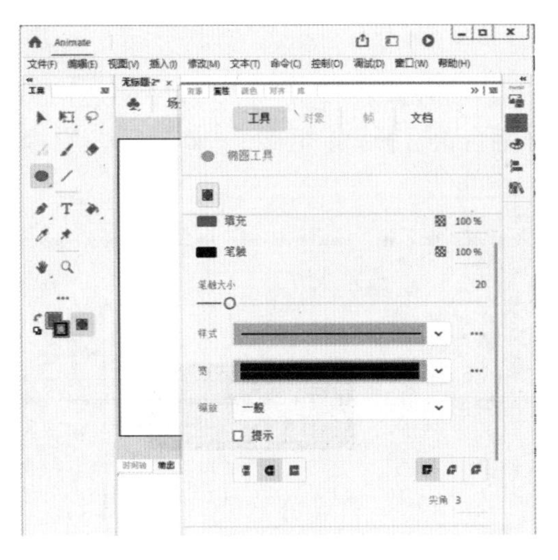

图 2-23

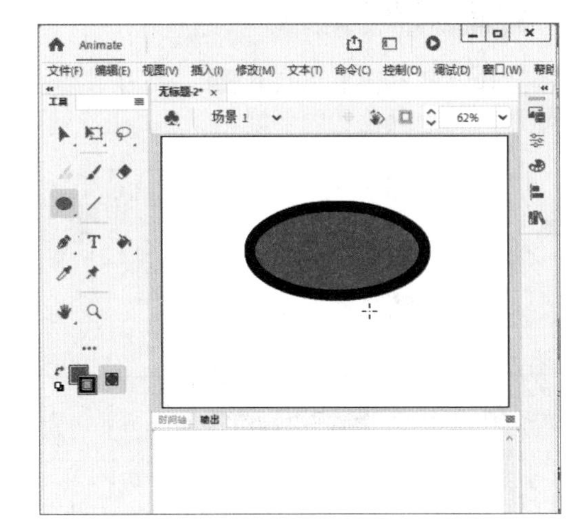

图 2-24

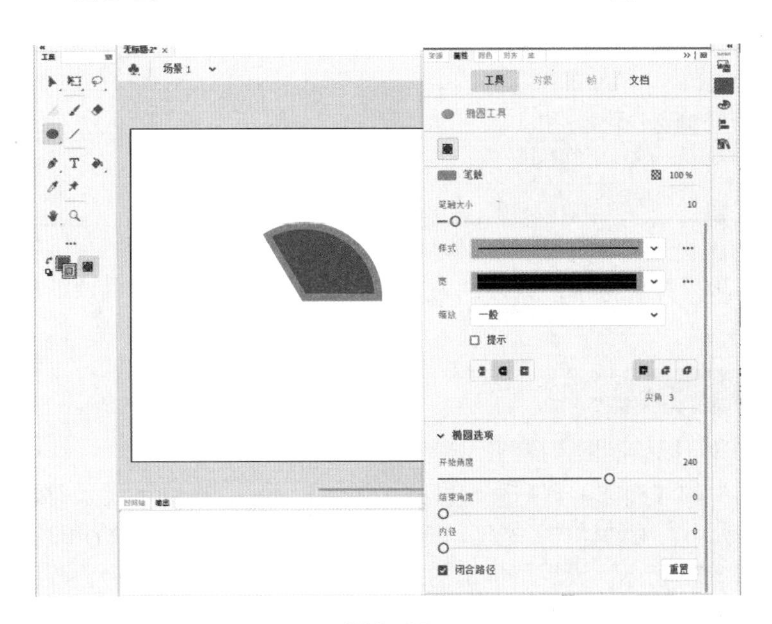

图 2-25

2. 基本椭圆工具

在工具箱中选择【基本椭圆工具】，打开【属性】面板，设置笔触颜色为绿色，填充颜色为黄色，笔触大小设置为 10，将【开始角度】设置为 83，【结束角度】设置为 45，【内径】设置为 33，选中【闭合路径】复选框。设置完成后，在舞台上按住鼠标左键向右拖曳，即可绘制出一个图形，效果如图 2-26 所示。

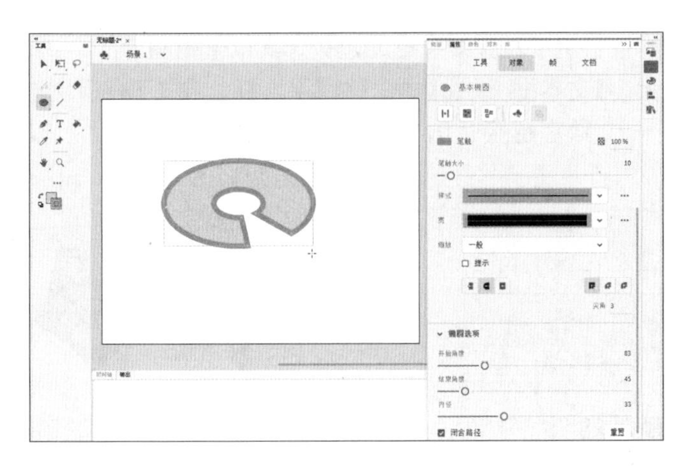

图 2-26

2.2.3 多角星形工具

在 Animate 2022 中，利用多角星形工具可以绘制出不同样式的规则多边形和星形。

选择工具箱中的【多角星形工具】按钮，打开【属性】面板，可以在多角星形工具【属性】面板中设置笔触颜色、填充颜色、笔触大小、笔触样式、宽度、缩放、端点、接合等多个属性。设置多边形的笔触颜色为绿色，填充颜色为黄色，【笔触大小】为 10，即可在舞台上绘制多边形，如图 2-27 所示。

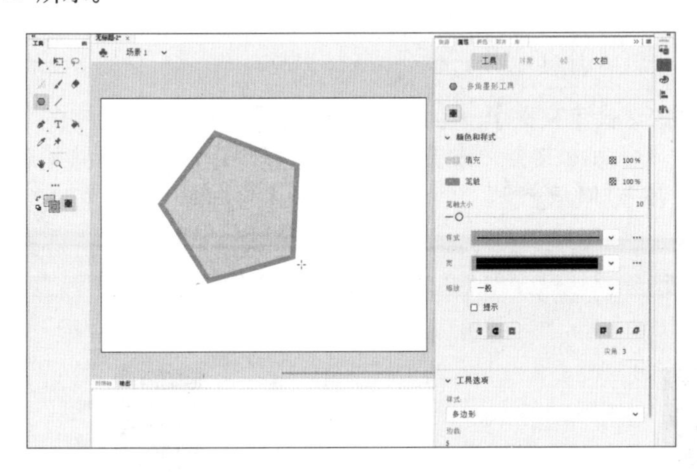

图 2-27

选择工具箱中的【多角星形工具】按钮后，打开【属性】面板，在面板最下方有一个【工具选项】选项组，在这里用户可以自定义多边形的各种属性，如图 2-28 所示。

- 【样式】下拉列表框：在该下拉列表框中可选择【多边形】或【星形】选项，选择【多边形】选项在舞台中可绘制出多边形，选择【星形】选项在舞台中可绘制出星形。

- 【边数】文本框：用于设置多边形的边数，其取值范围为 3 ～ 32。
- 【星形顶点大小】文本框：设置【样式】为【星形】时，星形顶点大小决定了顶点的深度，其值介于 0 ～ 1，数字越接近 0，创建的顶点就越细小，设置完成后可绘制各种星形，如图 2-29 所示。

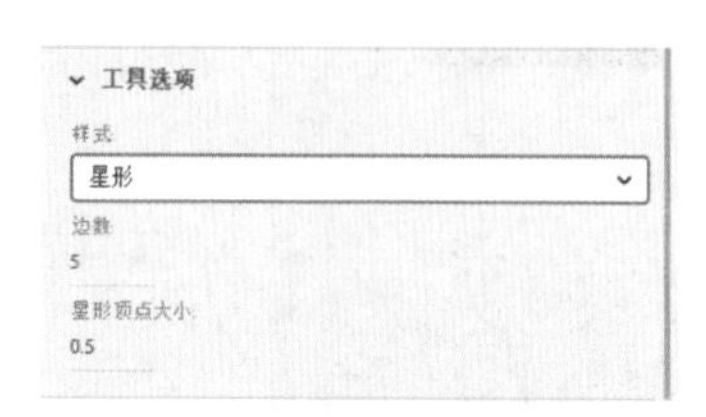

图 2-28

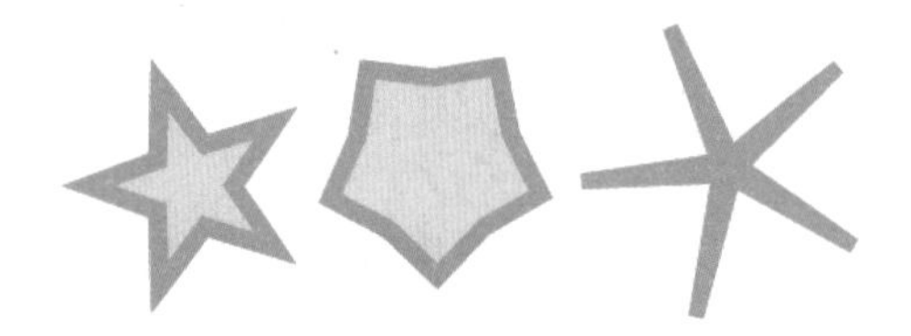

图 2-29

2.2.4 课堂范例——绘制夜空景色

在学习了矩形、椭圆和多角星形工具的使用方法之后，本节将练习使用这些基本形状工具绘制一幅夜空的景象。首先新建一个文档，使用椭圆工具绘制月亮，并填充渐变色；然后通过设置多角星形工具的选项，绘制四角星形；最后复制多个星形并调整其大小和位置，绘制出一幅夜空的景象。

<< 扫码获取配套视频课程，本视频课程播放时长约为 1 分 12 秒。

操作步骤 Step by Step

第 1 步 在菜单栏中选择【文件】→【新建】菜单项，新建一个 Animate 文档，设置舞台背景为黑色，如图 2-30 所示。

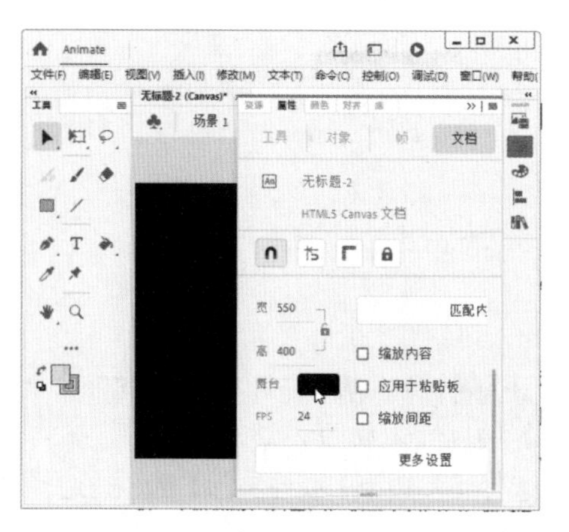

图 2-30

第 2 步 选择工具箱中的【椭圆工具】，在【属性】面板中设置笔触颜色为无，填充色为【径向渐变】，如图 2-31 所示。

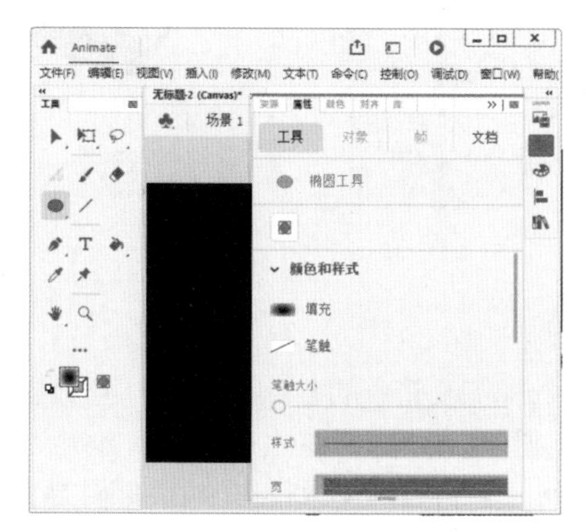

图 2-31

第 3 步 按住 Shift 键在舞台上绘制一个圆形，如图 2-32 所示。

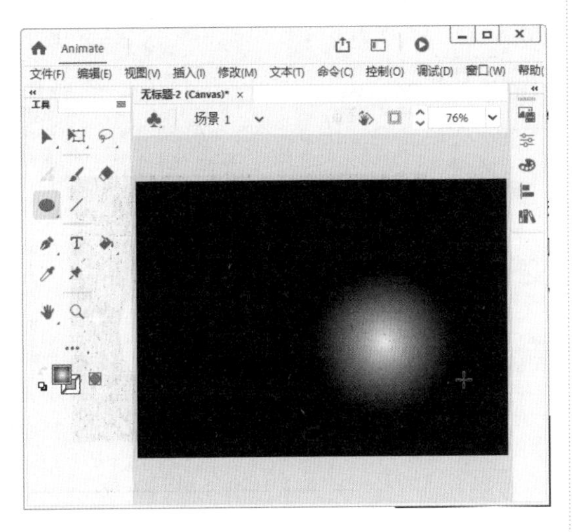

图 2-32

第 4 步 选中绘制的圆形，在菜单栏中选择【窗口】→【颜色】菜单项，打开【颜色】面板。修改第一个游标颜色为黄色，第二个为白色，填充绘制的圆形，如图 2-33 所示。

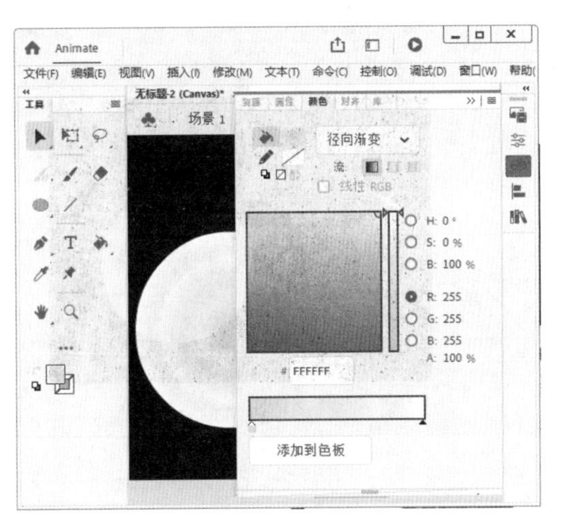

图 2-33

第 5 步 选择工具箱中的【多角星形工具】，在【属性】面板中设置笔触颜色为无，填充色为白色，如图 2-34 所示。

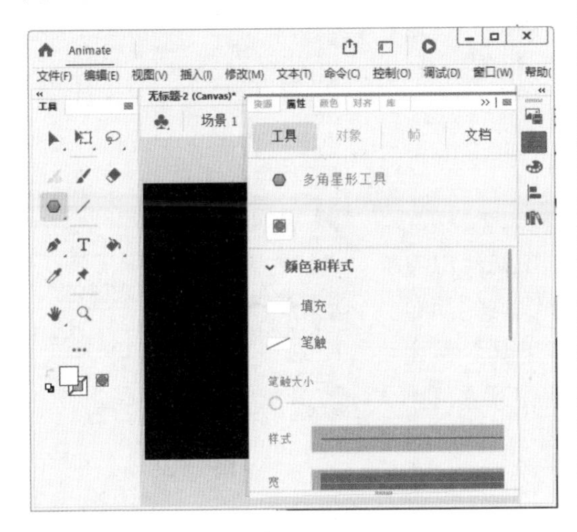

图 2-34

第6 步 在【属性】面板底部的【工具选项】选项组中，设置【样式】为【星形】，【边数】为 4，【星形顶点大小】为 0.2，如图 2-35 所示。

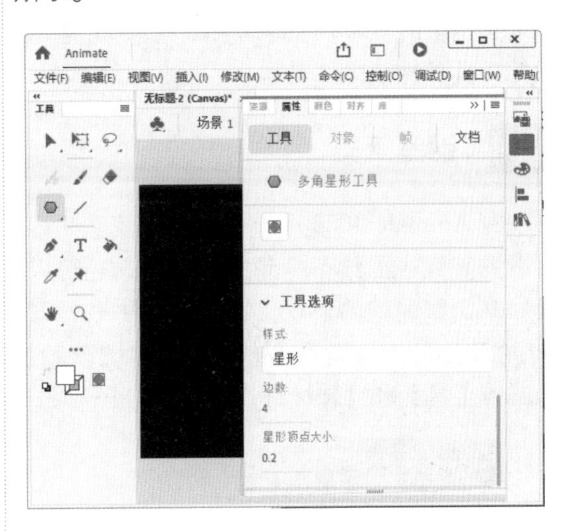

图 2-35

第 7 步 按下鼠标左键在舞台上拖动，即可绘制一个四角星形，如图 2-36 所示。

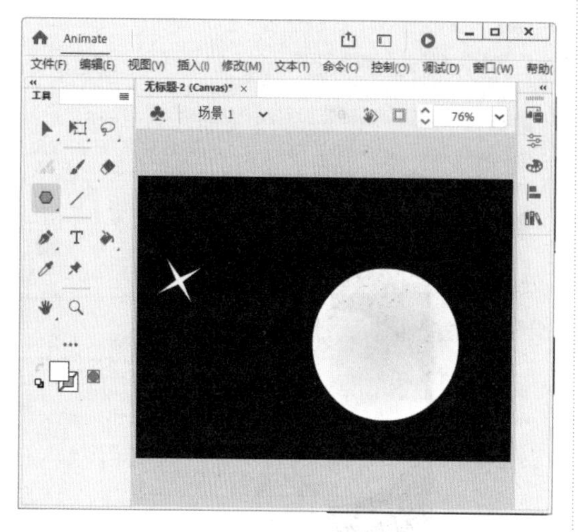

图 2-36

第 8步 使用相同的方法绘制其他星星，并调整这些星星的大小和位置，最终效果如图 2-37 所示。

图 2-37

2.3 绘制复杂图形

在动画设计与创作中，需要绘制一些复杂的图形。在绘制复杂图形时，需要用到钢笔工具、部分选取工具、铅笔工具、画笔工具和橡皮擦工具等。

2.3.1 钢笔工具

在 Animate 2022 中，使用钢笔工具可以绘制出折线以及平滑的直线或曲线。绘制完曲线后，还可以通过锚点的简单操作来调整曲线的形状。在工具箱中长按【钢笔工具】按钮 ，在弹出的下拉菜单中有【钢笔工具】、【添加锚点工具】、【删除锚点工具】和【转换锚点工具】4 个选项，如图 2-38 所示。

图 2-38

1. 钢笔工具

钢笔工具的快捷键是 P 键，用于绘制精准的路径（如直线或平滑流畅的曲线），下面详细介绍使用钢笔工具的相关操作方法。

操作步骤 Step by Step

第 1 步 在工具箱中选择【钢笔工具】，将鼠标指针放置在舞台上想要绘制曲线的起点位置，如图 2-39 所示。

图 2-39

第 2 步 在空白处单击鼠标左键，确定直线的第一点，在合适位置单击鼠标左键，确定直线的第二点，如图 2-40 所示。

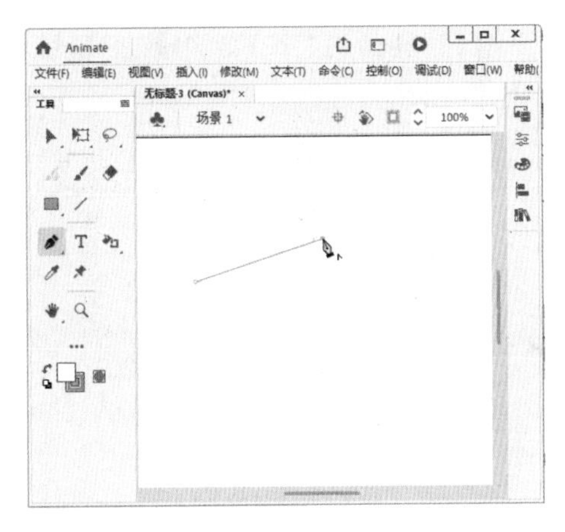

图 2-40

第 3 步 按住鼠标左键不放，此时鼠标指针变为箭头形状“▶”，将光标向其他方向拖曳，直线转换为曲线，释放鼠标左键，此时，一条曲线绘制完成，如图 2-41 所示。

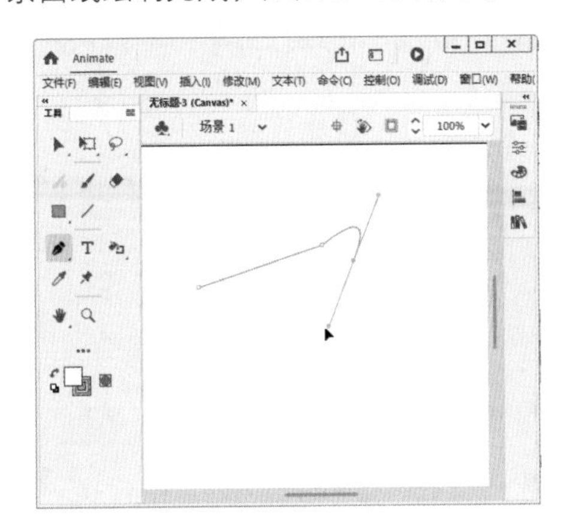

图 2-41

第 4 步 利用相同的方法，可以绘制出多条直线和曲线组合而成的不同样式的线段，如图 2-42 所示。

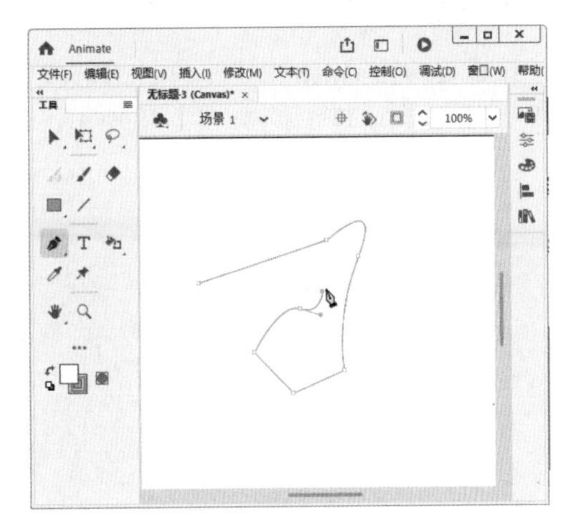

图 2-42

知识拓展：绘制倾斜角度为45°倍数的线段

在绘制线段时，按住 Shift 键再进行绘制，绘制出的线段将被限制为倾斜角度为 45° 倍数的线段。

2. 添加锚点工具

在工具箱中单击【添加锚点工具】按钮，在曲线路径上需要添加锚点的位置处单击，就可以添加一个锚点，如图 2-43 所示。

3. 删除锚点工具

单击【删除锚点工具】按钮，将鼠标指针放置在已经存在的锚点上，单击即可删除锚点，如图 2-44 所示。

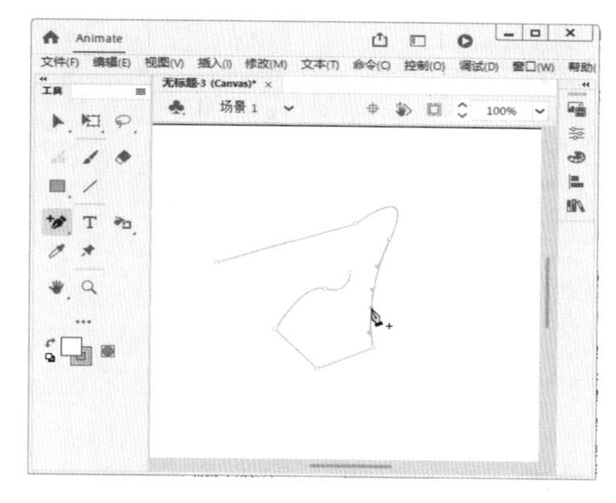

图 2-43

图 2-44

4. 转换锚点工具

选择要转换锚点的图形，单击【转换锚点工具】按钮，在锚点上单击即可实现曲线锚点和直线锚点的转换，如图 2-45 所示。

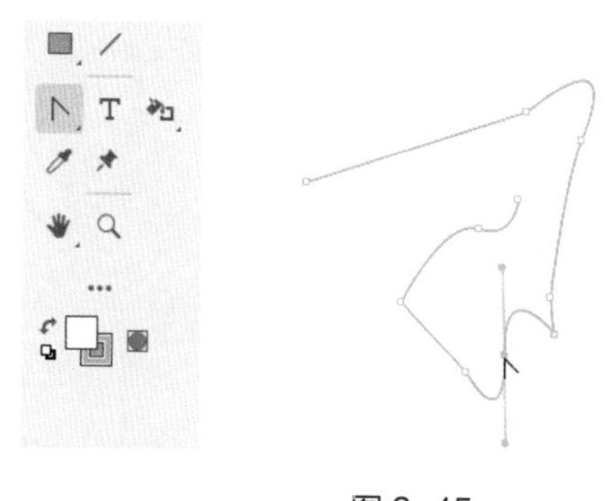

图 2-45

2.3.2 部分选取工具

部分选取工具主要用于选择和编辑矢量线或矢量线上的路径点，使用该工具可以精确地调整图形的形状。下面详细介绍使用部分选取工具改变图形形状的操作方法。

操作步骤 Step by Step

第 1 步 在舞台上绘制一个椭圆，单击工具箱中的【部分选取工具】按钮 ，然后单击椭圆的边缘，此时，椭圆的边缘就会出现多个锚点，如图 2-46 所示。

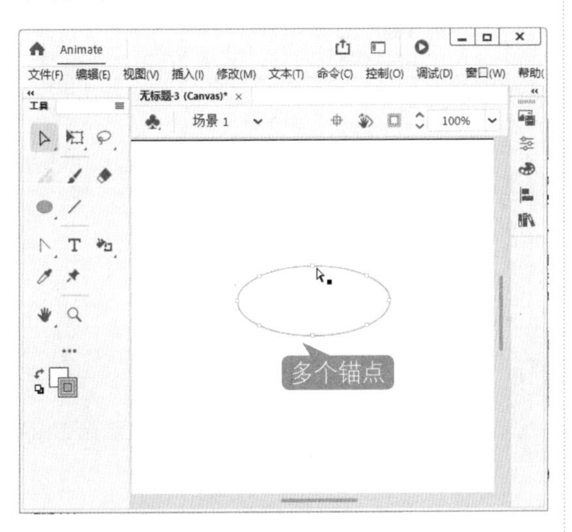

图 2-46

第 2 步 单击鼠标左键选择其中一个锚点，并向任意方向拖曳，如图 2-47 所示。

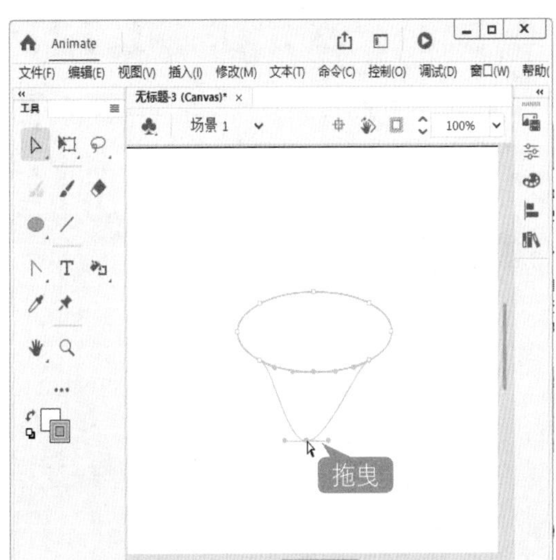

图 2-47

第 3 步 拖曳到合适位置释放鼠标左键，即可完成使用部分选取工具改变图形形状的操作，如图 2-48 所示。

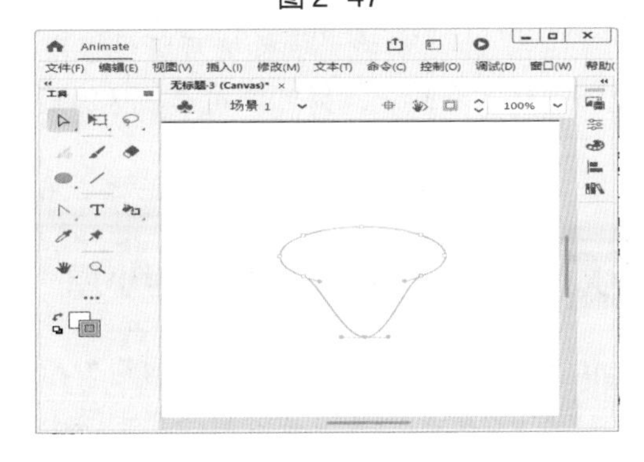

图 2-48

■ 指点迷津

在 Animate 中，选中绘制的图形边缘，按住 Shift 键，可以同时选中多个锚点，选中某个锚点后按 Delete 键即可将其删除。

2.3.3 铅笔工具

用户可以使用铅笔工具来绘制任意线条，绘画的方式与使用真实铅笔大致相同，即通过在舞台上按下鼠标左键并拖动鼠标来绘制线条。下面详细介绍使用铅笔工具的操作方法。

操作步骤

Step by Step

第 1 步 在工具箱中单击【编辑工具栏】按钮，在弹出的【拖放工具】面板中选中【铅笔工具】，并将其拖曳到工具箱中，如图 2-49 所示。

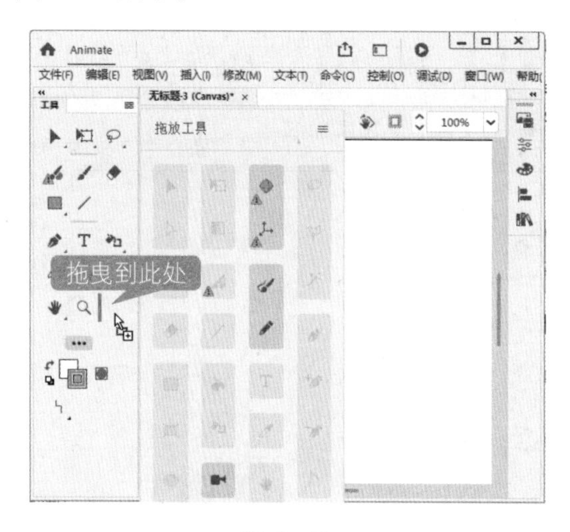

图 2-49

第 2 步 在舞台的空白处单击鼠标左键并拖动绘制图形，在合适的位置释放鼠标左键，即可完成使用铅笔工具绘制图形的操作，如图 2-50 所示。

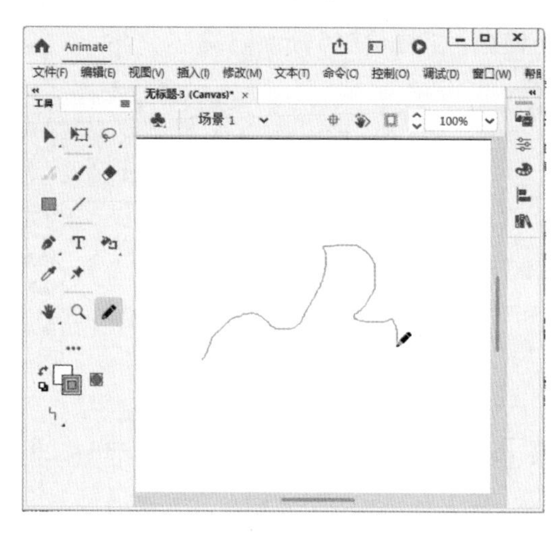

图 2-50

专家解读

按住 Shift 键拖动鼠标则可将线条限制为垂直方向或水平方向。如果要在绘画时平滑或伸直线条和形状，则可以在选项区为铅笔工具选择一种绘制模式。绘制模式有 3 种，分别是伸直、平滑和墨水。

2.3.4 课堂范例——绘制卡通小屋

在学习了钢笔工具和铅笔工具的使用方法之后，本节将练习使用这些工具绘制一个卡通小屋。首先新建一个文档，使用线条工具绘制屋子的基本外形；然后使用铅笔工具和钢笔工具绘制地上的积雪和烟囱；最后使用颜料桶工具填充颜色，完成卡通小屋的绘制。

<< 扫码获取配套视频课程，本视频课程播放时长约为 58 秒。

操作步骤 Step by Step

第 1 步 新建一个背景颜色为灰色的文档，使用【线条工具】 绘制屋子的基本外形，用户可以根据自己的想法随意绘制，无须模仿，如图 2-51 所示。

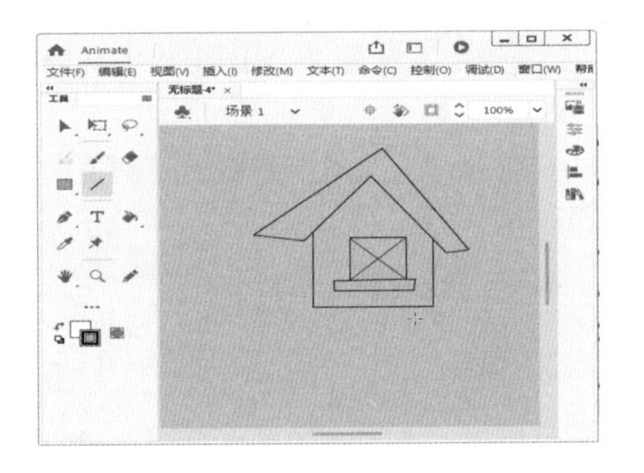

图 2-51

第 2 步 使用【铅笔工具】 绘制地上的积雪，并删除多余的线条，如图 2-52 所示。

图 2-52

第 3 步 使用【铅笔工具】 和【钢笔工具】 绘制屋顶上的烟囱，完成屋子轮廓的绘制，如图 2-53 所示。

图 2-53

第 4 步 使用【颜料桶工具】 ，设置合适的填充颜色，对绘制的图形填充相应的颜色，即可完成卡通小屋的绘制，如图 2-54 所示。

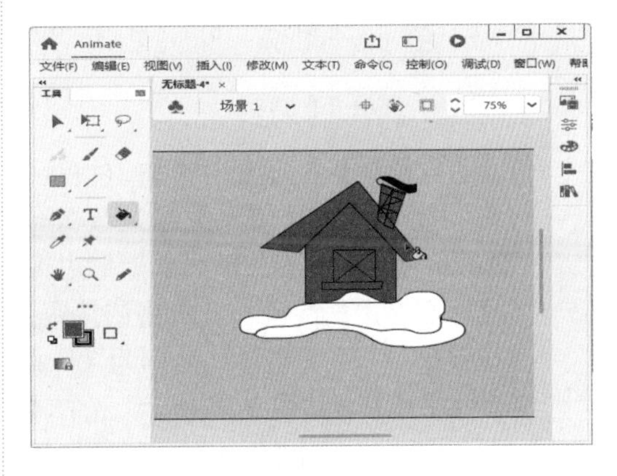

图 2-54

2.4 编辑图形

应用图形的编辑工具可以改变图形的色彩、线条、形态等属性，可以创建充满变化的图形效果。本节将详细介绍画笔工具、橡皮擦工具、宽度工具的相关知识及操作方法。

2.4.1 画笔工具

在 Animate 2022 中，利用画笔工具可以绘制出线条、矢量色块或创建特殊的绘制效果。利用画笔工具可以创建更生动、更自由的图形，还可以让图形具有重复样式的边框和装饰图案。默认情况下，画笔工具在工具箱中不显示，用户可以单击【编辑工具栏】按钮，在打开的【拖放工具】面板中选中画笔工具，将其拖曳到工具箱中，如图 2-55 所示。工具箱中的传统画笔工具如图 2-56 所示。

选中工具箱中的【画笔工具】后，在工具箱中会显示【对象绘制】、【画笔模式】等选项按钮，如图 2-57 所示。

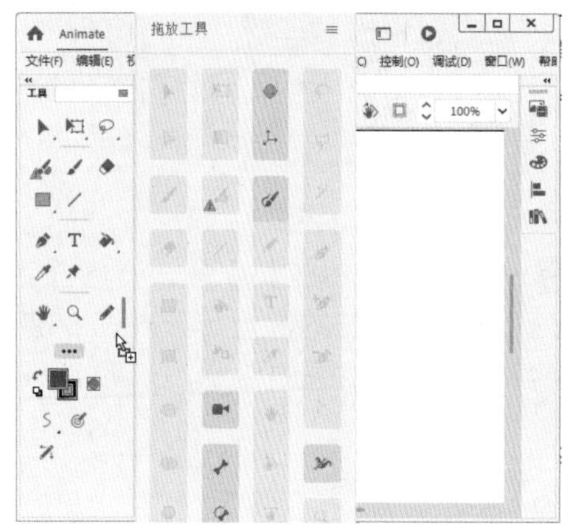

图 2-55

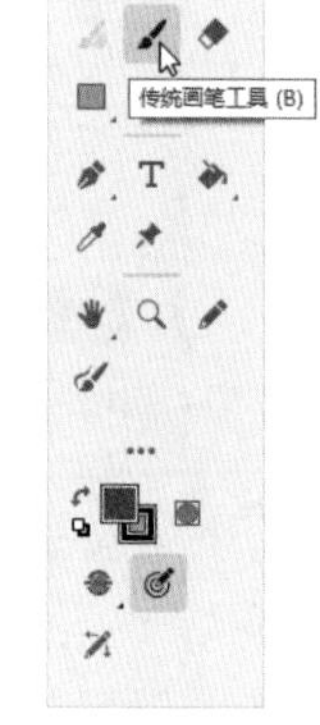

图 2-56

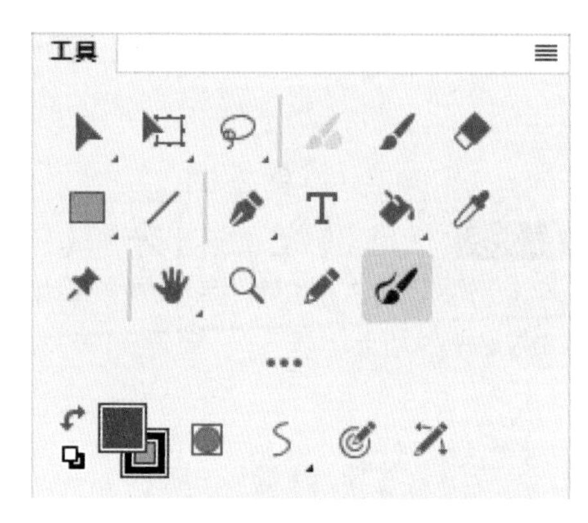

图 2-57

- 【对象绘制】按钮：单击该按钮可以启用对象绘制模式。选择用对象绘制模式创建图形时，Animate会在图形周围添加矩形边框来进行标识。
- 【画笔模式】按钮：单击该按钮，在弹出的下拉菜单中有 3 个选项，分别为【伸直】、【平滑】和【墨水】，如图 2-58 所示。选择【伸直】选项，利用画笔工具绘制的线条可以尽可能地规整为几何图形；选择【平滑】选项可以使绘制的线条尽可能地消除线条边缘的棱角，使线条更加光滑；选择【墨水】选项，可使绘制出的线条更加接近手绘感觉。

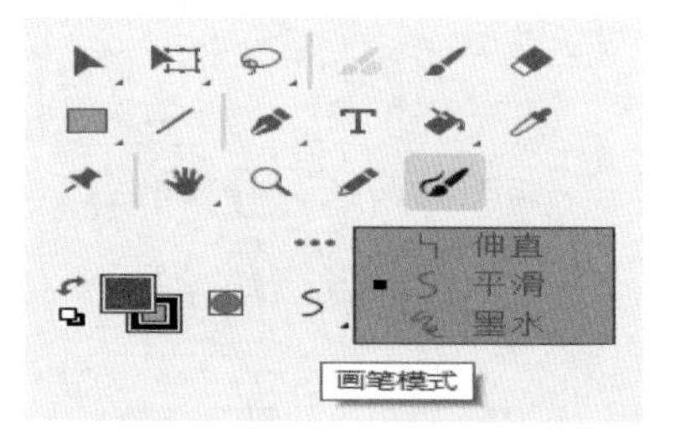

图 2-58

选择【画笔工具】，打开【属性】面板，如图 2-59 所示。通过调整【属性】面板中的笔触、样式、宽、缩放、端点、连接、平滑以及画笔等选项，可改变画笔绘制的图形效果。通过拖动【属性】面板中【笔触大小】滑块或在【笔触大小】右侧的文本框中直接输入数值，可以调整笔触的大小。

选择【传统画笔工具】，打开【属性】面板，如图 2-60 所示。通过调整【属性】面板中的【颜色和样式】、【传统画笔选项】等选项组中的选项，可改变画笔绘制的图形效果。

图 2-59

图 2-60

单击【画笔工具】按钮，打开【属性】面板，单击【样式】下拉列表框的下拉按钮，在弹出的下拉列表中会显示 7 个选项，分别为【极细线】、【实线】、【虚线】、【点状线】、【锯齿线】、【点刻线】和【斑马线】，如图 2-61 所示。

如果要打开画笔库，需要单击【样式】下拉列表框右侧的【样式选项】按钮，在弹出的下拉菜单中选择【画笔库】命令，如图 2-62 所示。

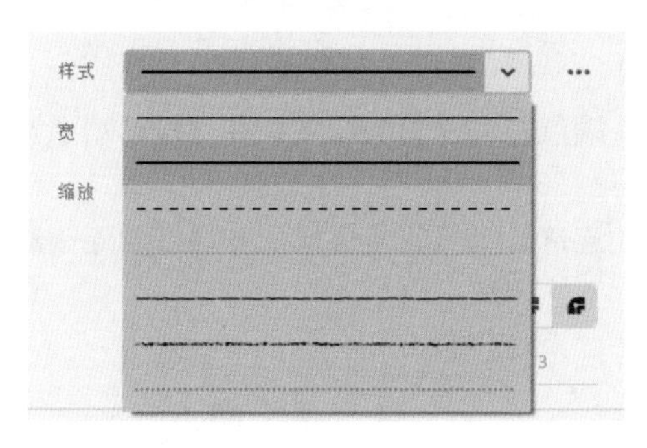

图 2-61

图 2-62

选择【画笔库】命令后，即可打开【画笔库】面板，如图 2-63 所示。

在【属性】面板中，单击【宽】下拉列表框的下拉按钮，在弹出的下拉列表中显示 7 个选项，分别为【均匀】、【宽度配置文件 1】、【宽度配置文件 2】、【宽度配置文件 3】、【宽度配置文件 4】、【宽度配置文件 5】和【宽度配置文件 6】，如图 2-64 所示。

单击【缩放】下拉列表框的下拉按钮，在弹出的下拉列表中显示 4 个选项，分别为【一般】、【水平】、【垂直】和【无】，如图 2-65 所示。

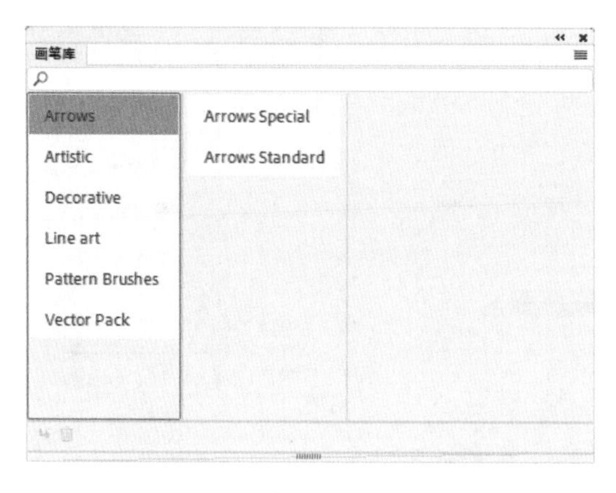

图 2-63

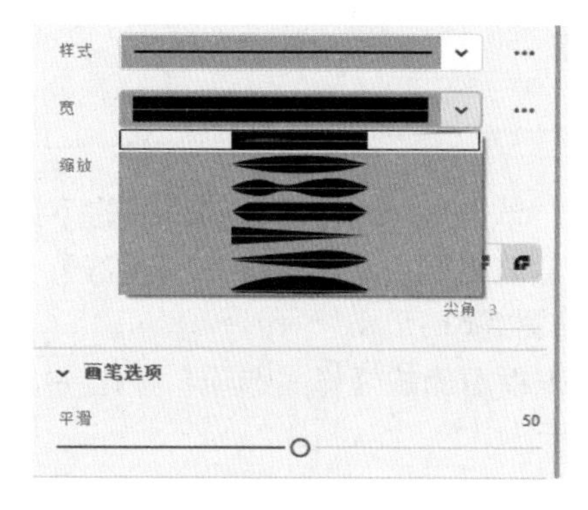

图 2-64

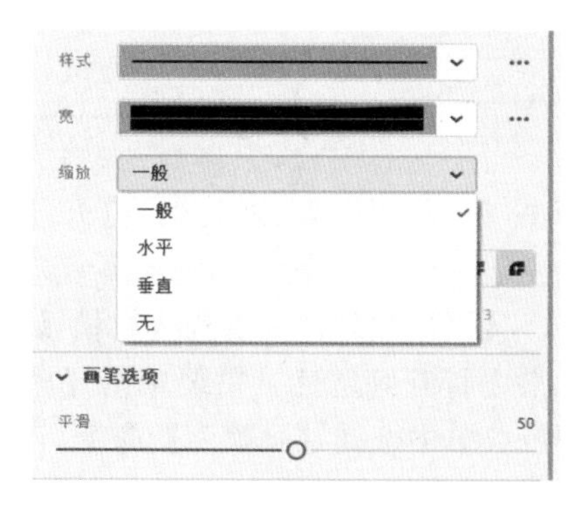

图 2-65

“端点”选项组，有 3 个选项，分别为【平头端点】、【圆头端点】和【矩形端点】，如图 2-66 所示。

“连接”选项组，有 3 个选项，分别为【尖角连接】、【斜角连接】和【圆角连接】，如图 2-67 所示。

图 2-66

图 2-67

2.4.2 橡皮擦工具

橡皮擦工具可以很方便地擦除图形中多余的部分或错误的部分。单击工具箱中的【橡皮擦工具】按钮，将鼠标指针移到要擦除的图形上，按住鼠标左键并拖动，即可将经过路径上的图像擦除，如图 2-68 所示。

单击【橡皮擦工具】按钮，在工具箱下方会出现【橡皮擦模式】按钮。单击【橡皮擦模式】按钮，在弹出的下拉菜单中有 5 个选项，分别为【标准擦除】、【擦除填色】、【擦除线条】、【擦除所选填充】和【内部擦除】，如图 2-69 所示。

图 2-68

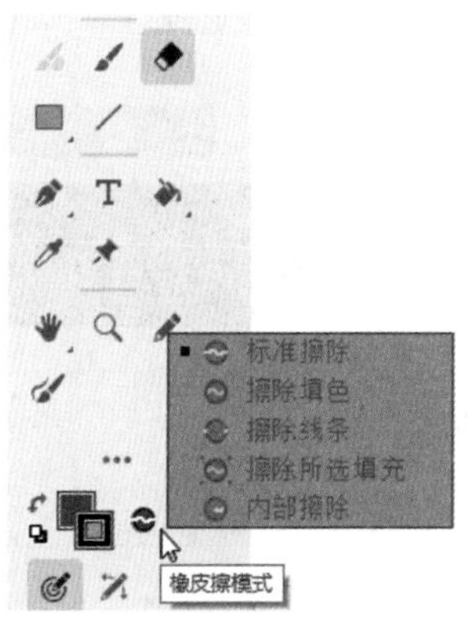

图 2-69

- 标准擦除：正常的擦除模式，即默认的直接擦除模式。
- 擦除填色：只擦除填色区域内的填充颜色，对图形中的线条不产生影响。
- 擦除线条：只擦除图形的笔触颜色，对图形中的填充颜色不产生影响。
- 擦除所选填充：只对选中的填充区域有效，对其他区域的色彩不产生影响。
- 内部擦除：只对鼠标按下时所在的颜色块有效，对其他的颜色块不产生影响。

2.4.3 宽度工具

宽度工具是 Animate 软件区别于传统 Flash 软件的主要部分，传统的 Flash 软件的工具箱中无宽度工具，因此，有必要了解一下宽度工具的使用。

默认情况下，宽度工具在工具箱中是不显示的，用户需要在【拖放工具】面板中找到宽度工具，并将其拖曳到工具箱中，如图 2-70 所示。

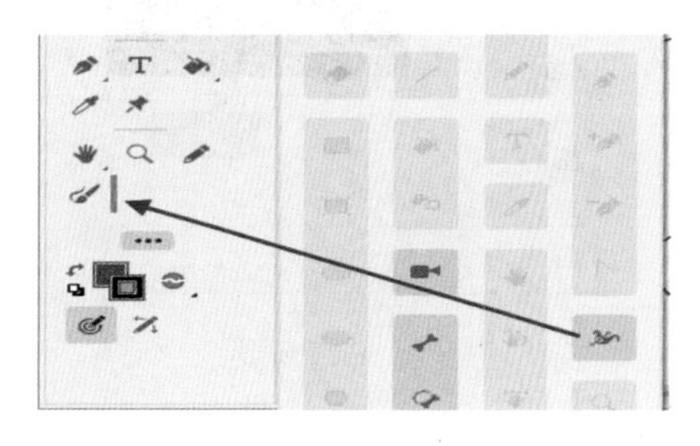

图 2-70

宽度工具可以针对舞台上的绘图加入不同形式和粗细的宽度。下面详细介绍使用宽度工具调整图形的操作方法。

操作步骤

Step by Step

第 1 步 单击工具箱中的【矩形工具】按钮 ■，设置笔触颜色为红色，填充颜色为咖啡色，在舞台上绘制一个简单的矩形，如图 2-71 所示。

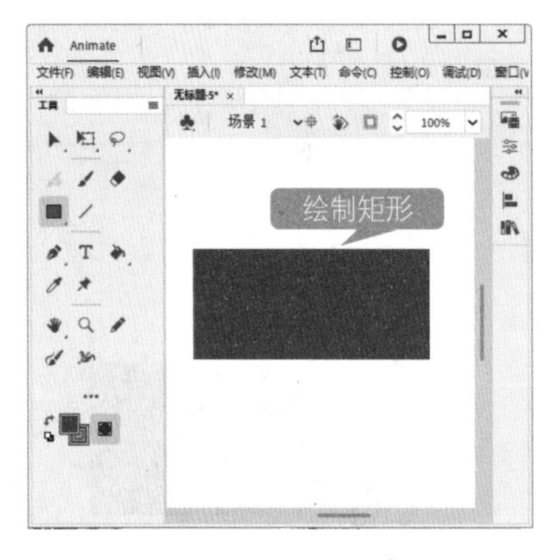

图 2-71

第 2 步 选中【宽度工具】，在矩形的下边缘线上单击，此时矩形的边缘线就会出现锚点，如图 2-72 所示。

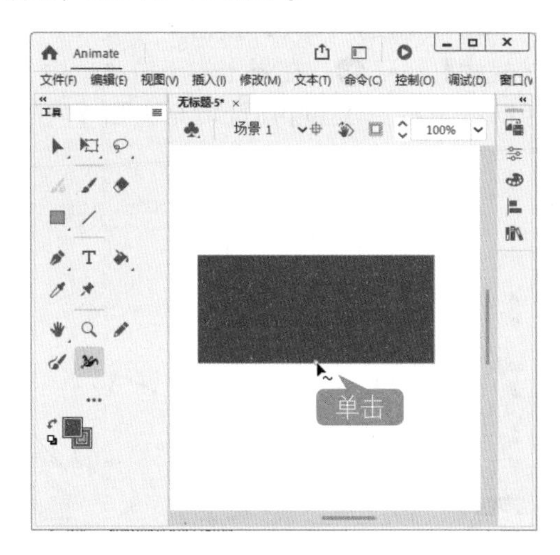

图 2-72

第 3 步 按住鼠标左键向下拖曳即可拉宽该边缘线，如图 2-73 所示。

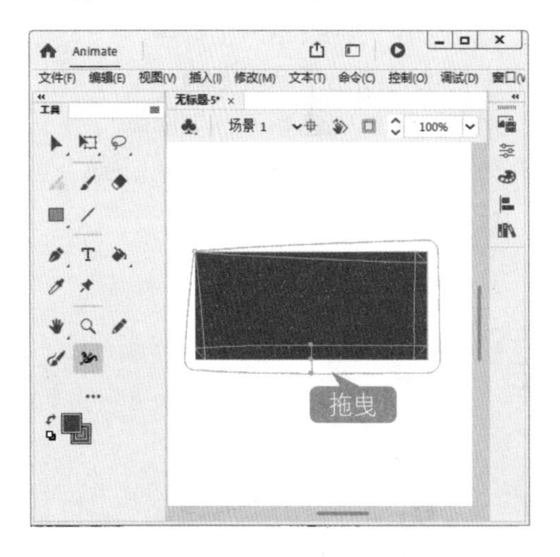

图 2-73

第 4 步 释放鼠标左键后，即可得到另一个图形效果，如图 2-74 所示。

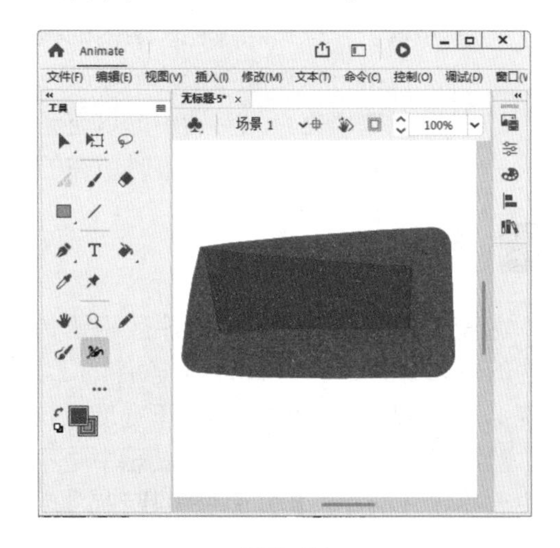

图 2-74

2.4.4 课堂范例——绘制艺术图案

在学习了画笔工具、橡皮擦工具和宽度工具之后，本节将练习使用这些工具绘制一个艺术图案。首先使用画笔工具绘制出一个基本图形，然后使用宽度工具调整图形，最后使用橡皮擦工具擦除不需要的图形，完成艺术图案的绘制。

<< 扫码获取配套视频课程，本视频课程播放时长约为 33 秒。

操作步骤

Step by Step

第 1 步 在工具箱中选择【画笔工具】后，在舞台上绘制出如图 2-75 所示的图形。

图 2-75

第 2 步 选中【宽度工具】，在图形的下边缘线上单击，此时图形的边缘线就会出现锚点，如图 2-76 所示。

图 2-76

第 3 步 按住鼠标左键向下拖曳，拖曳至靠近中间的图形处，拉宽该边缘线，如图 2-77 所示。

图 2-77

第 4 步 改变图形得到满意的图案后，使用【橡皮擦工具】擦除中间不需要的图形，即可完成本例的绘制，效果如图 2-78 所示。

图 2-78

2.5 图形色彩

合理地搭配和应用各种色彩是创作出成功作品的必要技巧，根据设计要求，用户利用墨水瓶工具、颜料桶工具、渐变变形工具和【颜色】面板等可实现图形色彩的设计。本节将详细介绍使用色彩工具的相关知识及操作方法。

2.5.1 颜料桶工具

颜料桶工具是绘图编辑中主要的填色工具，可对封闭的轮廓范围或图形区块、区域进行颜色填充，该区域可以是无色区域，也可以是有颜色的区域。下面介绍使用颜料桶工具填充颜色的操作方法。

操作步骤 Step by Step

第 1 步 使用画笔工具绘制一个心形，将填充颜色设置为红色，选择【颜料桶工具】，此时鼠标指针变为颜料桶形状，将鼠标指针移动到心形的中间并单击，如图 2-79 所示。

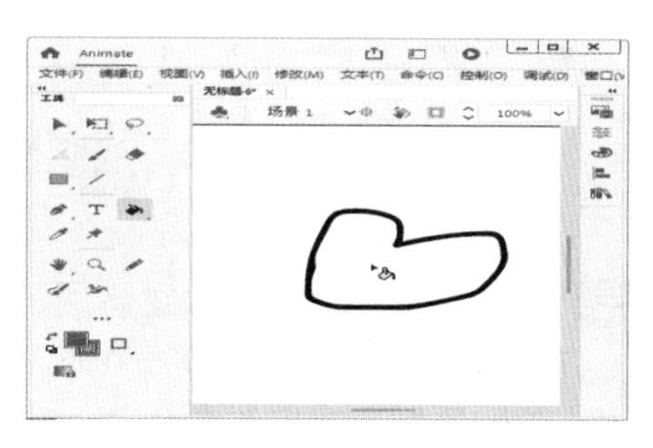

图 2-79

第 2 步 可以看到这个图形已被填充为红色，这样即可完成使用颜料桶工具填充颜色的操作，如图 2-80 所示。

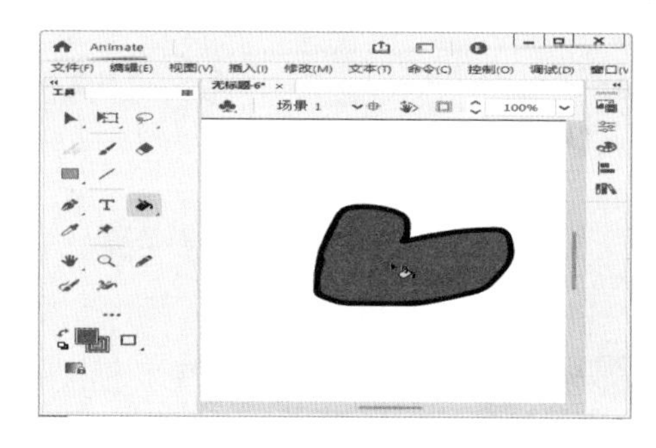

图 2-80

在工具箱中单击【颜料桶工具】按钮，下方会出现【间隔大小】和【锁定填充】两个按钮，如图 2-81 所示。

选择【颜料桶工具】，单击【间隔大小】按钮，会弹出【间隔大小】下拉菜单，该菜单中共有 4 个选项，分别为【不封闭空隙】、【封闭小空隙】、【封闭中等空隙】和【封闭大空隙】，如图 2-82 所示。

- 不封闭空隙：选择该选项，颜料桶工具只对完全封闭的区域填充，对有任何细小空隙的区域填充不起作用。
- 封闭小空隙：选择该选项，颜料桶工具可以填充完全封闭的区域，也可填充有细小空隙的区域，但是对空隙太大的区域填充无效。

- 封闭中等空隙：选择该选项，颜料桶工具可以填充完全封闭的区域，也可以填充有细小空隙和中等大小空隙的区域，但对有大空隙的区域填充无效。
- 封闭大空隙：选择该选项，颜料桶工具可以填充完全封闭、有细小空隙、有中等大小空隙的区域，也可对大空隙的区域进行填充，但对于空隙尺寸过大的区域无法填充。

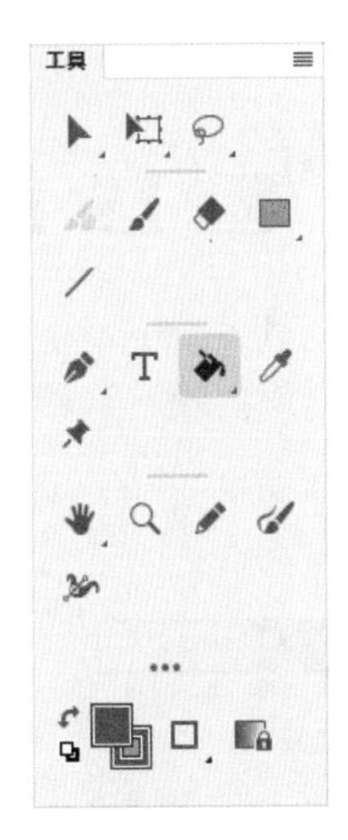

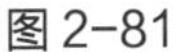
图 2-81

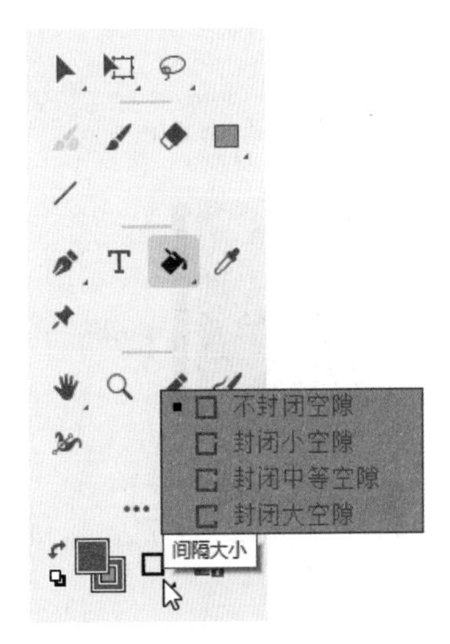

图 2-82

在 Animate 2022 中，选择【颜料桶工具】，单击【锁定填充】按钮，可锁定填充区域，利用【锁定填充】可以对舞台上的图形进行相同颜色的填充。

2.5.2 渐变填充

渐变是一种多色填充，可将一种颜色逐渐变为另一种颜色。在 Animate 2022 中，可将十多种颜色过渡应用于渐变。渐变填充主要包括线性渐变和径向渐变两种，两种渐变都可在【颜色】面板的【类型】列表中选择。选择【线性渐变】选项可完成线性渐变设置，选择【径向渐变】选项可完成径向渐变设置。

1. 线性渐变填充

线性渐变是创建从起点到终点沿直线逐渐变化的渐变，是沿着一根轴线（水平或垂直）改变颜色。选择【窗口】→【颜色】菜单项，打开【颜色】面板，单击【填充颜色】下拉按钮，在弹出的下拉列表中选择【线性渐变】选项，即可进入【线性渐变填充】界面，如图 2-83 所示。

下面详细介绍该界面中的主要参数。

- 【流】选项：主要用来控制超出渐变范围的颜色布局模式。【流】有【扩展颜色】、【反射颜色】、【重复颜色】3 种模式。左侧为【扩展颜色】模式，中间为【反射颜色】

模式，右侧为【重复颜色】模式，如图 2-84 所示。

- 颜色设置条：颜色设置条位于【添加到色板】按钮上方，默认情况下，颜色设置条上会有两个渐变色块，左边的渐变色块表示渐变的起始色，右边的渐变色块表示渐变的终止色。单击颜色设置条可以添加渐变色块，在 Animate 2022 中，最多可以添加 15 个渐变色块，如图 2-85 所示。

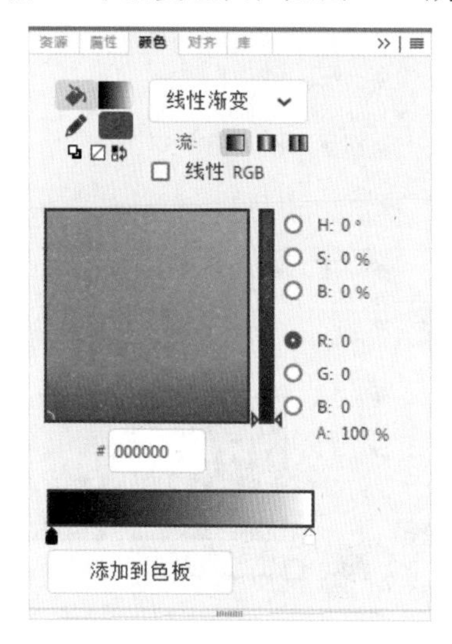

图 2-83

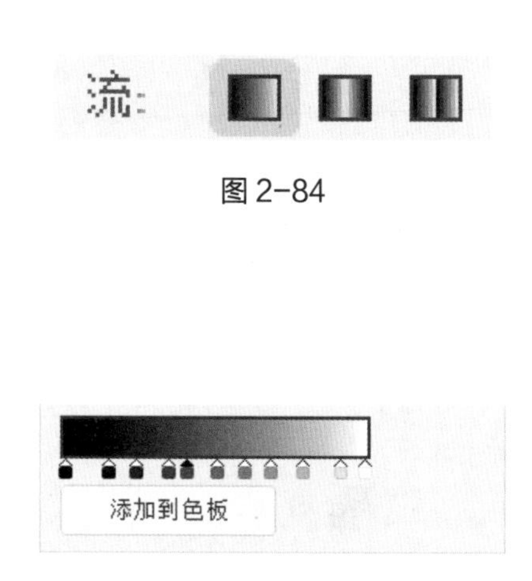

图 2-84

图 2-85

专家解读：如何删除渐变色块

在 Animate 中，如果要删除添加的渐变色块，需要选中添加的色块，按住鼠标左键拖曳色块至最左边或最右边即可完成渐变色块删除。

2. 径向渐变填充

径向渐变是从起点到终点颜色从内到外进行圆形渐变，利用径向渐变可以创建一个从中心焦点出发沿环形轨道混合的渐变。径向渐变与线性渐变不同，线性渐变是直线渐变，而径向渐变则是圆形渐变。选择【窗口】→【颜色】命令，打开【颜色】面板，单击【填充颜色】下拉按钮，在弹出的下拉列表中选择【径向渐变】选项，即可进入【径向渐变填充】界面，如图 2-86 所示。

颜色设置条位于【添加到色板】按钮上方，默认情况下，径向渐变的颜色设置条上有两个渐变色块，左边的色块表示渐变中心的颜色，右边的色块表示渐变的边沿色。

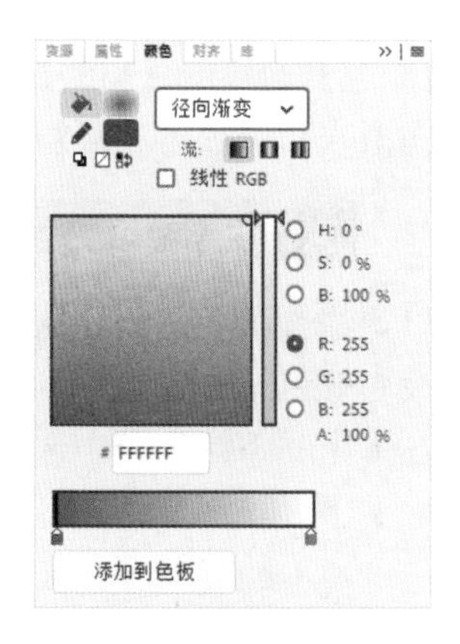

图 2-86

2.5.3 位图填充

在 Animate 2022 中，利用绘图工具绘制完成的图形除了可以用纯色填充和渐变填充外，还可以使用位图填充。选择【窗口】→【颜色】命令，打开【颜色】面板，单击【填充颜色】下拉按钮，在弹出的下拉列表中选择【位图填充】选项，即可进入【位图填充】界面，如图 2-87 所示，并且会弹出【导入到库】对话框，如图 2-88 所示，选择需要的图片，即可用导入的图片填充选择区域。

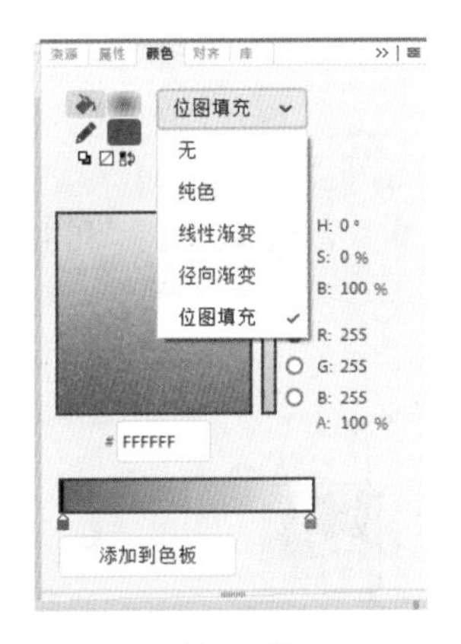

图 2-87

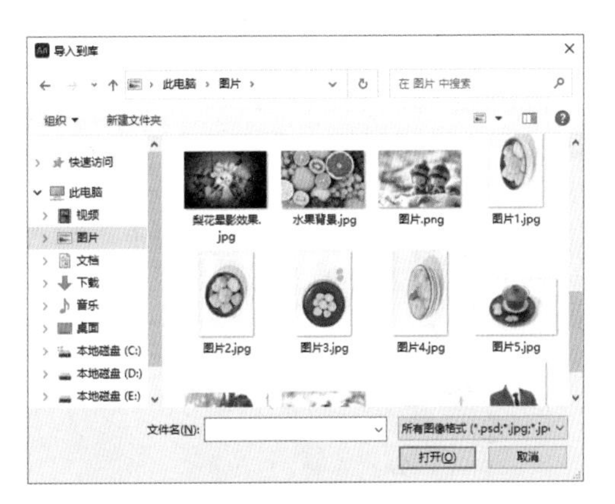

图 2-88

2.5.4 课堂范例——制作个性桌摆

本例将使用色彩工具制作个性桌摆，使读者熟练地掌握各种色彩工具的使用方法。首先使用多边形工具选取中间的矩形区域，并填充位图，然后使用径向渐变填充星形的四个角，最后使用墨水瓶工具对这四个角进行描边。

<< 扫码获取配套视频课程，本视频课程播放时长约为 1 分 40 秒。

配套素材路径：配套素材/第2章

素材文件名称：八角星.fla

操作步骤 Step by Step

第 1 步 打开本例的素材文件“八角星.fla”在工具箱中单击【多边形工具】按钮，然后选中多角星形中间的矩形区域，如图 2-89 所示。

第 2 步 选取后的效果如图 2-90 所示。

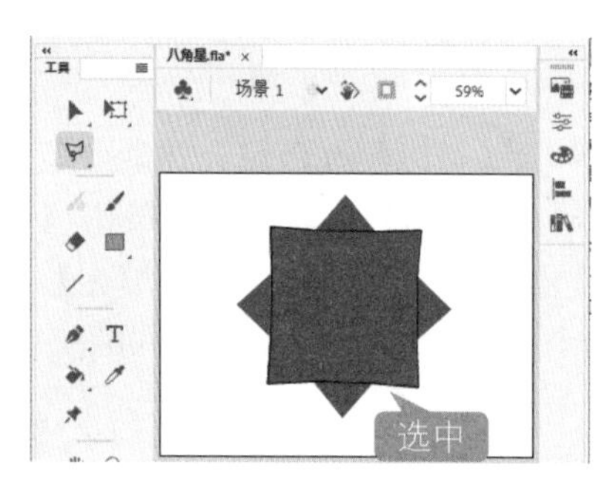

图 2-89

第 3 步 选中工具箱中的【颜料桶工具】，然后打开【颜色】面板，单击【填充颜色】下拉按钮，在弹出的下拉列表中选择【位图填充】选项，如图 2-91 所示。

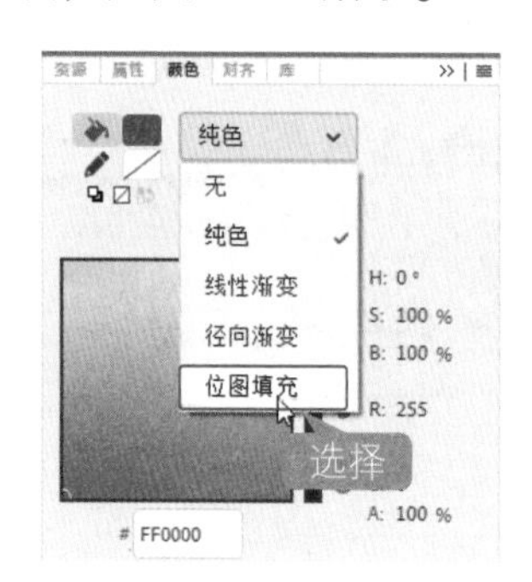

图 2-91

第 5 步 在工具箱中选择【渐变变形工具】，调整位图填充的范围和方向，效果如图 2-93 所示。

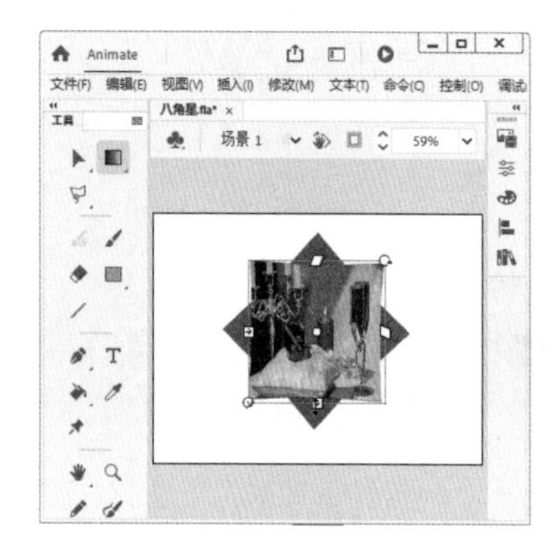

图 2-93

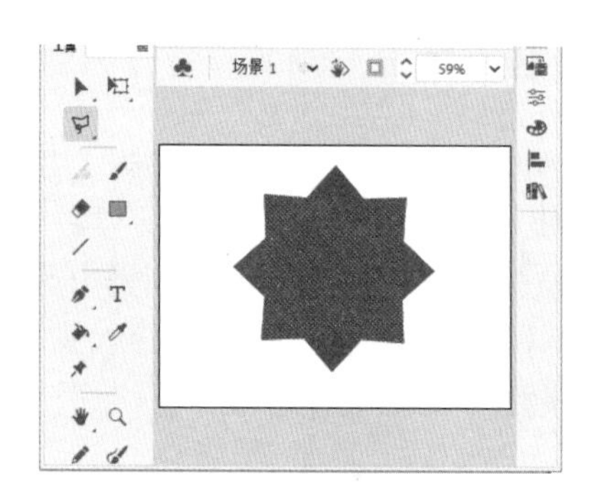

图 2-90

第 4 步 弹出【导入到库】对话框，❶选择准备填充的图片，❷单击【打开】按钮，如图 2-92 所示，即可用导入的图片填充选择区域。

图 2-92

第 6 步 选择工具箱中的【选择工具】，在填充区域单击，按住键盘上的 Shift 键，选中八角星形的四个角，如图 2-94 所示。

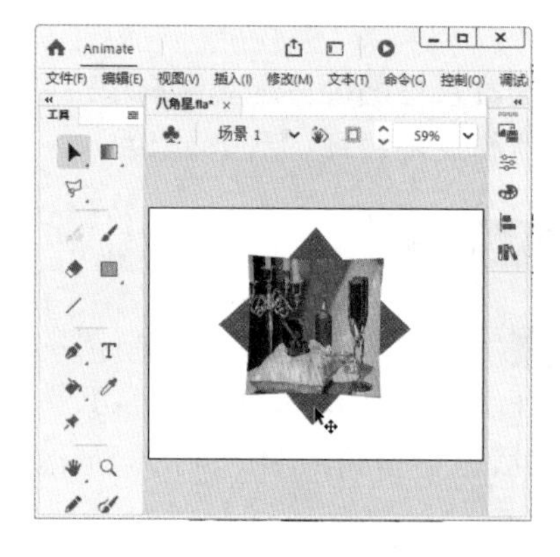

图 2-94

第 7 步 选择工具箱中的【颜料桶工具】，并打开【颜色】面板。在【颜色类型】下拉列表框中选择【径向渐变】选项，然后在面板下方的颜色设置条上设置颜色，并设置各个颜色游标的颜色值，如图 2–95 所示。

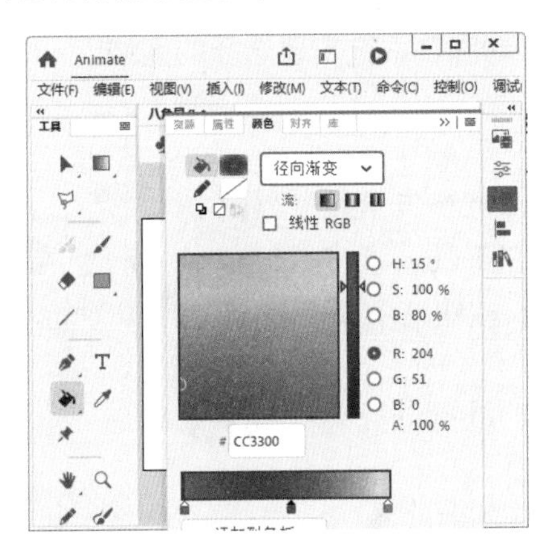

图 2–95

第 8 步 此时，舞台上选中区域的填充颜色会自动用指定的渐变色进行填充，效果如图 2–96 所示。

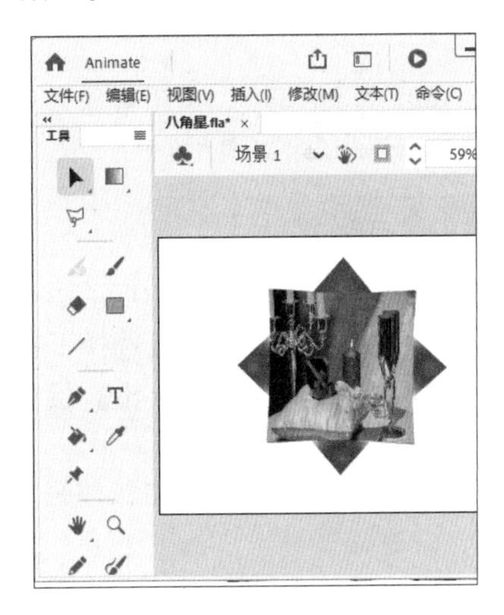

图 2–96

第 9 步 选择工具箱中的【墨水瓶工具】，在【属性】面板上设置笔触颜色为光谱线性渐变，【笔触大小】为 4，如图 2–97 所示。

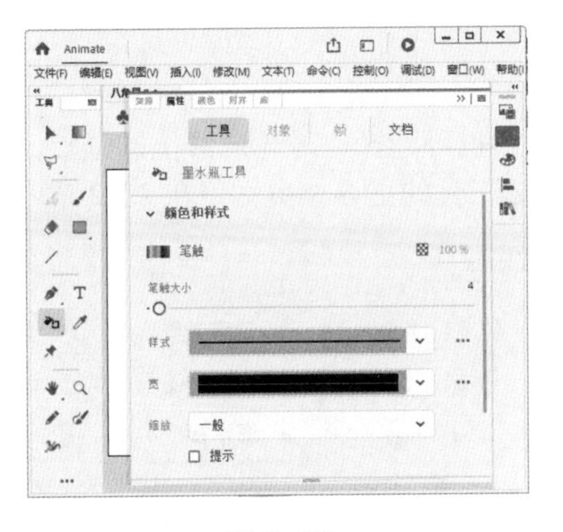

图 2–97

第10步 在要描边的轮廓上单击，最终效果如图 2–98 所示。

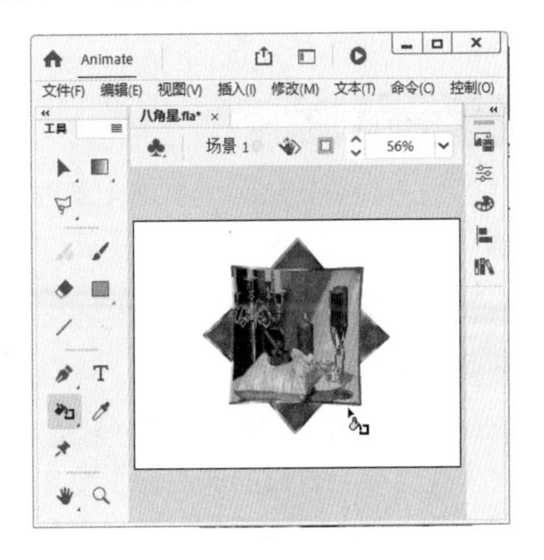

图 2–98

2.6 辅助绘制工具

在绘制图形时，有时需要使用一些辅助绘制工具来完成图形的绘制。常用的辅助绘制工具有选择工具、套索工具、手形工具和缩放工具等。若要调整图形的形状以及去除不需要的图形或查看图形中某个局部的细节等，都需要用到辅助绘制工具。

2.6.1 选择工具

在 Animate 2022 中，用于对象选取的工具主要有 3 个，即选择工具、部分选取工具和套索工具，分别用来实现对象的选取、调整曲线、移动和自由选定要选择的区域。

1. 选择工具

选择工具主要用于选择和移动图形，同时还可以调整矢量线条和色块。单击工具箱中的【选择工具】按钮，在工具箱下方会出现两个按钮，分别为【平滑】按钮和【伸直】按钮，如图 2-99 所示。

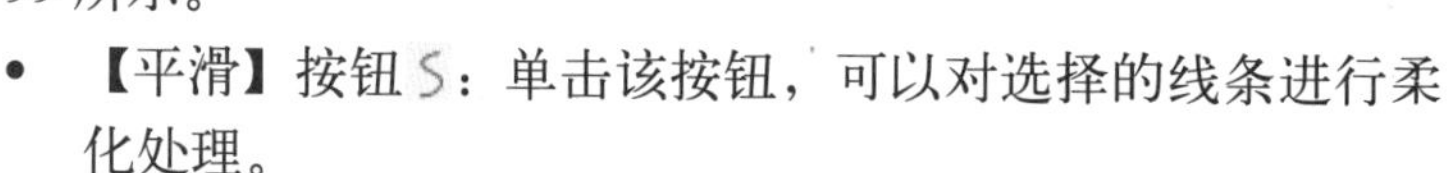

- 【平滑】按钮：单击该按钮，可以对选择的线条进行柔化处理。
- 【伸直】按钮：单击该按钮，可以锐化选择的曲线条。

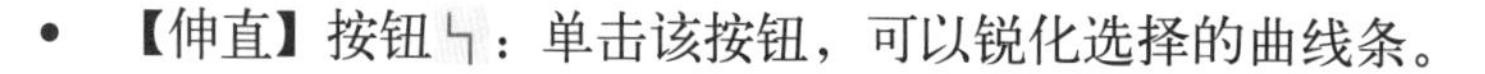

图 2-99

知识拓展：快速复制图形对象

在 Animate 2022 中，绘制一个简单的图形后，单击【选择工具】按钮，选中图形对象，按住 Alt 键，拖曳选中的对象到任意位置，选中的对象即被复制。

2. 部分选取工具

【部分选取工具】主要用于图形对象的选择；也可选择边缘轮廓线上的锚点，通过拖曳锚点上的控制柄来对图形轮廓进行调整，关于该工具的更多相关知识在 2.3.2 节中已经讲解了，此处不再赘述。

3. 套索工具

套索工具主要用于在舞台上创建不规则的选区，可实现对多个对象的选取。长按【套索工具】按钮，在弹出的下拉菜单中共有 3 个选项，分别为【套索工具】、【多边形工具】和【魔术棒】，如图 2-100 所示。

图 2-100

2.6.2 手形工具

在 Animate 2022 中，如果绘制的图形过大或舞台过大，会有部分图形在视图窗口中不能完全显示出来，此时，可以利用手形工具来移动舞台，让未能在视图窗口中显示出来的部分显示出来，如图 2-101 所示。

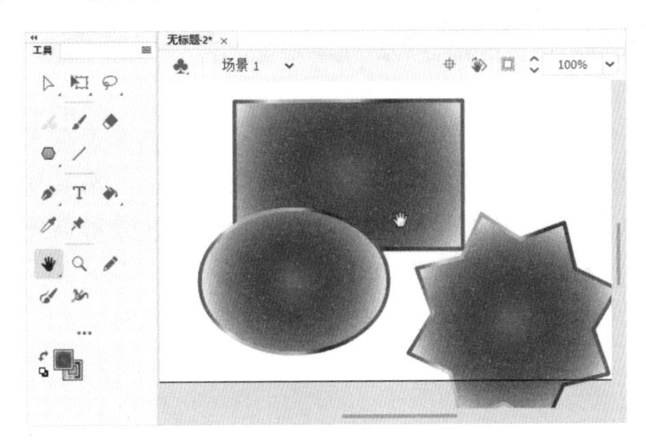

图 2-101

2.6.3 缩放工具

缩放工具可用来放大或缩小舞台显示的大小，也可用于对绘制的图形进行放大或缩小，还可以帮助设计者完成一些图形细节的修改或设计。下面详细介绍使用缩放工具的操作方法。

操作步骤 Step by Step

第 1 步 单击【缩放工具】按钮，工具箱下方会出现【放大】和【缩小】两个按钮。单击【放大】按钮，在需要放大的图形位置处单击，即可实现该部分图形的放大显示，如图 2-102 所示。

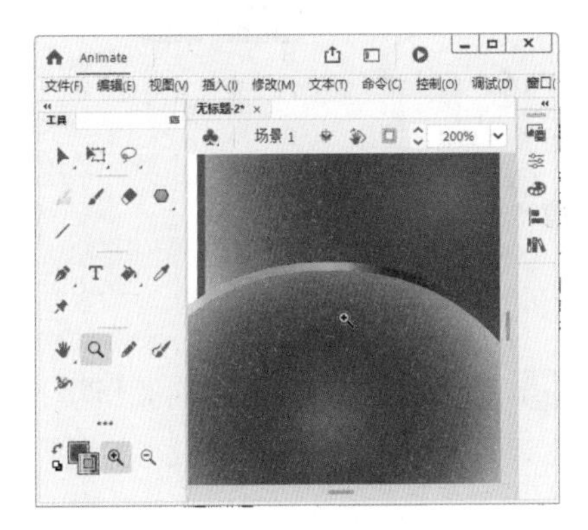

图 2-102

第 2 步 单击【缩小】按钮，在需要缩小的图形位置处单击，即可实现该部分图形的缩小显示，如图 2-103 所示。

图 2-103

2.7 实战课堂——绘制盆景花朵

在 Animate 2022 中，用户可以运用本章所学的知识，绘制出一个盆景花朵图形。首先使用椭圆工具绘制花朵，然后使用线条工具、钢笔工具绘制花盆并进行颜色填充，最后绘制盆景的其他部分即可。本例详细介绍绘制盆景花朵的操作方法。

<< 扫码获取配套视频课程，本视频课程播放时长约为 2 分 28 秒。

2.7.1 绘制花朵

用户可以使用本章所学的椭圆工具分别绘制花瓣和花蕊，并使用颜料桶工具填充自定义颜色。下面详细介绍绘制花朵的操作方法。

操作步骤 Step by Step

第 1 步 在工具箱中单击【椭圆工具】按钮 ，在舞台中绘制多个不同角度的椭圆，作为花朵的花瓣，如图 2-104 所示。

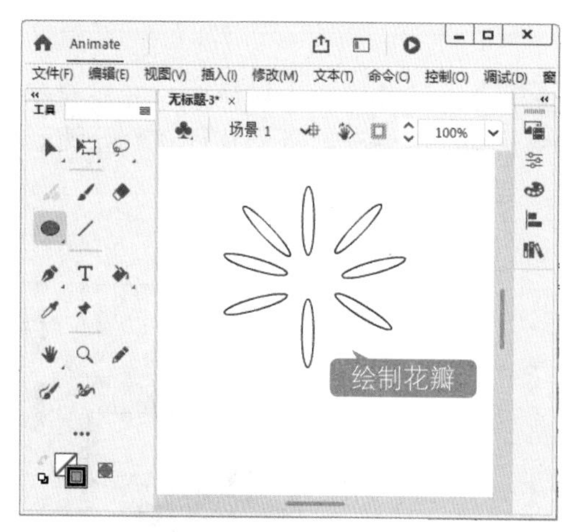

图 2-104

第 2 步 在工具箱中单击【椭圆工具】按钮 ，在舞台中绘制一个正圆并将其填充为黄色，作为花朵的花蕊，如图 2-105 所示。

图 2-105

第 3 步 在工具箱中单击【颜料桶工具】按钮 ，打开【属性】面板，设置填充颜色为红色，如图 2-106 所示。

第 4 步 在舞台中，对创建的花瓣填充自定义的颜色，如图 2-107 所示。

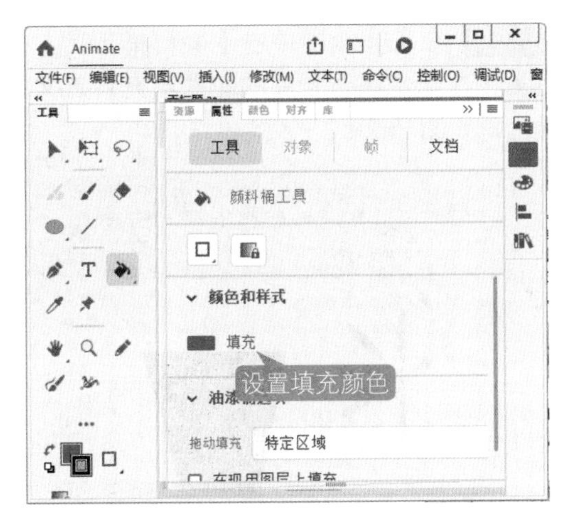

图 2-106

图 2-107

2.7.2 绘制花盆

用户可以使用线条工具绘制出花盆，然后使用钢笔工具对花盆进行分割美化，最后使用颜料桶工具对花盆填充自定义颜色。下面详细介绍绘制花盆的操作方法。

操作步骤

Step by Step

第 1 步 在工具箱中单击【线条工具】按钮 ，在【属性】面板中，设置笔触颜色为黑色，在【笔触大小】文本框中输入数值，如“2”，如图 2-108 所示。

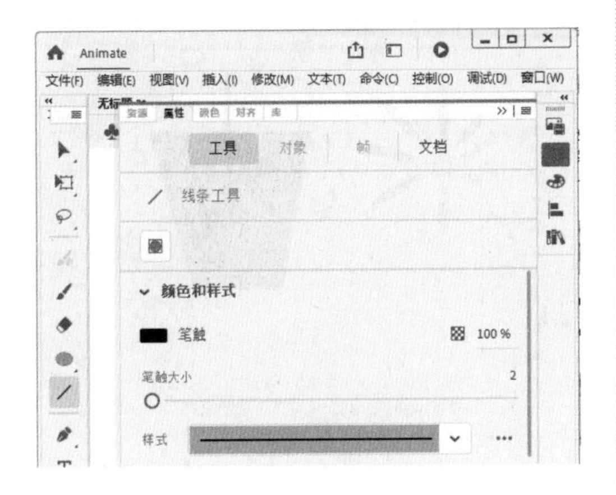

图 2-108

第 2 步 在舞台上绘制出一个梯形作为花盆，如图 2-109 所示。

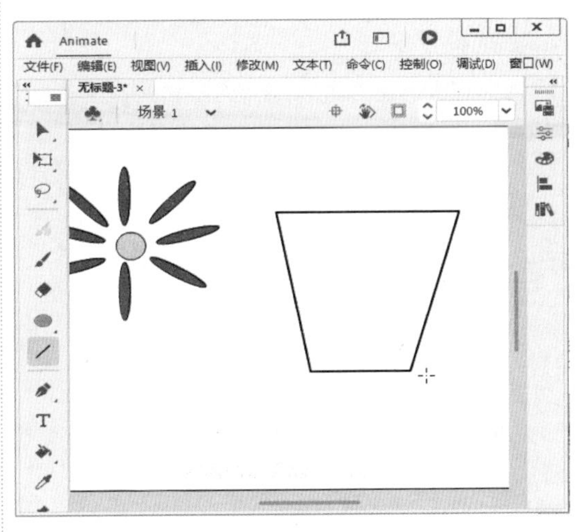

图 2-109

第 3 步 在工具箱中单击【钢笔工具】按钮 ，将鼠标指针放置在舞台上想要绘制直线的起始位置并单击，然后将鼠标指针移动到舞台上想要绘制直线的终止位置并单击，绘制一条直线，如图 2-110 所示。

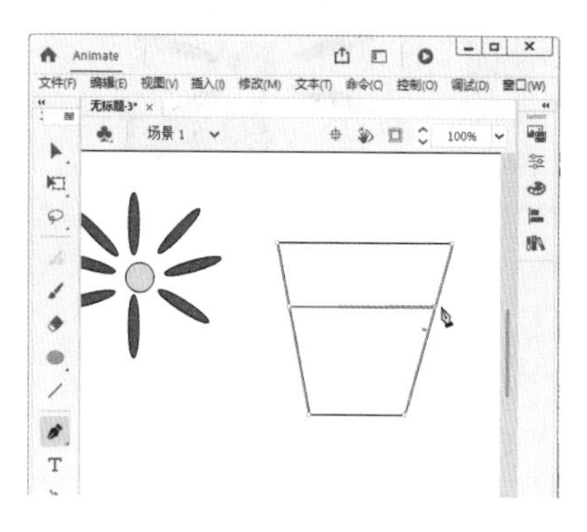

图 2-110

第 4 步 在工具箱中单击【颜料桶工具】按钮 ，在舞台中对创建的花盆填充自定义的颜色，如图 2-111 所示。

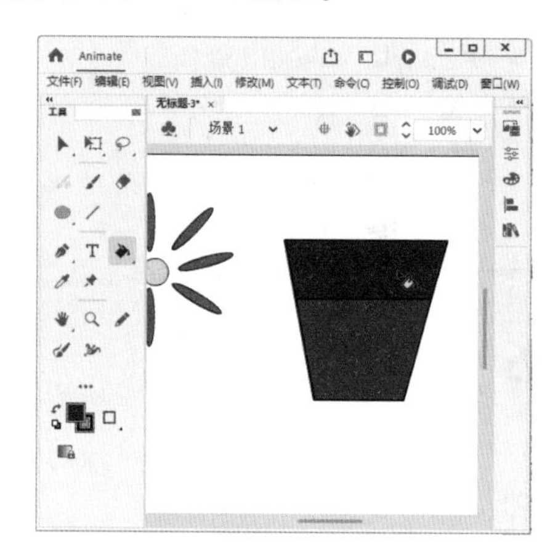

图 2-111

2.7.3 绘制盆景其他部分

用户可以使用铅笔工具绘制出花朵的枝干，然后使用传统画笔工具绘制出叶子，最后将绘制的花朵图形移动至枝干上方进行组合，并调整花朵的大小和旋转角度，完成盆景的绘制。

第 1 步 在工具箱中单击【铅笔工具】按钮 ，在【属性】面板中设置笔触颜色为棕色，在【笔触大小】文本框中输入数值，如“5”，如图 2-112 所示。

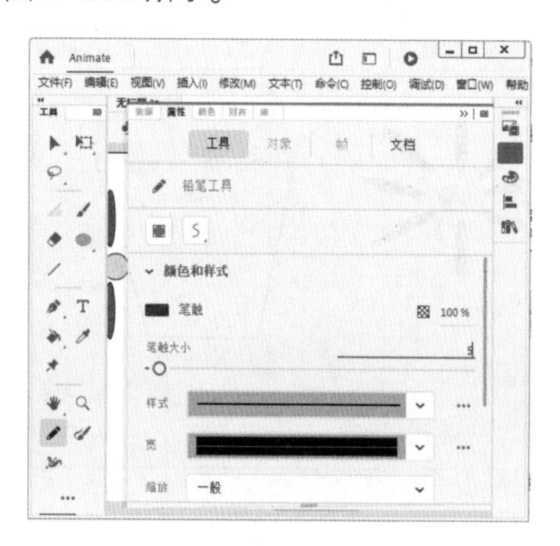

图 2-112

第 2 步 在舞台上使用【铅笔工具】 绘制出一个花朵的枝干，如图 2-113 所示。

图 2-113

第 3 步 在工具箱中单击【传统画笔工具】按钮 ，选择合适的颜色后在舞台中单击并拖动鼠标左键，涂抹指定的区域，然后释放鼠标左键，绘制两片叶子，如图 2-114 所示。

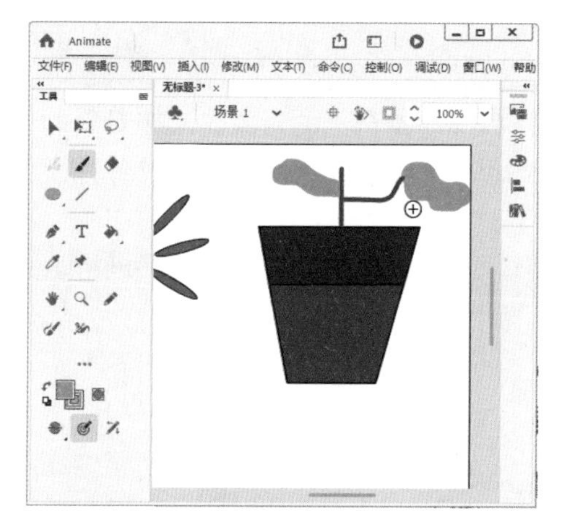

图 2-114

第 5 步 将绘制的花朵移动到枝干上方进行组合，然后调整花朵的大小和旋转角度，如图 2-116 所示。

图 2-116

第 4 步 将绘制的花盆、枝干和叶子组合，并将绘制的花朵图形也进行组合，选中准备组合的图形，在菜单栏中选择【修改】→【组合】菜单项即可，如图 2-115 所示。

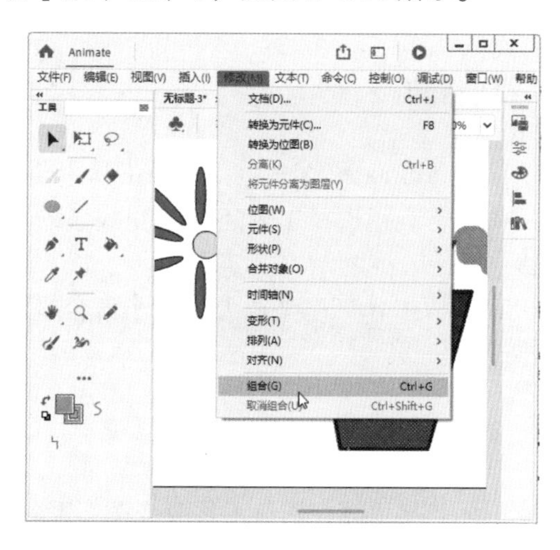

图 2-115

第 6 步 这样即可完成绘制盆景花朵的操作，最终效果如图 2-117 所示。

图 2-117

2.8 思考与练习

通过本章的学习，读者可以掌握使用基础工具绘制图形的基本知识以及一些常见的操作方法。本节将针对本章知识点，有目的地进行相关知识测试，以达到巩固与提高的目的。

一、填空题

1. 在 Animate 2022 中，使用 ________ 可以绘制出折线以及平滑的直线或曲线。绘制完的曲线还可通过 ________ 的简单操作来调整曲线的形状。

2. ________ 可以很方便地清除图形中多余或错误的部分。

二、判断题

1. 在 Animate 2022 中，选择工具主要用于选择和移动舞台上的对象，改变对象的大小和形状等，利用选择工具还可改变线条的方向、长短，并且还可以使直线变成各种形状的弧线。（ ）

2. 缩放工具可用来放大或缩小舞台显示的大小，但不可用于对绘制的图形进行放大或缩小。（ ）

三、简答题

1. 如何使用部分选取工具改变图形形状？

2. 如何使用颜料桶工具填充颜色？

第3章

文本操作与对象编辑

- 文本类型
- 编辑文本
- 对象的操作
- 制作特效文字

本章主要介绍了文本类型、编辑文本、对象的操作方面的知识与技巧，在本章的最后还针对实际工作需求，讲解了制作特效文字的方法。通过本章的学习，读者可以掌握文本操作与对象编辑方面的知识，为深入学习Animate 2022动画设计与制作知识奠定基础。

3.1 文本类型

文字是传递信息的重要手段，与图形对象、按钮等元素具有同等重要的作用，也是动画创作中最基本的素材与内容。在创作一个文本之前，首先需要了解文本的类型，在Animate中，文本的类型主要有3种，分别为静态文本、动态文本和输入文本。本节将详细介绍文本类型的相关知识及操作方法。

3.1.1 静态文本

静态文本显示不会动态改变字符的文本。在Animate中，默认状态下创建的是静态文本。静态文本创建的文本在影片播放的过程中不会改变，一般可用来作为主题文字、动画场景的说明文字等。

选中工具箱中的【文本工具】T，打开【属性】面板，单击【文本类型】下拉按钮，在弹出的下拉列表框中共有3个选项，分别为【静态文本】、【动态文本】和【输入文本】。选择【静态文本】选项，设置【系列】为黑体，【大小】为50pt，【颜色】为绿色，在【呈现】下拉列表框中选择【可读性消除锯齿】选项，其他为默认设置，如图3-1所示。

在舞台上需要输入文字的位置单击，出现光标后，在文本框中输入文字“静态文本”，即可完成静态文本的创建，如图3-2所示。

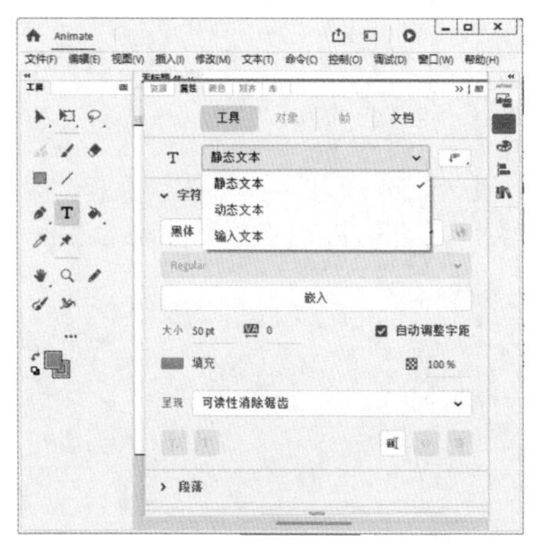

图 3-1

图 3-2

3.1.2 动态文本

动态文本是动态更新的文本，可以随着影片的播放自动更新，如用于股票报价、天气预报、计时器等方面的文字。下面详细介绍创建动态文本的操作方法。

操作步骤

Step by Step

第1步 选中工具箱中的【文本工具】T，打开【属性】面板，在【文本类型】下拉列表框中选择【动态文本】选项，设置【系列】为黑体，【大小】为50pt，【颜色】为绿色，在【呈现】下拉列表框中选择【可读性消除锯齿】选项，其他为默认设置，如图3-3所示。

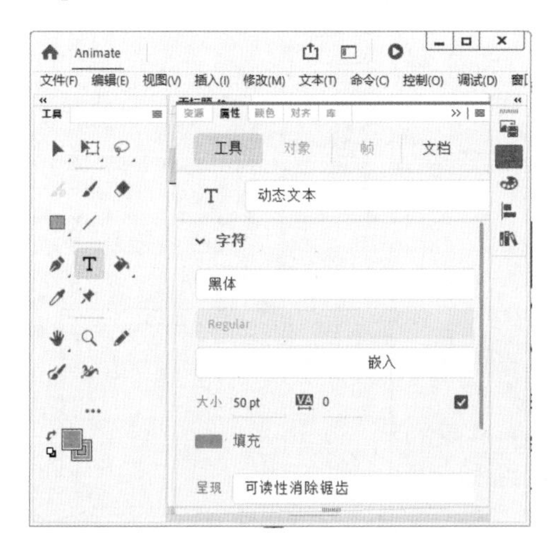

图3-3

第2步 将鼠标指针移动到舞台上，当鼠标指针变成“-¦-T”形状时，按住鼠标并拖动至合适大小，释放鼠标即可在舞台中出现文本框，如图3-4所示。

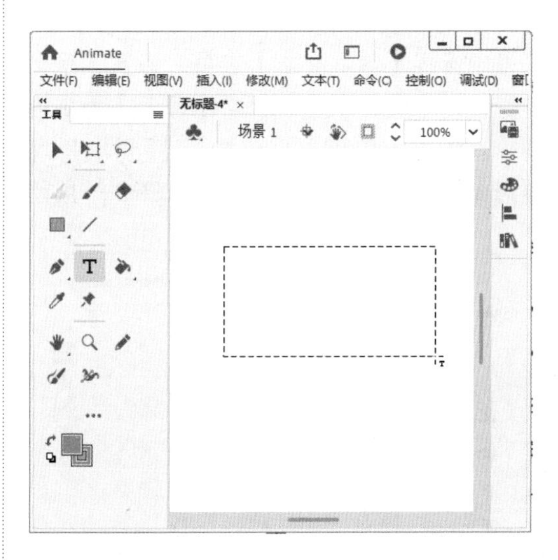

图3-4

第3步 在其中输入文本“动态文本”，即可完成动态文本的创建，如图3-5所示。

图3-5

■ 指点迷津

只有静态文本才可以在垂直方向上输入，动态文本和输入文本只能在水平方向上创建。为了与静态文本相区别，动态文本的控制手柄在右下角。

3.1.3 输入文本

输入文本是一种在动画播放过程中，可以接受用户输入的操作，从而产生交互的文本。下面详细介绍创建输入文本的操作方法。

操作步骤 Step by Step

第 1 步 选中工具箱中的【文本工具】T，打开【属性】面板，在【文本类型】下拉列表框中选择【输入文本】选项，设置【系列】为黑体，【大小】为 50pt，【颜色】为绿色，在【呈现】下拉列表框中选择【可读性消除锯齿】选项，其他为默认设置，如图 3-6 所示。

图 3-6

第 3 步 在其中输入文本“输入文本”，即可完成输入文本的创建，如图 3-8 所示。

■ 指点迷津

输入文本字段使用户可以在表单或调查表中输入文本，如输入用户名和密码等。

第 2 步 将鼠标指针移动到舞台上，当鼠标指针变成"十"形状时，按住鼠标并拖动至合适大小，释放鼠标即可在舞台中出现文本框，如图 3-7 所示。

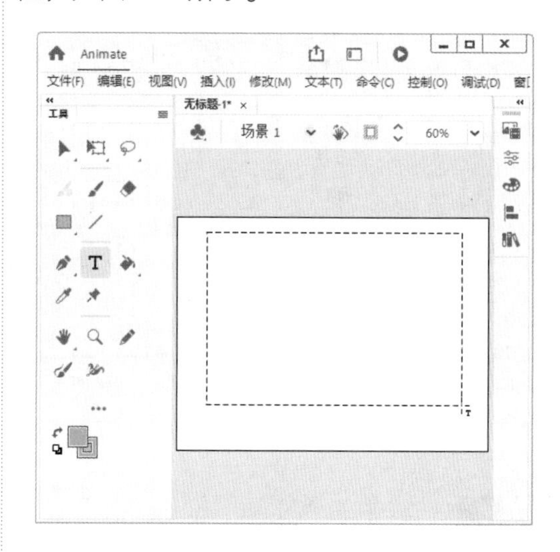

图 3-7

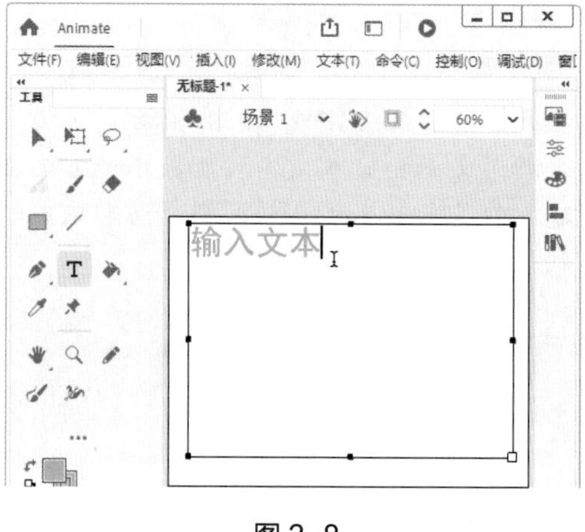

图 3-8

3.1.4 文本属性

为了获得理想的文本效果，选中文本后，在【属性】面板中可以设置该文本的属性，如图 3-9 所示。不同的文本类型，其属性大同小异。下面详细介绍一下静态文本的主要属性。

- 【文本类型】选项：【文本类型】下拉列表框中有 3 个选项，分别为【静态文本】、【动态文本】和【输入文本】，默认为静态文本。
- 【字符】选项组：【字符】选项组中主要包括【系列】、【样式】、【嵌入】、【大小】、【字母间距】、【颜色】、【自动调整字距】和【消除锯齿】等选项。打开【系列】选项可以选择并设置字体系列，字体系列中也有多个选项，如【黑体】、【华文彩云】、【华文仿宋】、【华文琥珀】、【华文楷体】等，如图 3-10 所示。

图 3-9

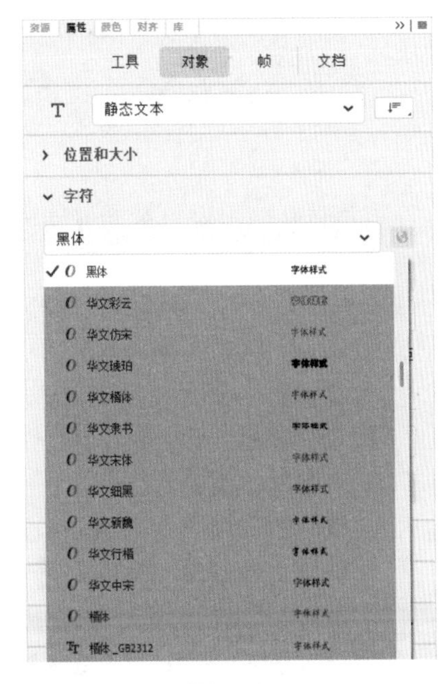

图 3-10

- 字体样式一般为默认设置。单击【样式】下方的【嵌入】按钮可以打开【字体嵌入】对话框，选择字体嵌入选项，如图 3-11 所示。用户可以在该对话框中设置字体名称、字符范围等，设置完成后单击【确定】按钮即可。
- 字体大小可以通过在【属性】面板的【大小】右侧的文本框中输入具体的数值来设置。
- 字体间距可以通过在【字母间距】右侧的文本框中输入具体的数值来设置。
- 字体颜色可以通过单击【颜色】右侧的色块来设置。
- 【属性】面板中的【自动调整字距】复选框默认为选中状态。

- 【呈现】下拉列表框中共有 5 个选项，分别为【使用设备字体】、【位图文本 [无消除锯齿]】、【动画消除锯齿】、【可读性消除锯齿】和【自定义消除锯齿】，如图 3-12 所示。

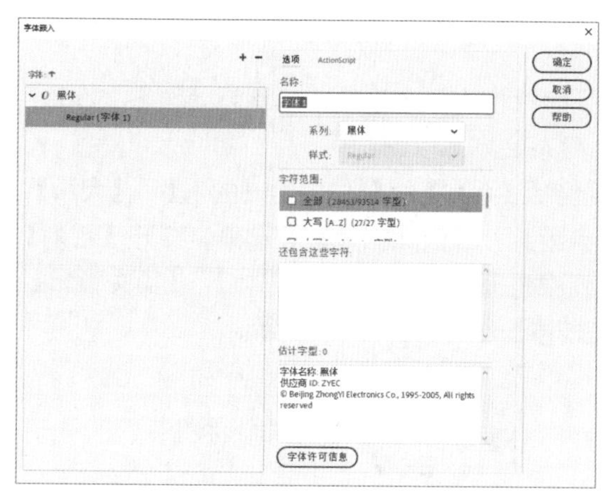

图 3-11

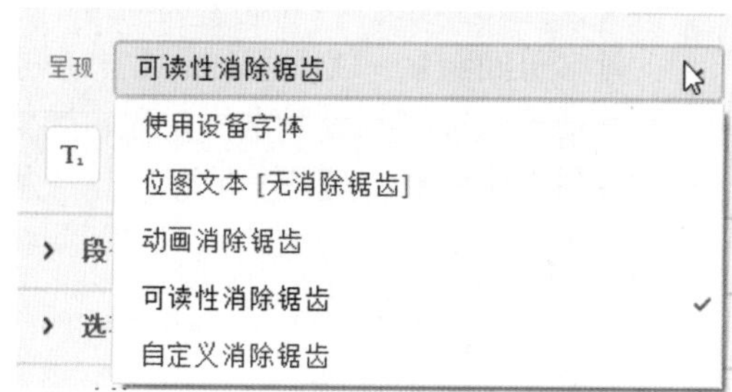

图 3-12

- 在【属性】面板中，单击【切换上标】或【切换下标】按钮即可设置字体的上标或下标。
- 【段落】选项组：【段落】选项组中主要有【格式】、【间距】、【边距】、【行为】等选项，如图 3-13 所示。
    - 【格式】中又有【左对齐】、【居中对齐】、【右对齐】和【两端对齐】共 4 个选项。例如，要实现左对齐，只需要选中文本，然后单击【格式】选项右侧的【左对齐】按钮即可。
    - 【段落】选项组中的【间距】主要有【缩进】和【行距】两个选项。在【像素】左侧的文本框输入数值即可实现缩进设置；在【点】左侧的文本框输入数值即可实现行距设置。
    - 【段落】选项组中的【边距】主要有【左边距】和【右边距】两个选项。单击【左边距】右侧的文本框输入数值即可实现左边距设置；单击【右边距】右侧的文本框输入数值即可实现右边距设置。
- 链接设置：在【选项】选项组中，在【链接】右侧的文本框中输入文本的超链接，即在发布为 SWF 文件运行时该文字链接的地址。在【目标】下拉列表框中可选择链接内容加载位置。目标下拉列表框中共有 4 个选项，分别为 _blank、_parent、_self 和 _top，如图 3-14 所示。

图 3-13

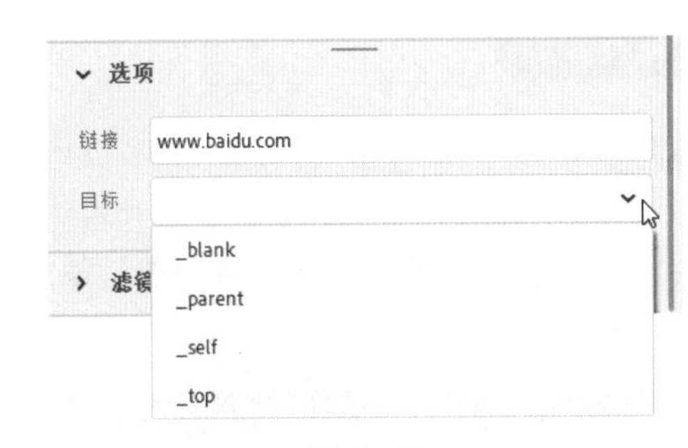

图 3-14

- _blank：选择该选项可以指定在一个新的空白窗口中显示链接内容。
- _parent：选择该选项可以指定在当前帧的父级显示链接内容。
- _self：选择该选项可以指定在当前窗口的当前帧中显示链接内容。
- _top：选择该选项可以指定在当前窗口的顶级帧中显示链接内容。

- 【滤镜】选项组：单击【添加滤镜】按钮+，可打开【添加滤镜】列表框，该列表框中有【投影】、【模糊】、【发光】、【斜角】、【渐变发光】、【渐变斜角】和【调整颜色】选项，如图 3-15 所示。

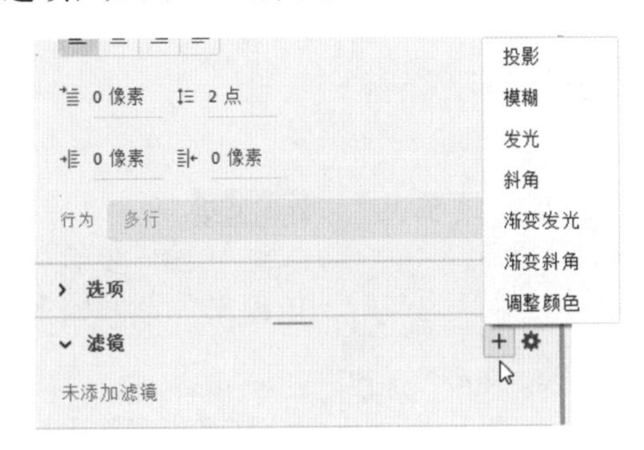

图 3-15

3.1.5 课堂范例——使用其他应用程序中的文本

如果需要输入的文本较多，Animate 2022 还允许用户将其他应用程序中的文本复制、粘贴到舞台上。本例详细介绍将 Word 文档中的文本粘贴到 Animate 舞台中的操作方法。

<< 扫码获取配套视频课程，本视频课程播放时长约为 35 秒。

配套素材路径：配套素材/第3章

素材文件名称：将进酒.docx

操作步骤

Step by Step

第 1 步 打开本例的 Word 素材文件“将进酒.docx”，❶选中需要使用的文本并右击，❷在弹出的快捷菜单中选择【复制】菜单项，如图 3-16 所示。

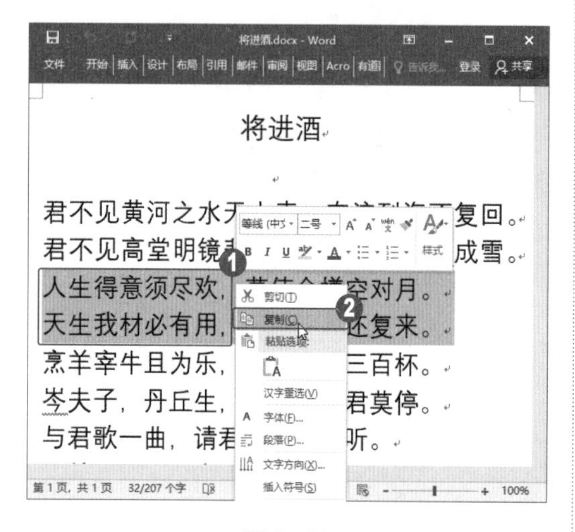

图 3-16

第 2 步 返回到 Animate 2022 的舞台上，❶在舞台空白处右击，❷在弹出的快捷菜单中选择【粘贴到中心位置】菜单项，如图 3-17 所示。

图 3-17

第 3 步 可以看到复制的文本已经粘贴到 Animate 舞台上了，如图 3-18 所示。

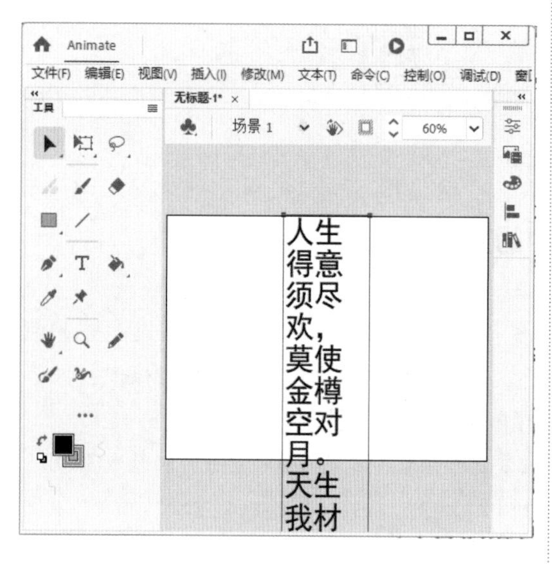

图 3-18

第 4 步 使用【选择工具】对粘贴后的文本进行进一步编辑，即可完成使用 Word 应用程序中的文本，如图 3-19 所示。

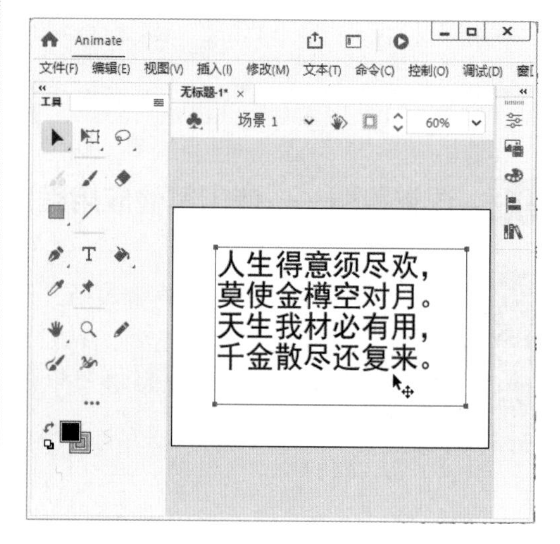

图 3-19

专家解读

粘贴的文本用一个蓝色的矩形框包围，不仅可以移动、缩放或旋转，而且还能使用文本工具对其进行编辑。如果粘贴从其他应用程序复制过来的文本之前，文本工具的输入模式为垂直方向，则粘贴的文本也将是垂直的，通常会显得比较乱。

3.2 编辑文本

在 Animate 2022 中输入文本后可以对其进行编辑修改，如旋转文本、分离文本、倾斜文本、缩放文本、水平翻转文本、填充文本和添加滤镜效果等。本节将详细介绍编辑文本的相关知识及操作方法。

3.2.1 文本变形

在动画设计与创作中，会经常将文本对象变形，如旋转、倾斜、缩放或翻转等，利用变形后的文本效果和丰富的字体可为动画作品增添色彩。下面详细介绍文本变形的方法。

操作步骤 Step by Step

第 1 步 在舞台上输入文本后，选择工具箱中的【任意变形工具】，当文本框周围出现文本对象的轮廓线时，将鼠标指针移动到轮廓线的转角处，此时鼠标指针会变成“ ”形状，如图 3-20 所示。

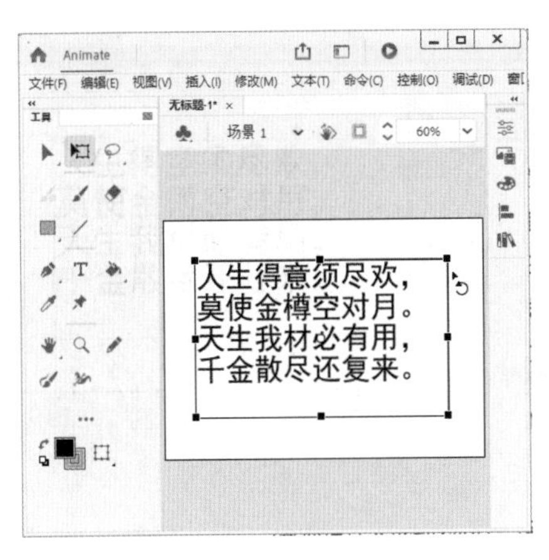

图 3-20

第 2 步 按住鼠标左键向上或向下拖动，可实现对文本的旋转，如图 3-21 所示。

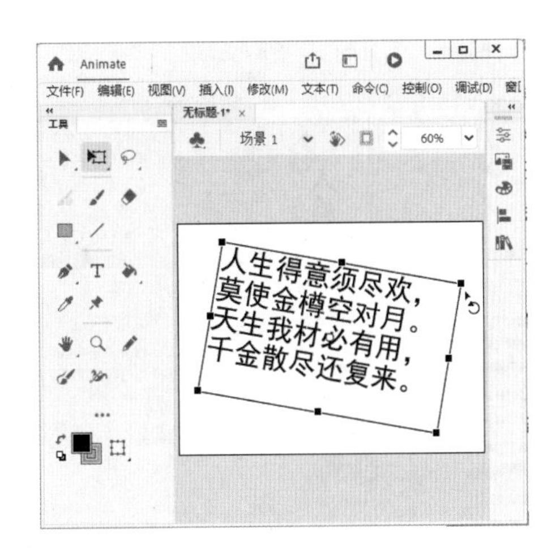

图 3-21

第 3 步 将鼠标指针移动到对角线处，当鼠标指针变成“ ”形状时，按住鼠标左键向上或向下拖动，可缩放文本对象的大小，如图 3-22 所示。

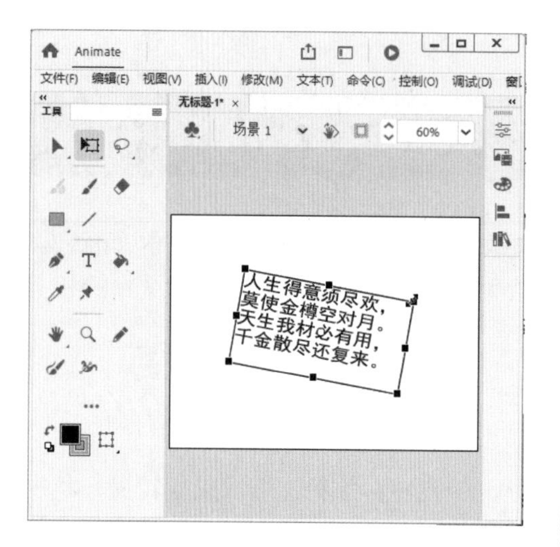

图 3-22

第 4 步 当鼠标指针变成“ ”形状时，按住鼠标左键向上或向下拖动，可实现对文本的倾斜，如图 3-23 所示。

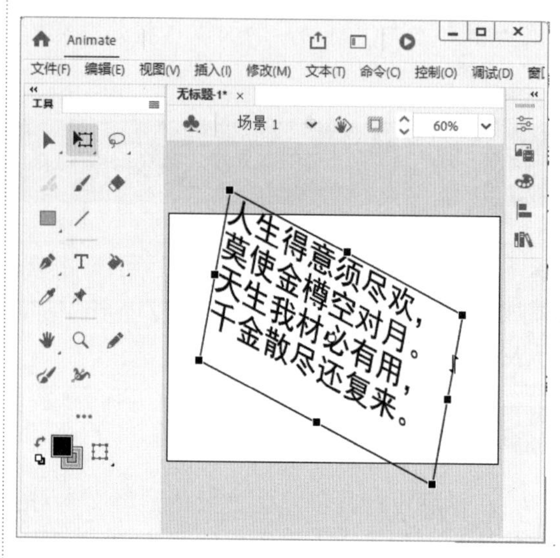

图 3-23

第 5 步 在舞台上输入文本后，在菜单栏中选择【修改】→【变形】→【水平翻转】菜单项，如图 3-24 所示。

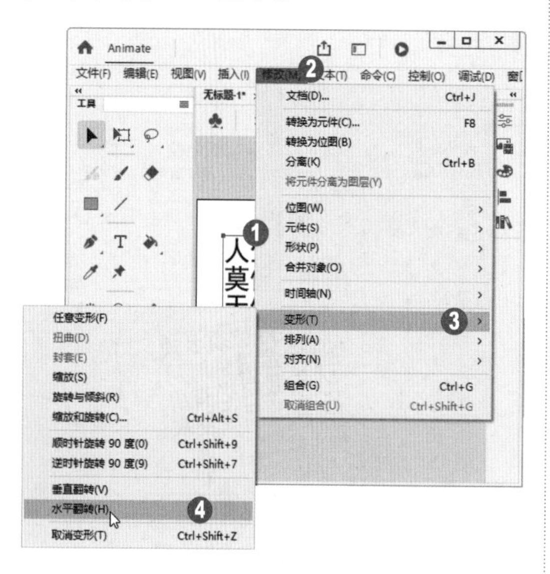

图 3-24

第 6 步 即可实现文本对象的水平翻转，如图 3-25 所示。

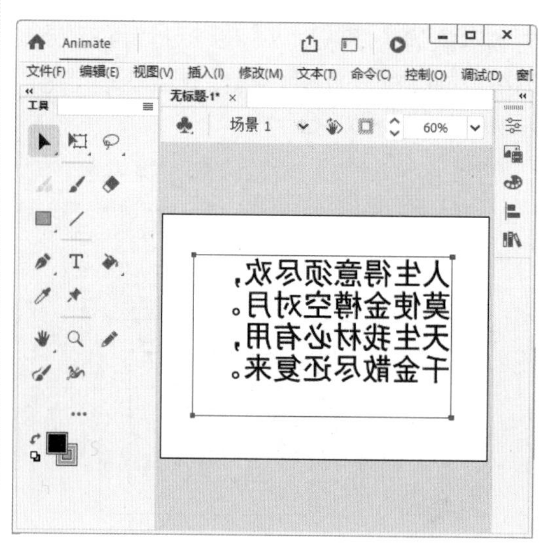

图 3-25

第 7 步 在舞台上输入文本后，在菜单栏中选择【修改】→【变形】→【垂直翻转】菜单项，如图 3-26 所示。

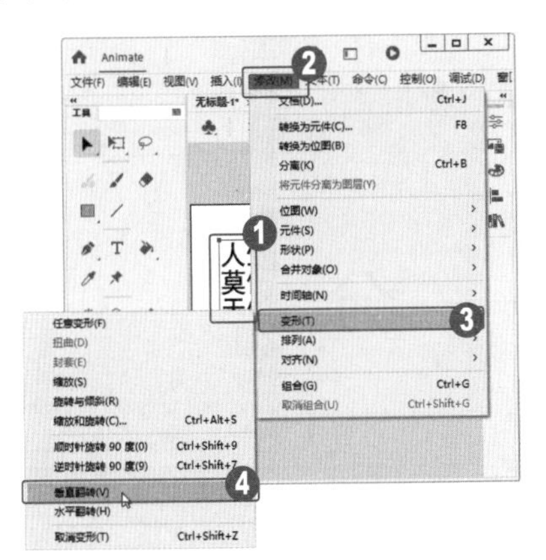

图 3-26

第 8 步 即可实现文本对象的垂直翻转，如图 3-27 所示。

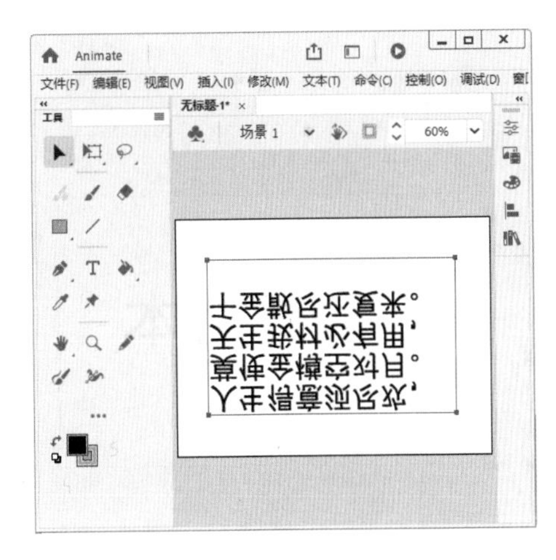

图 3-27

3.2.2 分离文本

分离文本是在动画设计与创作中经常用到的文本处理方法，利用任意变形工具可以对分离后的文本进行局部变形。下面详细介绍分离文本的相关操作方法。

操作步骤 Step by Step

第 1 步 选择【文本工具】T，设置好文本属性，在舞台上输入文本，如“分离文本”，如图 3-28 所示。

图 3-28

第 2步 在菜单栏中选择【修改】→【分离】菜单项，如图 3-29 所示。

图 3-29

第 3 步 即可实现文本分离，效果如图 3-30 所示。

图 3-30

第 4 步 再次在菜单栏中选择【修改】→【分离】菜单项，如图 3-31 所示。

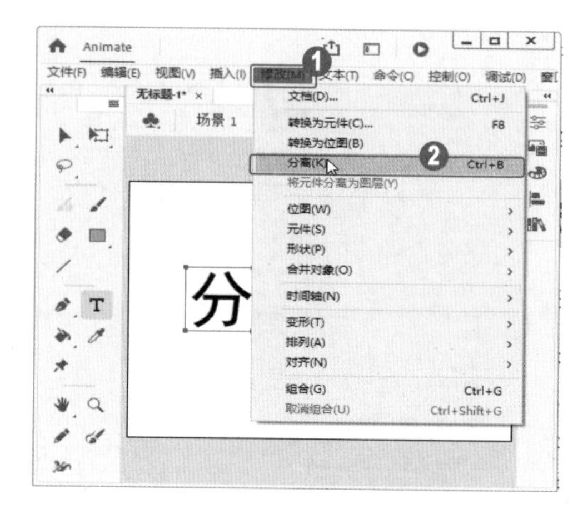

图 3-31

第 5 步 即可实现第二次文本分离，效果如图 3-32 所示。

图 3-32

第 6 步 选中舞台中的文本，选择【任意变形工具】，再选择“离”字，然后单击工具箱下方的【扭曲】按钮，当文本框周围出现文本对象的轮廓线时，将鼠标指针移动到轮廓线的转角处，按住鼠标左键向右上角拖动，可实现文本对象的局部变形，如图 3-33 所示。

图 3-33

3.2.3 填充文本

分离文本后，用户还可以对文本填充自己想要的颜色，从而更加丰富设计细节。下面详细介绍填充文本的操作方法。

操作步骤 Step by Step

第 1 步 选中分离后的文本，选择【颜料桶工具】，选择填充颜色为红色，在选中的文本处单击，如图 3-34 所示。

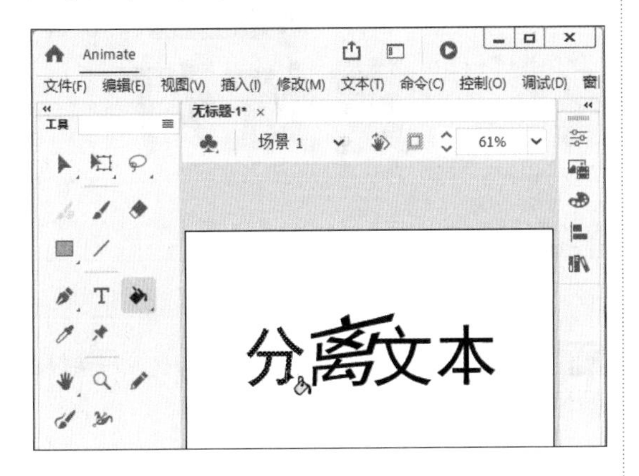

图 3-34

第 2 步 即可实现文本颜色的填充，效果如图 3-35 所示。

图 3-35

3.2.4 课堂范例——制作霓虹灯文字

在电视摄影中，摄像机的机位不变，通过摄像机镜头焦距的变化来改变镜头的视角，我们把这种镜头语言叫作推镜头和拉镜头。

<< 扫码获取配套视频课程，本视频课程播放时长约为 32 秒。

配套素材路径：配套素材/第3章

素材文件名称：霓虹灯效果.fla

操作步骤 Step by Step

第 1 步 打开“霓虹灯效果 .fla”素材文件，使用【选择工具】选中文本，如图 3-36 所示。

第 2 步 连续按两次 Ctrl+B 组合键，将文本彻底分离，如图 3-37 所示。

图 3-36

图 3-37

第 3 步 打开【颜色】面板，❶在【颜色类型】下拉列表框中选择【线性渐变】选项，❷在颜色编辑区设置渐变颜色，如图 3-38 所示。

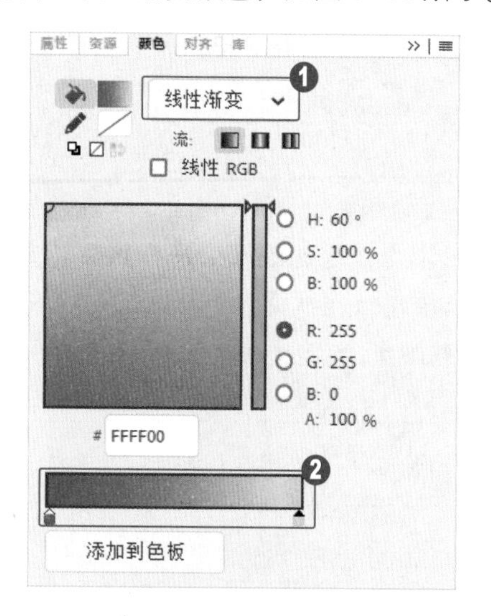

图 3-38

第 4 步 此时，舞台中的文字已填充了渐变颜色，效果如图 3-39 所示。

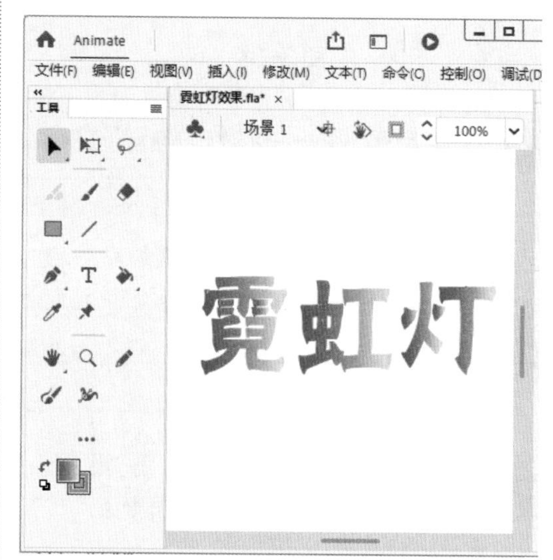

图 3-39

3.3 对象的操作

仅使用工具箱中的工具创建的矢量图形相对来说比较单调，如果能结合修改菜单命令修改图形，就可以改变原图形的形状、线条等，并且可以将多个图形组合起来获得所需要的图形效果。本节将详细介绍对象的相关操作方法。

3.3.1 对象的对齐和排列

当选择多个图形、图像或图形的组合、组件时，可以通过选择【修改】→【对齐】菜单项中的命令来调整它们的相对位置。下面以将图形进行底部对齐为例，详细介绍对象的对齐和排列的操作方法。

操作步骤 Step by Step

第 1 步 在舞台中，绘制好准备排列的图形对象后，使用【选择工具】将这些图形全部选中，如图 3-40 所示。

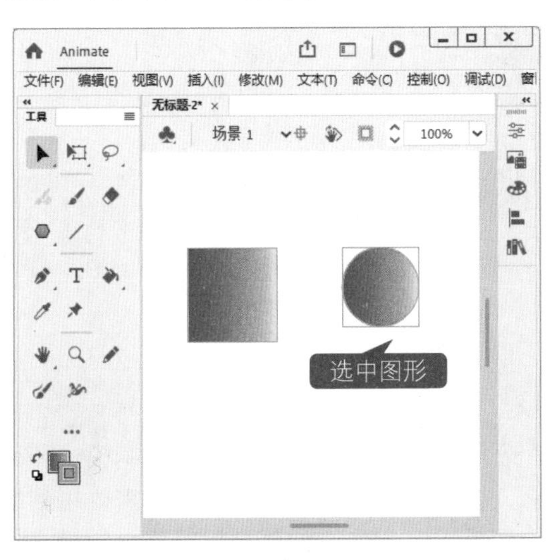

图 3-40

第 2 步 在菜单栏中选择【修改】→【对齐】→【底对齐】菜单项，如图 3-41 所示。

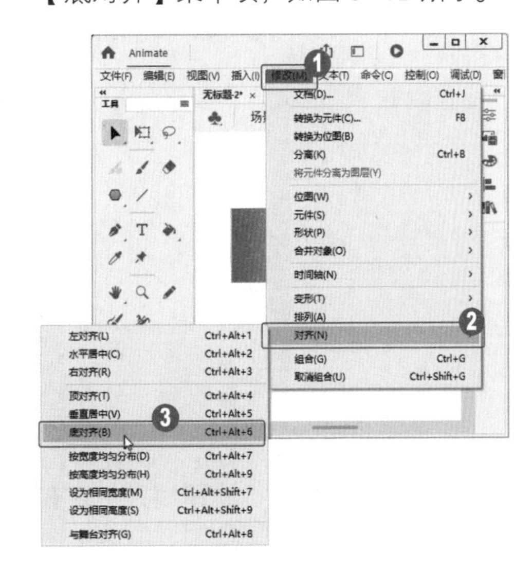

图 3-41

第 3 步 即可将所有图形的底部对齐，效果如图 3-42 所示。

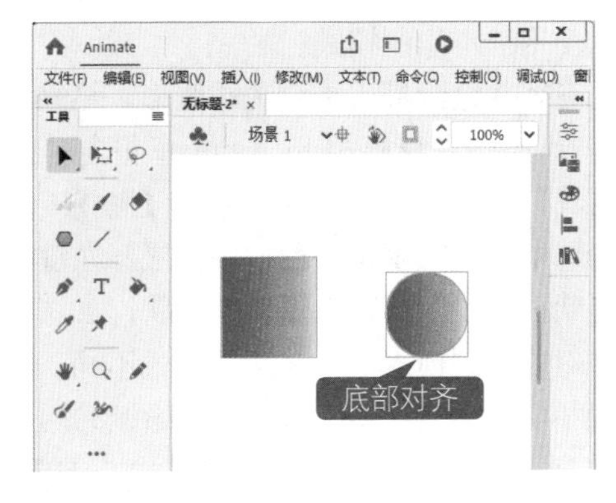

图 3-42

■ 指点迷津

选择【修改】→【对齐】菜单项后，在弹出的子菜单中，用户可以根据需要对选中的图形对象进行左对齐、水平居中、右对齐、顶对齐、垂直居中、与舞台对齐等对齐排列。

3.3.2 对象的合并和组合

通过合并对象操作可以改变现有对象来创建新形状，为了方便对多个对象进行处理，还可以将这些对象组合在一起，作为一个整体进行移动或选择。下面详细介绍对象的合并和组合的操作方法。

1. 合并对象

在一些特殊情况下，所选对象的堆叠顺序决定了操作的工作方式。选中要合并的对象后，在菜单栏中选择【修改】→【合并对象】菜单项，然后在弹出的子菜单中根据需要进行合并对象的相关操作，如图 3-43 所示。合并的方式包括联合对象、交集对象、打孔对象和裁切对象。

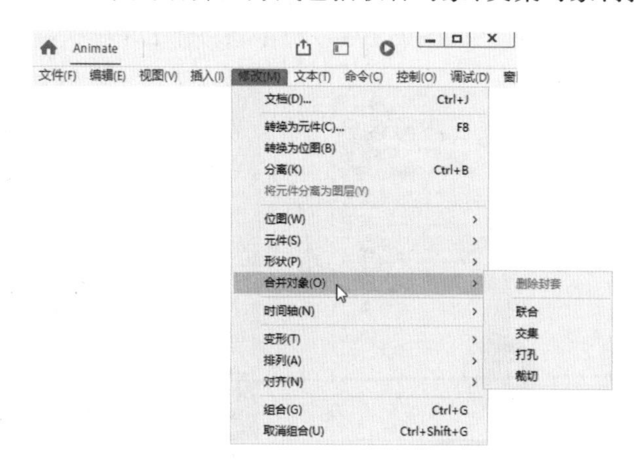

图 3-43

在 Animate 2022 中，绘图模式主要有 3 种，分别为合并绘制模式、对象绘制模式和基本绘制模式。对于舞台上绘制好的多个图形对象，彼此之间的交互及编辑等都需要用到绘图模式。合并绘制模式为 Animate 2022 默认的绘图模式，此外，如要启用对象绘制模式，则需要单击工具箱中的【对象绘制】按钮 ；选择【基本矩形工具】或【基本椭圆工具】，可以使用基本绘制模式。

在合并绘制模式下绘制的图形，笔触和填充作为独立的部分存在，可以单独对笔触或填充进行修改。在该模式下，Animate 将会对绘制图形的重叠部分进行裁切。选择工具箱中的【矩形工具】，绘制一个矩形；选择【椭圆工具】，绘制一个椭圆，将这两个图形放置在一起。单击选中椭圆的填充颜色，按住鼠标左键将其移出，选中椭圆边缘线将其移出，此时，上层的形状截去了下层重叠图形的形状，如图 3-44 所示。

对象绘制模式与合并绘制模式不同，在该模式下，绘制的图形可以作为一个对象存在，笔触和填充不会分离，此外，将绘制的两个图形放置在一起重叠时也不会出现合并绘制模式下的分割情况。如果要启用该模式，需要单击工具箱中的【对象绘制】按钮 。选择工具箱中的【矩形工具】，然后单击工具箱中的【对象绘制】按钮 ，在舞台上绘制一个矩形；

选择【工具箱】中的【多角星形工具】，然后单击工具箱中的【对象绘制】按钮，在舞台上绘制一个多边形，将两个图形放置在一起，如图 3-45 所示。

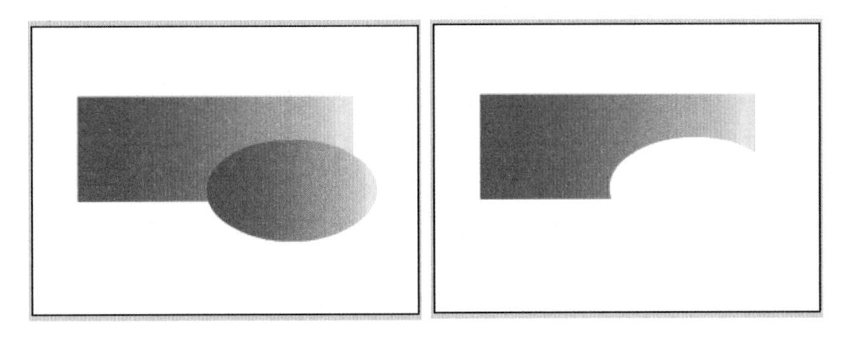

图 3–44

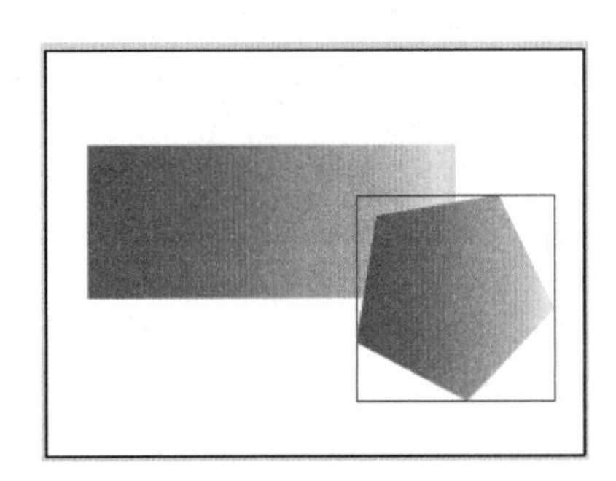

图 3–45

在使用工具箱中的【基本矩形工具】或【基本椭圆工具】时，Animate 2022 将把图形绘制为单独的对象。选择工具箱中的【基本矩形工具】，打开【属性】面板，可以修改基本矩形的边角半径，或选择工具箱中的【基本椭圆工具】，打开【属性】面板，可以修改基本椭圆的开始角度、结束角度和内径，如图 3-46 所示。

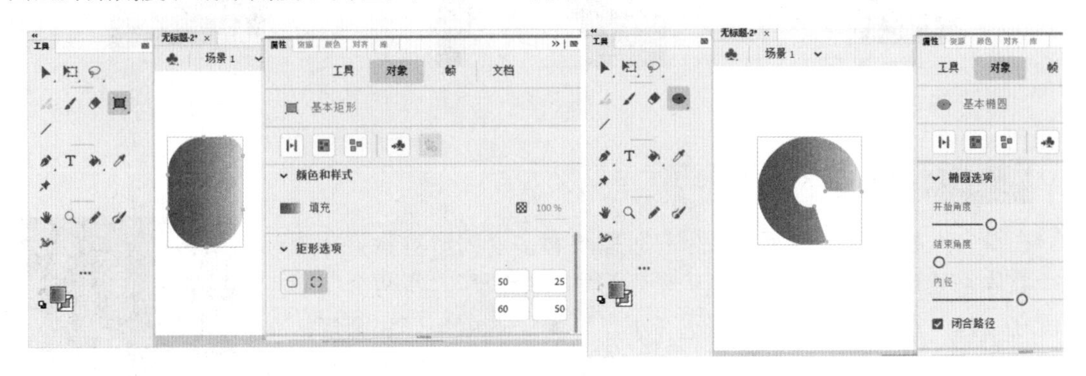

图 3–46

在舞台上绘制多个图形对象，通过对图形对象的合并可以获得新的图形。选择【修改】→【合并对象】菜单项，打开【合并对象】子菜单，选择其中的【联合】、【交集】、【打孔】或【裁切】命令，可以实现图形对象的合并操作。

- 【联合】命令可以将选择的多个图形对象合并为一个对象。选择【矩形工具】，在舞台上绘制一个矩形，然后选择【基本椭圆工具】，绘制 3 个圆，将所有图形对象放置好，如图 3-47 所示。选中所有图形对象，然后选择【修改】→【合并对象】→【联合】菜单项，此时，多个图形对象变形为一个图形对象，如图 3-48 所示。
- 在舞台上绘制两个图形对象（蓝色的矩形和红色的圆），如图 3-49 所示。当两个图形对象有重叠时，【交集】命令可以把两个图形的重叠部分保留下来，其余部分被裁剪掉，最终保留下来的是位于上层的图形，如图 3-50 所示。

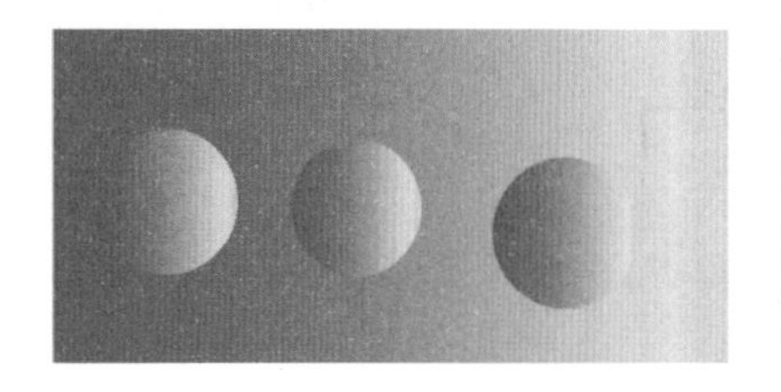

图 3-47

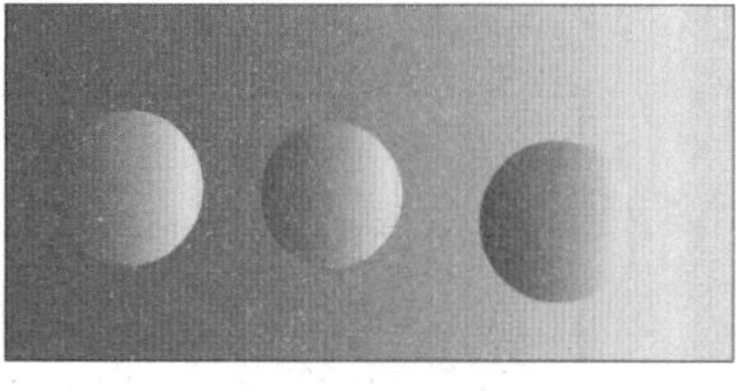

图 3-48

图 3-49

- 【打孔】与【交集】不同，【打孔】命令可以在两个图形有重叠时，用位于上层的图形去裁剪下层的图形，此时，保留下来的是下层的图形，如图 3-51 所示。
- 【裁切】命令可以在两个图形有重叠时，用上层图形去裁剪下层图形，多余的图形被裁减掉，留下的是下层图形，如图 3-52 所示。

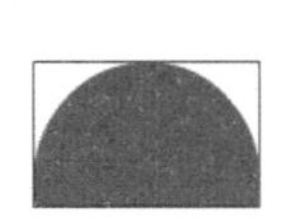

图 3-50

图 3-51

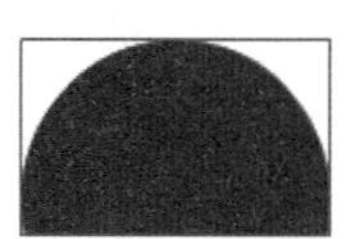

图 3-52

2. 对象的组合

在舞台上绘制完图形对象后，有时需要将多个图形对象组合为一个整体来处理。在舞台上绘制一个矩形和一个圆形，将两个图形放置在一起，选择工具箱中的【选择工具】▶，选中矩形和圆形，选择【修改】→【组合】菜单项，或按 Ctrl+G 组合键，即可将选择的图形对象组合为一个对象，如图 3-53 所示。

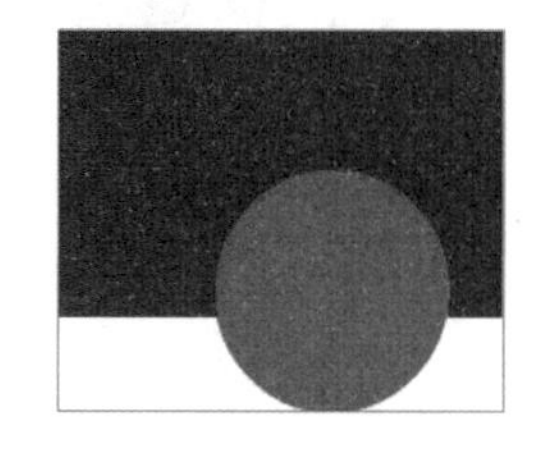

图 3-53

3.3.3 对象的变形

使用【任意变形工具】或【修改】→【变形】中的菜单项，可以将图形对象、组、文本块和实例进行变形，如旋转、倾斜、缩放或扭曲等，此外还可以通过【变形】面板给对象实施变形。

1. 使用任意变形工具

使用【任意变形工具】可以实施移动、旋转、缩放、倾斜和扭曲等多种变形操作，如图 3-54 所示。这是一种比较容易控制且直观的变形方式。在舞台上选择图形对象、组、实例或文本块，再单击【任意变形工具】，或直接使用【任意变形工具】单击对象，对象上出现变形控制框，框上有 8 个黑色控制点。必要的话，变形前可以先调整变形点的位置。

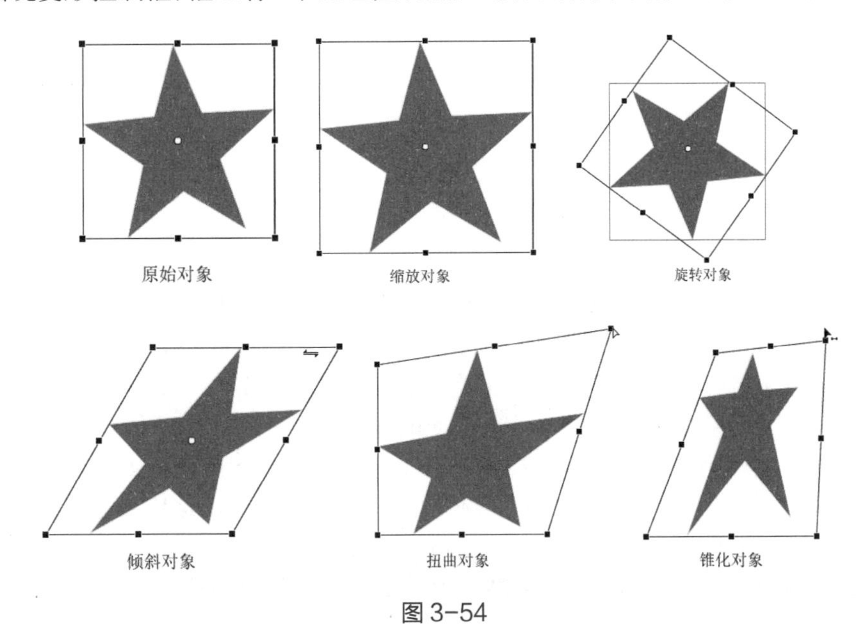

图 3-54

- 移动对象：将鼠标指针放在边框内的对象上，然后将该对象拖动到新位置。
- 缩放对象：沿对角方向拖动控制点可以沿着两个方向缩放尺寸。按住 Shift 键拖动控制点可以按比例调整大小，水平方向或垂直方向拖动控制点可以沿各自的方向进行缩放。
- 旋转对象：将鼠标指针放在控制框角上控制点的外侧，然后拖动鼠标，所选内容即可围绕变形点旋转。按住 Shift 键并拖动鼠标可以 45° 为增量进行旋转，按住 Alt 键并拖动鼠标可围绕对角旋转。
- 倾斜对象：将鼠标指针放在控制框的框线上，然后向倾斜的方向拖动鼠标。
- 扭曲对象：按住 Ctrl 键的同时拖动控制柄。扭曲只能用于基础形状和绘制的对象，不能用于文本和元件实例。

- 锥化对象：即将所选的角及其相邻角一起从它们的原始位置移动相同的距离，同时按住 Shift 键和 Ctrl 键并单击和拖动角部手柄。

2. 使用【变形】面板

【变形】面板集合了缩放、旋转、倾斜等常用的变形方式，如图 3-55 所示。通过调整数值或直接输入数值的方式实施变形，是一种直观且精准的变形方式。除缩放、旋转、倾斜外，【变形】面板还提供了以下一些任意变形工具不具备的功能。

图 3-55

- 3D 旋转：3D 旋转只针对 ActionScript 3.0 文档中的影片剪辑实例。在【变形】面板中可以设置 3D 旋转的中心点位置及 3 个维度 XYZ 的旋转角度。
- 翻转（镜像）：翻转包括水平翻转 和垂直翻转 两种。选中对象后单击 按钮则实施水平翻转，单击 按钮则实施垂直翻转，如图 3-56 所示。
- 重制变形：指复制新对象并重复上一次的变形命令，可以用于快速复制多个对象并有规律地进行排列。要应用重制变形，先选中对象，执行一次变形操作（如旋转或缩放等），然后保持变形控制框，不要执行其他操作，立即单击【变形】面板底部的【重制变形】按钮 ，则会复制一个新的对象并应用上一次的变形效果，如果需要继续复制并变形，则继续单击该按钮。重制旋转变形效果如图 3-57 所示。

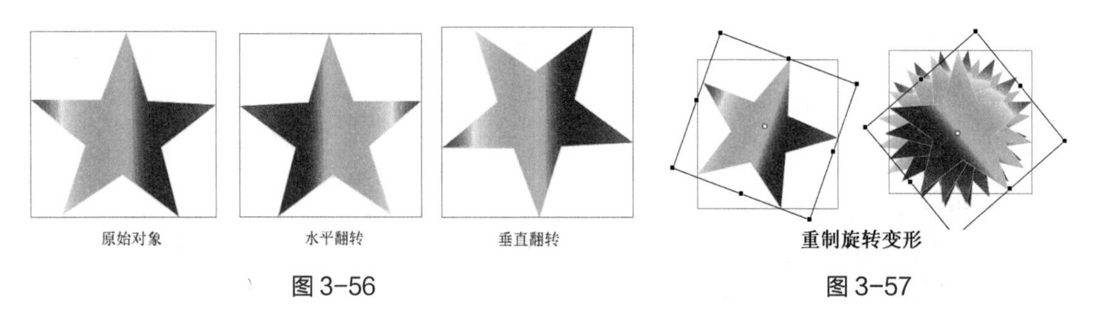

图 3-56　　图 3-57

- 取消变形：单击【变形】面板底部的【取消变形】按钮 或按 Ctrl+Shift+Z 组合键，可以取消对象已应用的所有变形并复位到原始值。

3. 使用变形命令

除了变形工具和【变形】面板外，在【修改】→【变形】菜单下和右键快捷菜单中也提供了类似的变形命令，如图 3-58 所示。

- 封套：封套是一个变形框，框住对象，通过调整封套的点和切线手柄来编辑封套形状，以此来影响该封套内对象的形状。封套只能应用于基本形状。
- 顺时针旋转 90 度 / 逆时针旋转 90 度：快速地将对象顺时针或逆时针旋转 90 度。

任意变形(F)
扭曲(D)
封套(E)
缩放(S)
旋转与倾斜(R)
缩放和旋转(C)... Ctrl+Alt+S
顺时针旋转 90 度(0) Ctrl+Shift+9
逆时针旋转 90 度(9) Ctrl+Shift+7
垂直翻转(V)
水平翻转(H)
取消变形(T) Ctrl+Shift+Z

图 3-58

3.3.4 课堂范例——对象的修饰

在动画的制作过程中，应用 Animate 2022 自带的一些命令，可以对曲线进行优化，将线条转换为填充，还可以对填充颜色进行修改或对填充边缘进行柔化处理。下面详细介绍修饰对象的相关操作方法。

<< 扫码获取配套视频课程，本视频课程播放时长约为 2 分 08 秒。

操作步骤 Step by Step

第 1 步 选择工具箱中的【铅笔工具】，在舞台上绘制曲线，如图 3-59 所示。

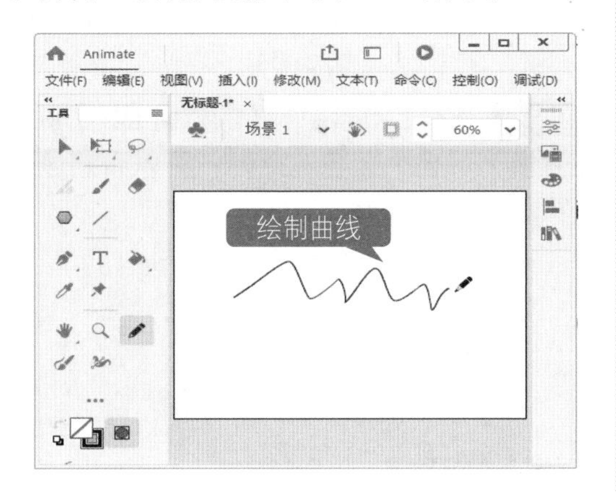

图 3-59

第 2 步 选中曲线，然后在菜单栏中选择【修改】→【形状】→【优化】菜单项，如图 3-60 所示。

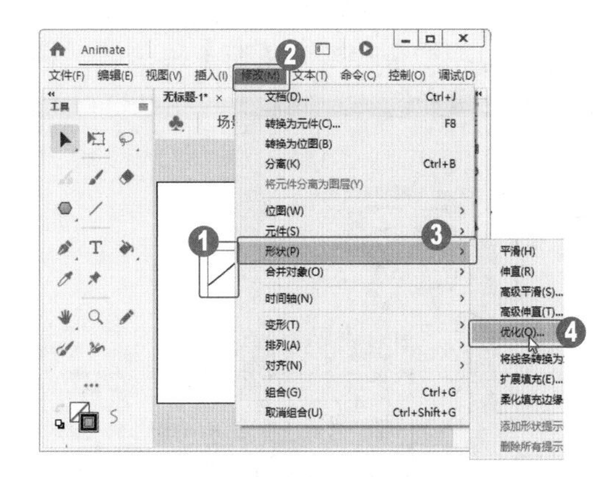

图 3-60

第 3 步 弹出【优化曲线】对话框，❶设置【优化强度】为 100，❷单击【确定】按钮即可完成优化强度设置，如图 3-61 所示。

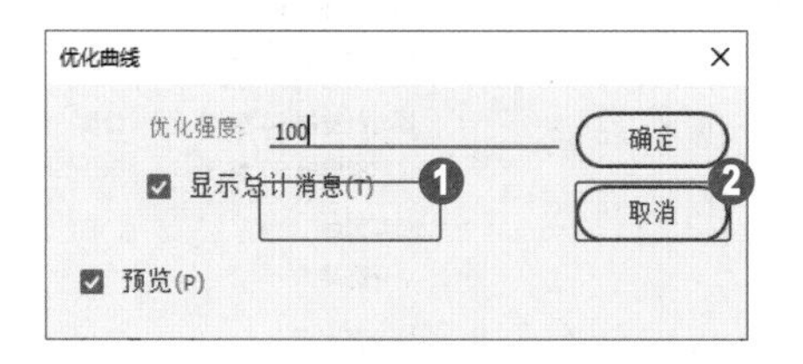

图 3-61

第 5 步 此时，舞台上会显示出优化后的曲线效果，如图 3-63 所示。

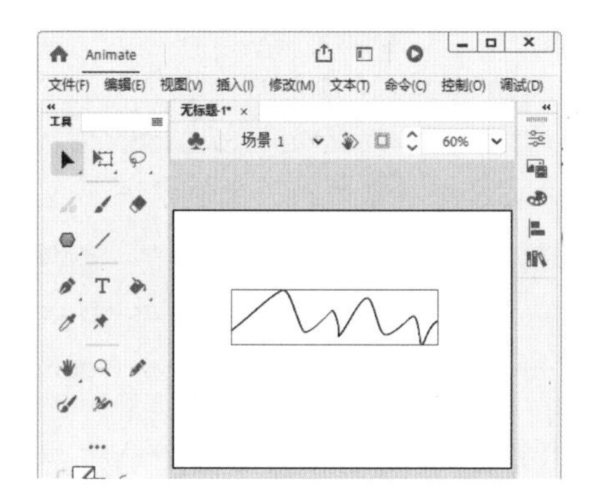

图 3-63

第 7 步 选中绘制的图形，选择【修改】→【形状】→【将线条转换为填充】菜单项，将线条转换为填充色块，如图 3-65 所示。

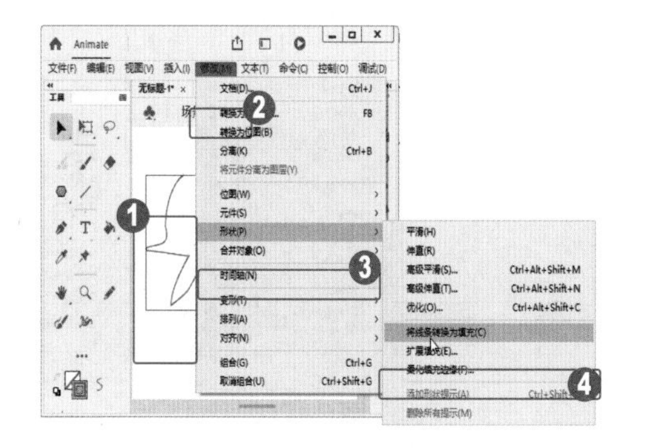

图 3-65

第 4 步 设置完成优化强度后，会弹出一个提示框，该提示框中显示“原始形状有 9 条曲线。优化后形状有 9 条曲线。减少了 0%。”。查看提示信息后，单击【确定】按钮即可关闭提示框，如图 3-62 所示。

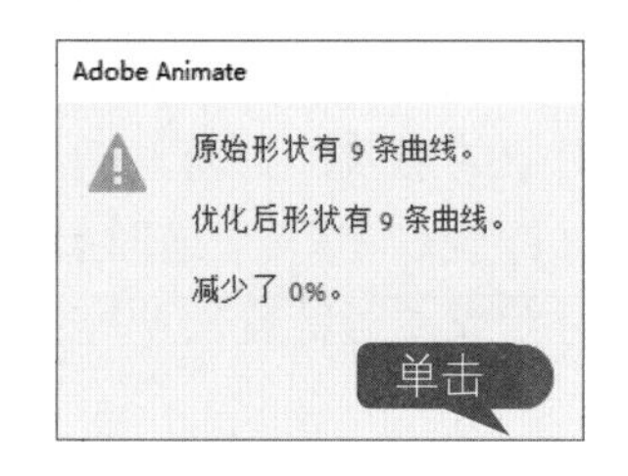

图 3-62

第 6 步 选择工具箱中的【铅笔工具】，在舞台上绘制一个图形，如图 3-64 所示。

图 3-64

第 8 步 单击工具箱中的【颜料桶工具】，设置填充颜色为蓝色，此时，可以看到最终效果如图 3-66 所示。

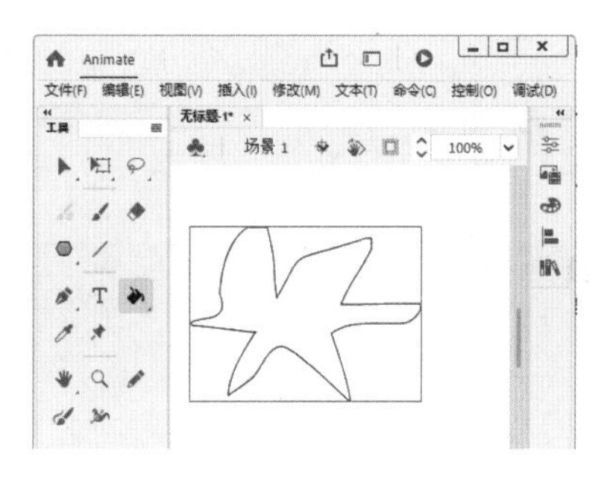

图 3-66

第 9 步 选中如图 3-66 所示的图形，选择【修改】→【形状】→【扩展填充】菜单项，如图 3-67 所示。

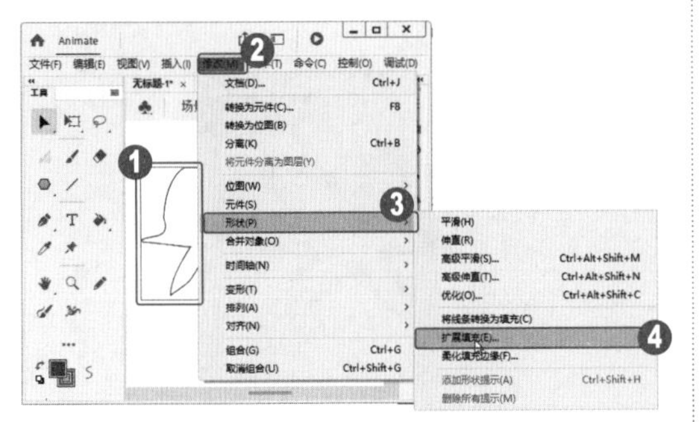

图 3-67

第11步 即可得到扩展填充后的效果，如图 3-69 所示。

图 3-69

第13步 即可得到填充色向内收缩的效果，如图 3-71 所示。

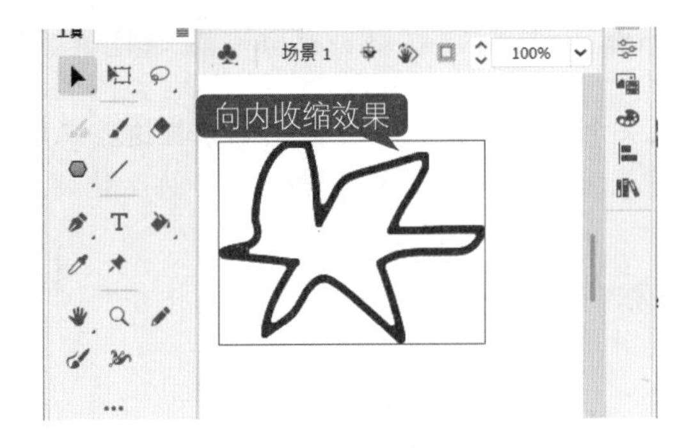

图 3-71

第10步 弹出【扩展填充】对话框，❶设置【距离】为 10 像素，❷【方向】为【扩展】，❸单击【确定】按钮，如图 3-68 所示。

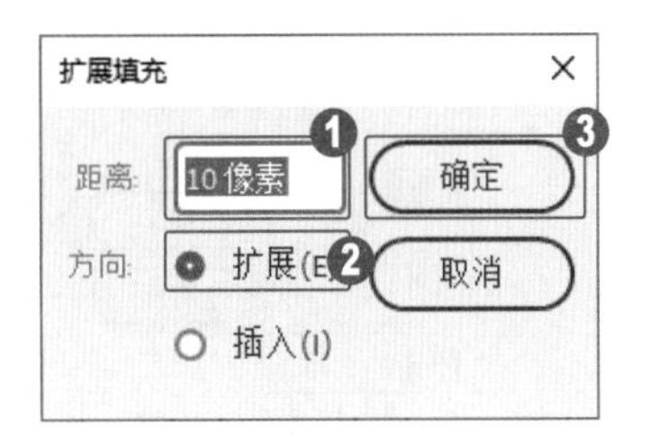

图 3-68

第12步 选中如图 3-69 所示的图形，选择【修改】→【形状】→【扩展填充】命令，打开【扩展填充】对话框，❶设置【距离】为 5 像素，❷【方向】为插入，❸单击【确定】按钮，如图 3-70 所示。

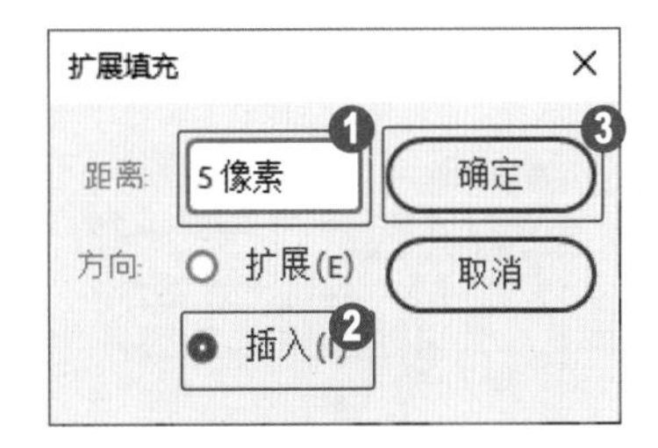

图 3-70

第14步 选中如图 3-71 所示图形，选择【修改】→【形状】→【柔化填充边缘】菜单项，如图 3-72 所示。

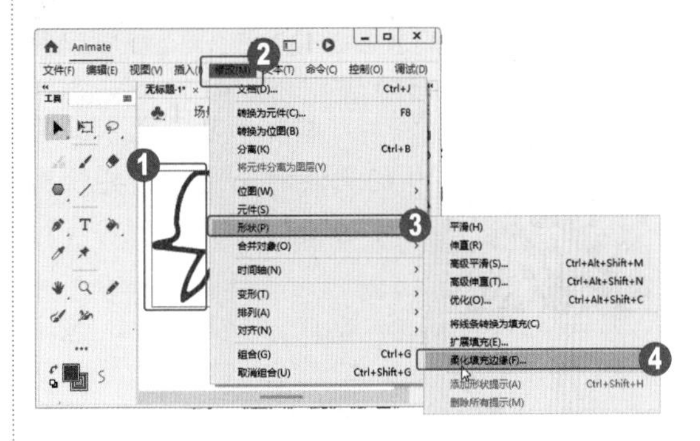

图 3-72

第15步 弹出【柔化填充边缘】对话框，❶设置【距离】为15像素，❷【步长数】为4，❸【方向】为【扩展】，❹单击【确定】按钮，如图3-73所示。

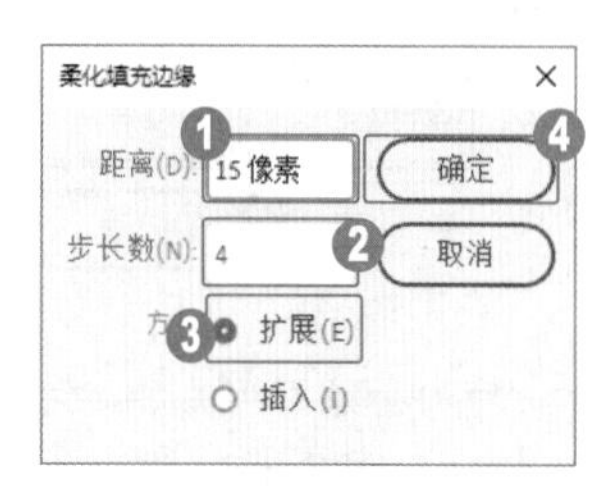

图3-73

第16步 即可得到向外柔化填充边缘的效果，如图3-74所示。

图3-74

第17步 选中如图3-74所示的图形，选择【修改】→【形状】→【柔化填充边缘】菜单项，打开【柔化填充边缘】对话框，❶设置【距离】为10像素，❷【步长数】为3，❸【方向】为【插入】，❹单击【确定】按钮，如图3-75所示。

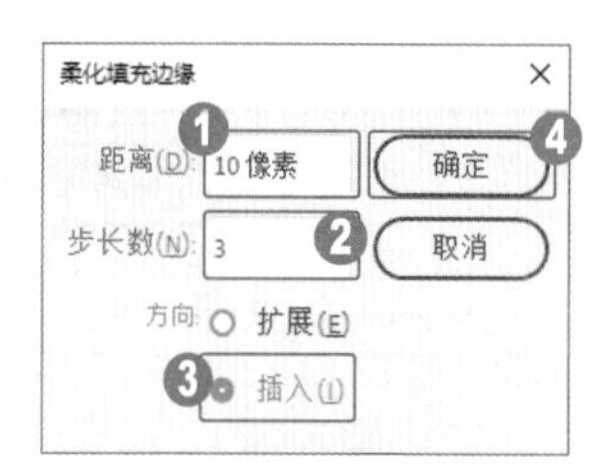

图3-75

第18步 即可得到向内柔化填充边缘的效果，如图3-76所示。

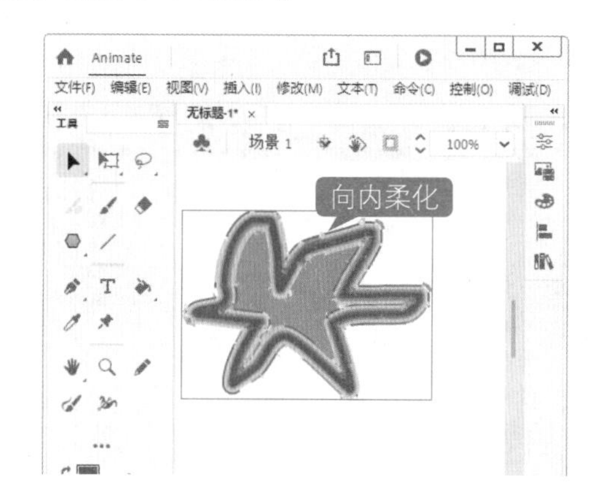

图3-76

3.4 实战课堂——制作特效文字

本章学习了文本工具及相关命令的使用方法，在熟练掌握这些工具的用法的同时，还要注意灵活地加以运用。本节将详细介绍制作特效文字的操作方法。

<< 扫码获取配套视频课程，本视频课程播放时长约为1分11秒。

配套素材路径：配套素材/第3章

素材文件名称：制作特效文字.fla

3.4.1 制作阴影字

利用对象层次的叠加可以创建出阴影字这样的特效文件。下面详细介绍制作阴影字的操作方法。

操作步骤 Step by Step

第 1 步 打开本例的素材文件“制作特效文字.fla”，设置基本格式，填充黑色或深灰色，此为阴影层，如图 3-77 所示。

图 3-77

第 2 步 选中文本后，按 Ctrl+C 和 Ctrl+V 组合键，复制粘贴文本，如图 3-78 所示。

图 3-78

第 3 步 将复制的文本填充文字表层颜色，填充颜色为蓝色，如图 3-79 所示。

图 3-79

第 4 步 将表层文字稍微向左上角移动若干个像素，即可得到最终的阴影文字效果，如图 3-80 所示。

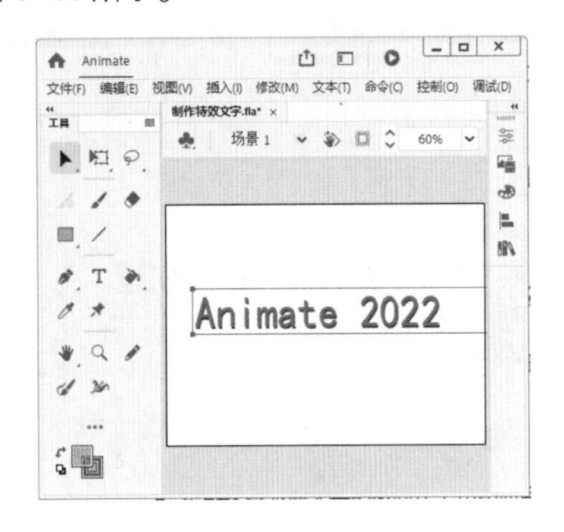

图 3-80

3.4.2 制作镂空字

在 Animate 中，镂空字是较为经典且应用很广泛的一种文本特效。下面详细介绍制作空心文本的操作方法。

操作步骤

Step by Step

第 1 步 打开本例的素材文件“制作特效文字.fla”，连续按两次 Ctrl+B 组合键，将文本彻底分离，如图 3-81 所示。

图 3-81

第 2 步 在工具箱中，❶单击【墨水瓶工具】按钮，❷设置笔触颜色为红色，如图 3-82 所示。

图 3-82

第 3 步 在舞台中，在每个文本形状边缘单击，添加笔触，如图 3-83 所示。

图 3-83

第 4 步 为文本设置描边效果后，使用【选择工具】选中所有文本，然后按键盘上的 Delete 键删除填充部分，即可看到镂空字，如图 3-84 所示。

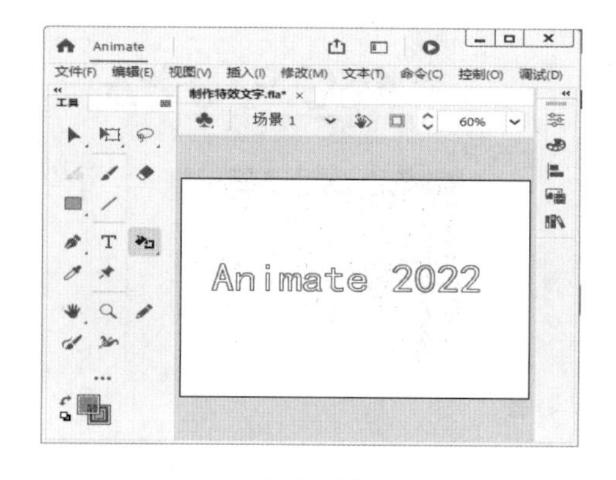

图 3-84

3.5 思考与练习

通过本章的学习，读者可以掌握文本操作与对象编辑的知识以及一些常见的操作方法。本节将针对本章知识点，有目的地进行相关知识测试，以达到巩固与提高的目的。

一、填空题

1. ________ 是传递信息的重要手段，与图形对象、按钮等元素，具有同等重要的作用，也是动画创作中最基本的素材与内容。

2. 在 Animate 中，文本的类型主要有 3 种，分别为 ________、动态文本和 ________。

3. ________ 是动态更新的文本，可以随着影片的播放自动更新，如用于股票报价、天气预报、计时器等方面的文字。

4. ________ 是一种在动画播放过程中，可以接受用户输入的操作，从而产生交互的文本。

5. 当选择多个图形、图像或图形的组合、组件时，可以通过选择【修改】→ ________ 菜单项中的命令来调整它们的相对位置。

6. 在舞台上选择图形对象、组、实例或文本块，再单击【任意变形工具】，或直接使用【任意变形工具】单击对象，对象上出现变形控制框，框上有 ________ 个黑色控制点。

7. 在 Animate 2022 中，绘图模式主要有 3 种，分别为合并绘制模式、________ 模式和基本绘制模式。

8. 合并的方式包括 ________ 对象、裁切对象、________ 对象和打孔对象。

二、判断题

1. 在 Animate 中，默认状态下创建的是静态文本。静态文本在影片播放的过程中不会改变，一般可用来作为主题文字、动画场景的说明文字等。 ( )

2. 为了获得理想的文本效果，选中文本后，在【属性】面板中可以设置该文本的格式属性，不同的文本类型格式属性大不相同。 ( )

3. 分离文本是在动画设计与创作中经常用到的文本处理方法，利用任意变形工具可以对分离后的文本进行局部变形。 ( )

4. 在动画设计与创作中，经常会将文本对象变形，如旋转、倾斜、缩放和翻转等，利用变形后的文本效果和丰富的字体可为动画作品增添色彩。 ( )

5. 通过组合对象操作可以改变现有对象来创建新形状，为方便将多个对象进行处理，还可以将这些对象合并在一起，作为一个整体进行移动或选择操作。 ( )

6. 使用【任意变形工具】或【修改】→【变形】中的菜单项，可以将图形对象、组、文本块和实例进行变形，如旋转、倾斜、缩放或扭曲等，此外还可以通过【变形】面板给对

象实施变形。 (　　)

三、简答题

1. 如何进行文本变形？
2. 如何进行对象的对齐和排列？

第4章

元件和库应用

- 创建与使用元件
- 创建与应用实例
- 库应用
- 制作动态菜单

本章主要介绍了创建与使用元件、创建与应用实例、库应用方面的知识与技巧，在本章的最后还针对实际工作需求，讲解了制作动态菜单的方法。通过本章的学习，读者可以掌握元件和库应用方面的知识，为深入学习Animate 2022动画设计与制作知识奠定基础。

4.1 创建与使用元件

元件是 Animate 2022 中的一个重要概念，制作动画需要理解并合理地利用元件。通过重复应用元件，可以提高工作效率、减少文件量。本节将详细介绍创建与使用元件的相关知识及操作方法。

4.1.1 元件的类型

元件是指可以重复利用的图形、影片剪辑、按钮和动画资源，制作好的元件或导入到舞台的文件都会保存在库中。元件可以是动画，也可以是图形。在动画设计与创作中，将动画中需要重复使用的元素制作成元件，在使用时将元件从库中拖曳到舞台上便可。元件的应用使动画创作十分方便，在 Animate 2022 中只需要创建一次，就可以在整个动画中重复使用。

元件是动画设计与创作中最重要的基本元素。元件的类型主要有 3 种，分别为影片剪辑、按钮和图形，如图 4-1 所示。三者各有特点，适用于不同的情况。

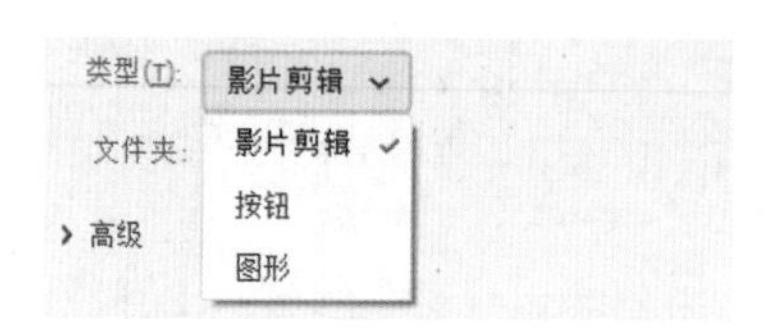

图 4-1

- 影片剪辑是独立于影片时间线的动画元件，主要用于创建具有一段独立主题内容的动画片段。影片剪辑包含交互式控件、声音以及其他影片剪辑，在动画创作中经常会用影片剪辑来创作丰富的动画效果。
- 按钮元件是实现用户与动画交互的关键，可以用于创建响应鼠标单击、滑过或其他动作的交互式按钮。按钮可以是绘制的形状，也可以是文字或位图，还可以是一根线条或一个线框，甚至还可以是看不见的透明按钮。
- 图形元件是制作动画的基本元件，可以用于存放静态图像，也可用来创建动画，在动画中可以包含其他元件实例，但不能添加交互控制和声音效果。一般静态对象或与主时间轴同步播放而且不需要脚本控制的元件，可以使用图形元件。

4.1.2 创建元件

用户可以通过工作区中选定的对象创建元件；也可以先创建一个空元件，然后在元件编辑模式下制作或导入相应的内容。元件可以拥有在 Animate 2022 中创建的所有功能，包括动画。下面详细介绍创建各种类型元件的操作方法。

1. 将选定元素转换为元件

在 Animate 中，可以将舞台中一个或多个元素转换为元件，元素的类型可以是文字，也可以是图形或形状。转换后的元件会添加到库面板中。下面以图形元件为例，介绍将元素转换为元件的操作方法。

操作步骤 Step by Step

第 1 步 新建空白文档，❶在工具箱中单击【矩形工具】按钮，❷在舞台中绘制一个矩形，如图 4-2 所示。

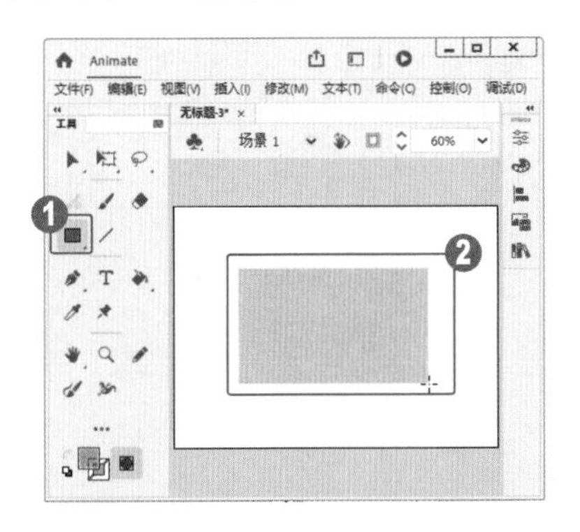

图 4-2

第 2 步 选中舞台中的图形，在菜单栏中选择【修改】→【转换为元件】菜单项，如图 4-3 所示。

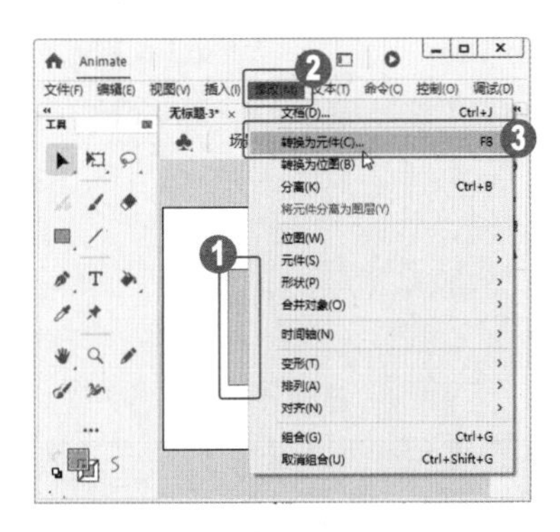

图 4-3

第 3步 弹出【转换为元件】对话框，❶在【名称】文本框中输入准备使用的元件名称，❷在【类型】下拉列表框中选择【图形】选项，❸单击【确定】按钮，如图 4-4 所示。

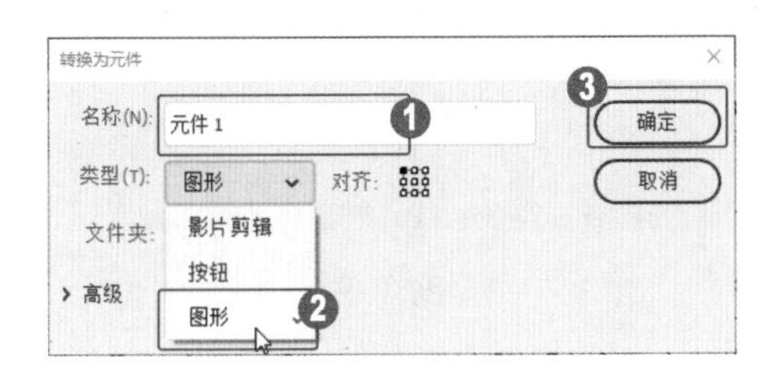

图 4-4

第 4 步 此时舞台中的图形转换为图形元件，在【库】面板中可以看到元件的名称，这样即可完成将舞台中的元素转换为元件的操作，如图 4-5 所示。

图 4-5

2. 创建一个新的空元件

创建一个新的空元件后，用户可以创建元件内容，可以使用时间轴、用绘画工具绘制、导入介质或创建其他元件的实例。下面详细介绍创建一个新的空元件的操作方法。

操作步骤 Step by Step

第 1 步 首先确认未在舞台上选定任何内容，然后在菜单栏中选择【插入】→【新建元件】菜单项，如图 4-6 所示。

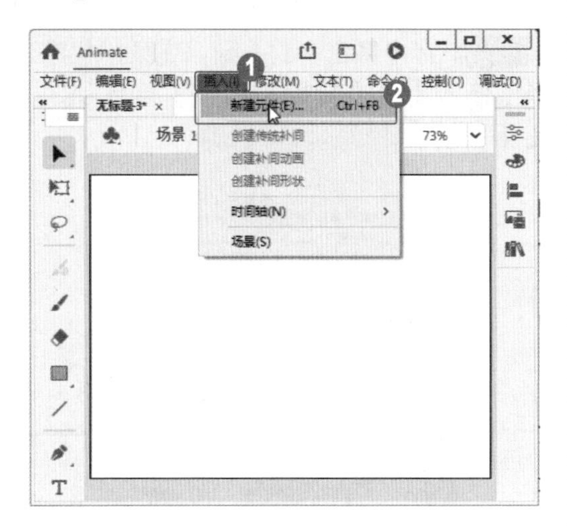

图 4-6

第 2 步 弹出【创建新元件】对话框，❶在【名称】文本框中输入准备使用的元件名称，❷在【类型】下拉列表框中选择元件类型，❸单击【确定】按钮，如图 4-7 所示。

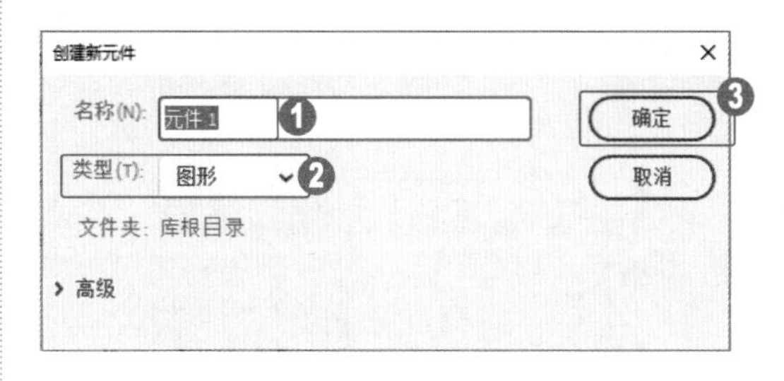

图 4-7

第 3 步 此时，Animate 会将该元件添加到【库】面板中，并切换到元件编辑模式，这样即可完成空元件的创建，如图 4-8 所示。

图 4-8

■ 指点迷津

在元件编辑模式下，元件的名称将出现在舞台的左上角，并由一个十字线表明该元件的注册点。

3. 创建影片剪辑元件

影片剪辑是位于影片中的小影片，用户可以在影片剪辑片段中增加动画、动作、声音等其他元件或其他影片片断。影片剪辑有自己的时间轴，其运行独立于主时间轴。与图形元件不同，影片剪辑只需要在主时间轴中放置单一的关键帧就可以启动播放。下面介绍如何创建影片剪辑元件。

操作步骤 Step by Step

第 1 步 新建一个空白文档，在菜单栏中选择【插入】→【新建元件】菜单项，如图 4-9 所示。

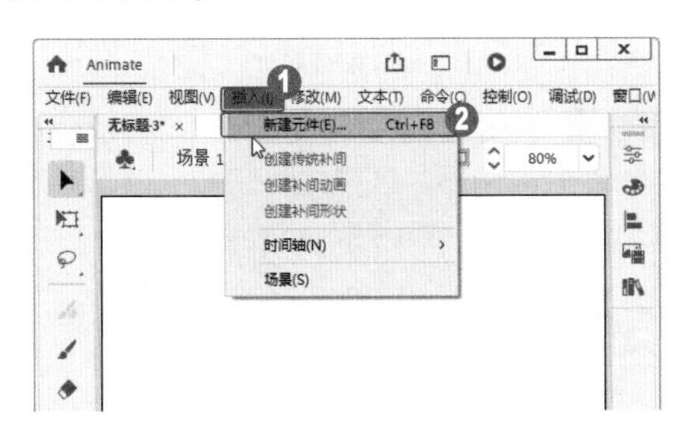

图 4-9

第 2 步 弹出【创建新元件】对话框，❶在【名称】文本框中输入新元件的名称，❷在【类型】下拉列表框中选择【影片剪辑】选项，❸单击【确定】按钮，如图 4-10 所示。

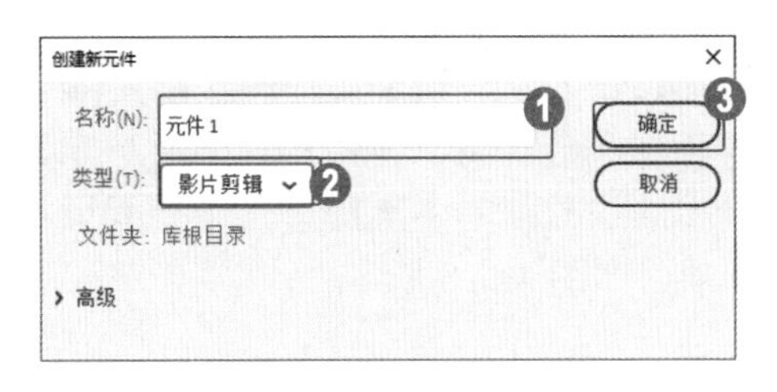

图 4-10

第 3 步 进入编辑元件窗口，❶在工具箱中单击【矩形工具】按钮，❷在元件编辑区的舞台中绘制矩形，如图 4-11 所示。

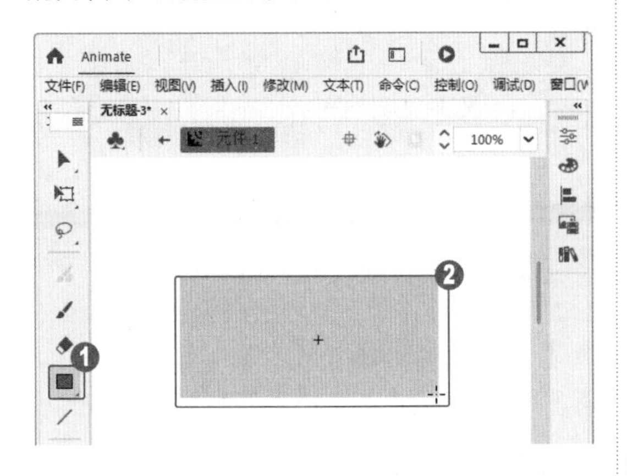

图 4-11

第 4 步 在【时间轴】面板中，单击鼠标左键选中第 15 帧，按下键盘上的 F6 键，插入一个关键帧，如图 4-12 所示。

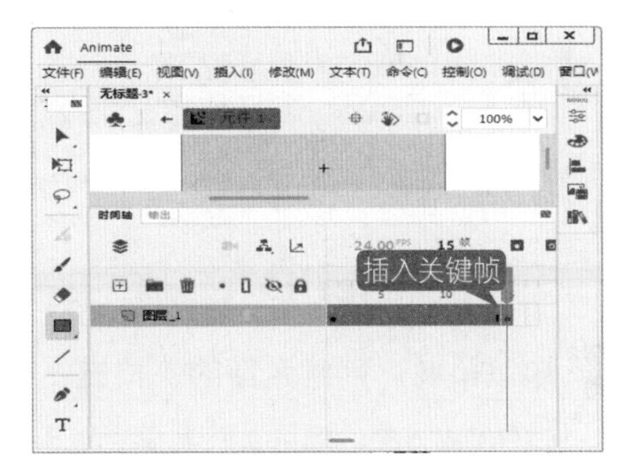

图 4-12

第 5 步 返回到工具箱中，❶单击【选择工具】按钮，❷选中矩形，并按 Delete 键，如图 4-13 所示。

第 6 步 在工具箱中，❶单击【椭圆工具】按钮，❷在元件编辑区的舞台中绘制椭圆，如图 4-14 所示。

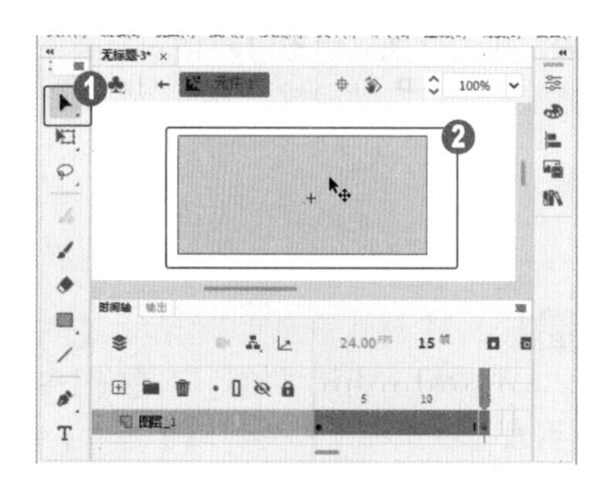

图 4-13

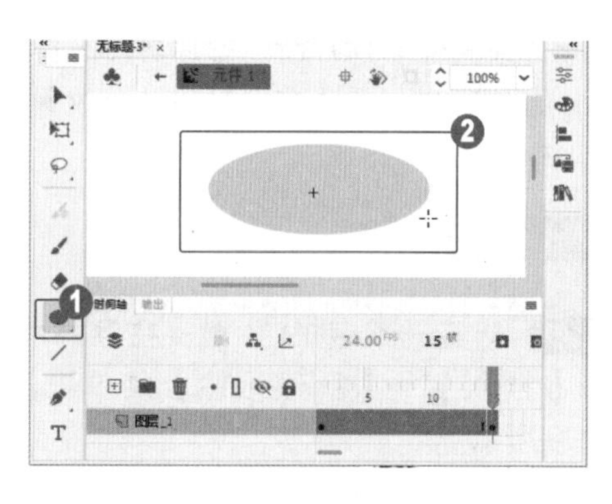

图 4-14

第 7 步 在【时间轴】面板中，❶用鼠标右键单击第 1 帧～第 20 帧中的任意一帧，❷在弹出的快捷菜单中选择【创建补间形状】菜单项，如图 4-15 所示。

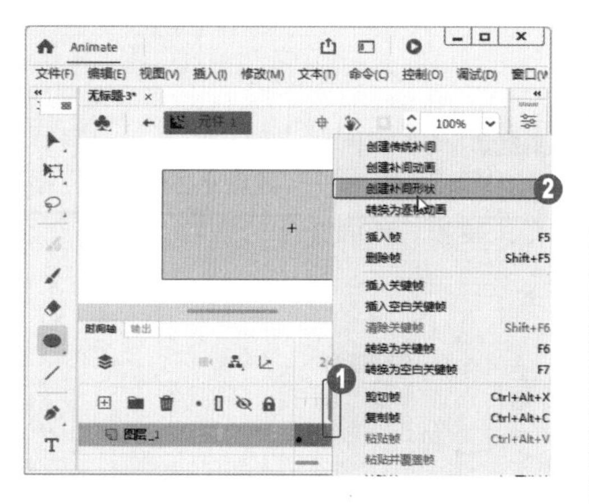

图 4-15

第 8 步 在键盘上按下 Enter 键，播放创建的影片剪辑动画，这样即可完成创建影片剪辑元件的操作，如图 4-16 所示。

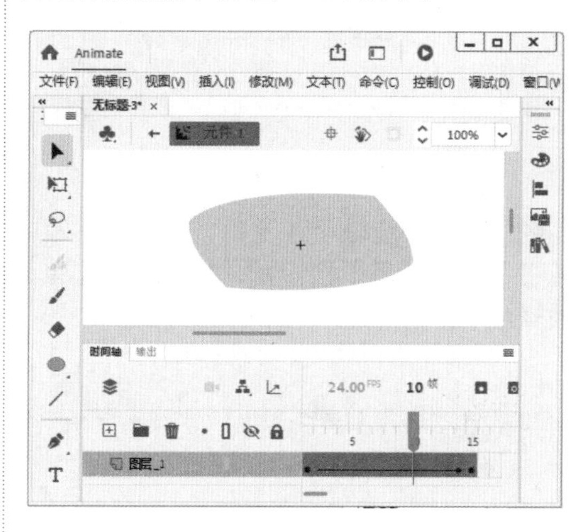

图 4-16

知识拓展：创建元件的快捷键

在 Animate 中，除了在菜单栏中选择【插入】→【新建元件】菜单项来创建元件外，还可以按 Ctrl + F8 组合键，在弹出的【创建新元件】对话框中设置元件类型与名称来创建元件。

4. 创建图形元件

图形元件是一种最简单的 Animate 元件，使用这种元件可以处理静态图片和动画。注意，图形元件中的动画是受主时间轴控制的，并且动作和声音在图形元件中不能正常工作。下面介绍创建图形元件的操作方法。

操作步骤

Step by Step

第 1 步 新建一个空白文档，在菜单栏中选择【插入】→【新建元件】菜单项，如图 4-17 所示。

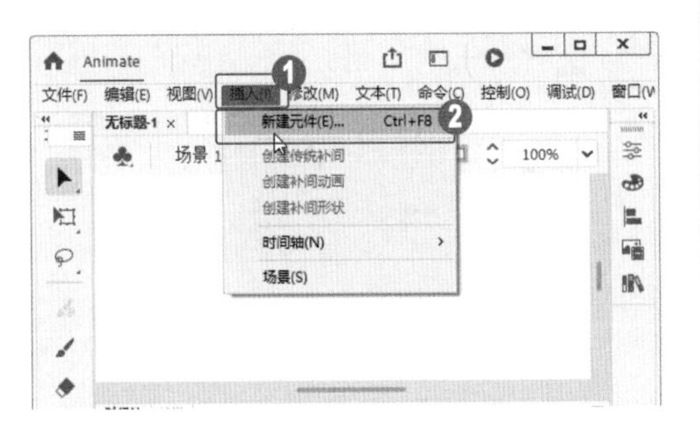

图 4-17

第 2 步 弹出【创建新元件】对话框，❶在【名称】文本框中输入元件名称，❷在【类型】下拉列表框中选择【图形】选项，❸单击【确定】按钮，如图 4-18 所示。

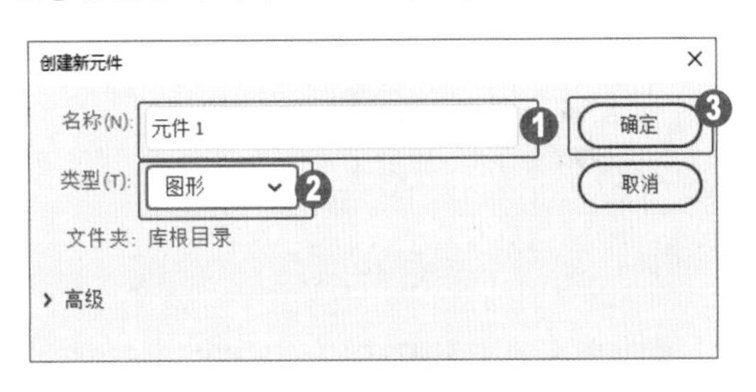

图 4-18

第 3 步 进入编辑元件窗口，在菜单栏中选择【文件】→【导入】→【导入到舞台】菜单项，如图 4-19 所示。

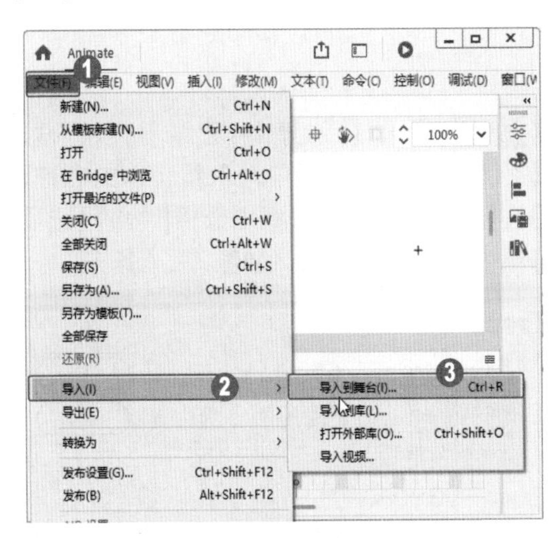

图 4-19

第 4 步 弹出【导入】对话框，❶选择要导入的文件，❷单击【打开】按钮，如图 4-20 所示，图片便导入到元件编辑区中。

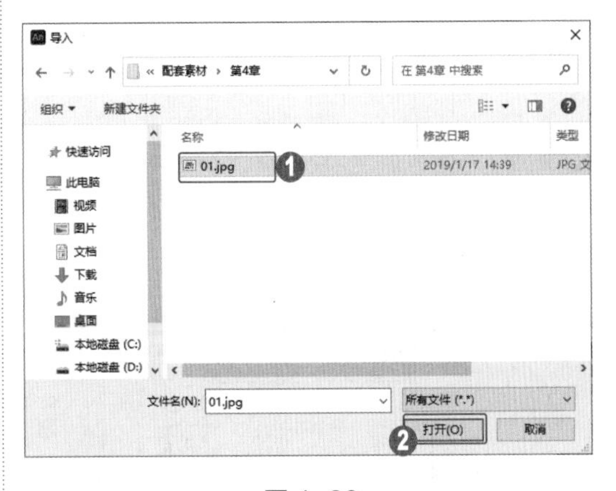

图 4-20

第 5 步 单击【编辑栏】中的 ← 按钮，即可返回到场景中，如图 4-21 所示。

第 6 步 打开【库】面板，在【名称】列表中可以看到创建的新元件，这样即可完成创建图形元件的操作，如图 4-22 所示。

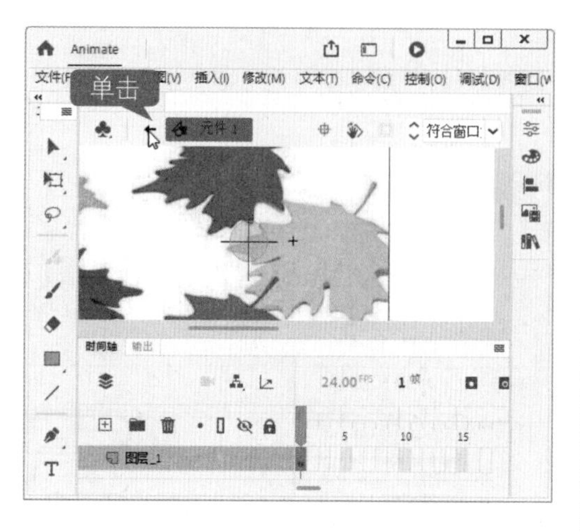

图 4-21

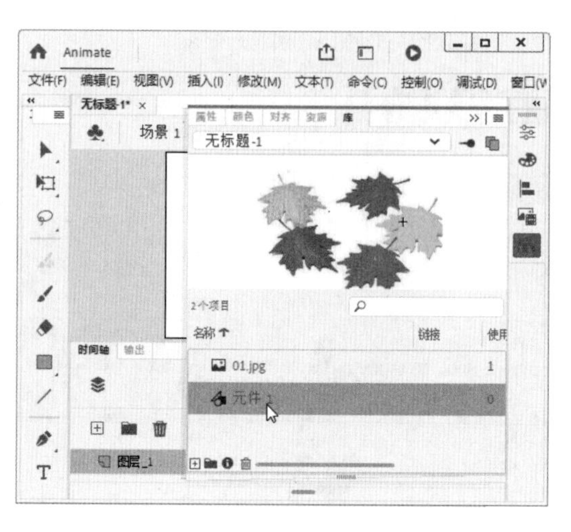

图 4-22

5. 创建按钮元件

按钮实际上是具有 4 帧的交互影片剪辑。当为元件选择按钮行为时，Animate 会创建一个 4 帧的时间轴。其中，前 3 帧显示按钮的 3 种状态，第 4 帧定义按钮的活动区域。此时的时间轴实际上并不播放，它只是对指针运动和动作作出反应，跳到相应的帧。下面详细介绍创建按钮元件的操作方法。

操作步骤

Step by Step

第 1 步 新建一个空白文档，在菜单栏中选择【插入】→【新建元件】菜单项，如图 4-23 所示。

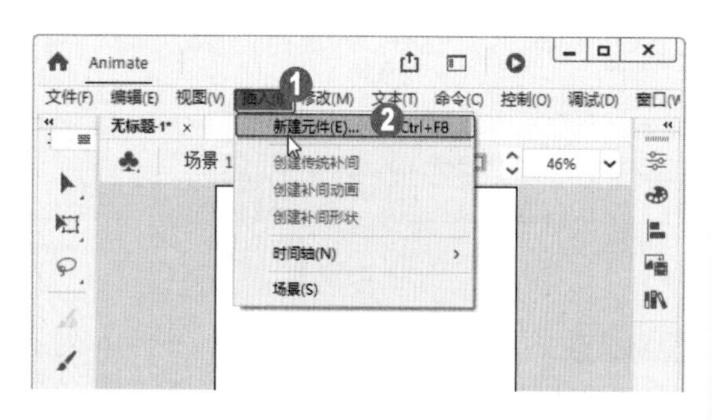

图 4-23

第 2 步 弹出【创建新元件】对话框，❶在【名称】文本框中输入新元件的名称，❷在【类型】下拉列表框中选择【按钮】选项，❸单击【确定】按钮，如图 4-24 所示。

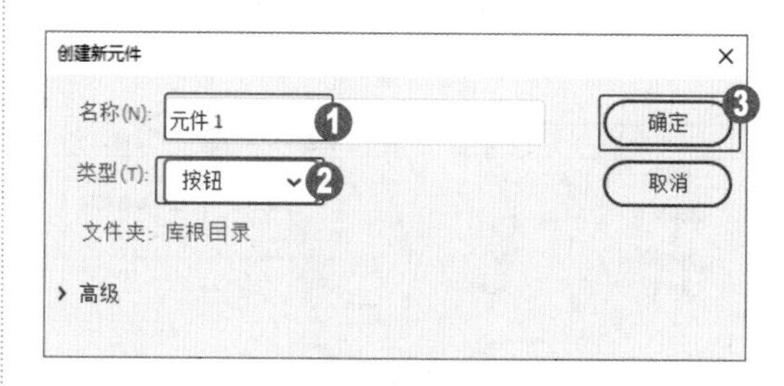

图 4-24

第 3 步 进入编辑元件窗口，在工具箱中分别选择【矩形工具】和【多边形工具】，绘制图形，如图 4-25 所示。

第 4 步 在【时间轴】面板中，在指针经过处单击，按下键盘上的 F6 键，插入一个关键帧，如图 4-26 所示。

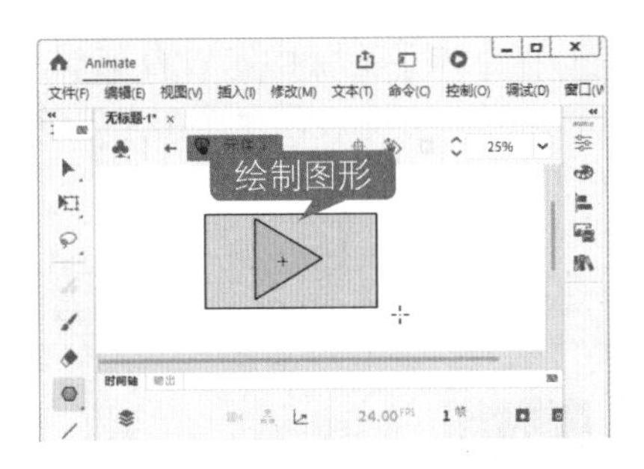

图 4-25

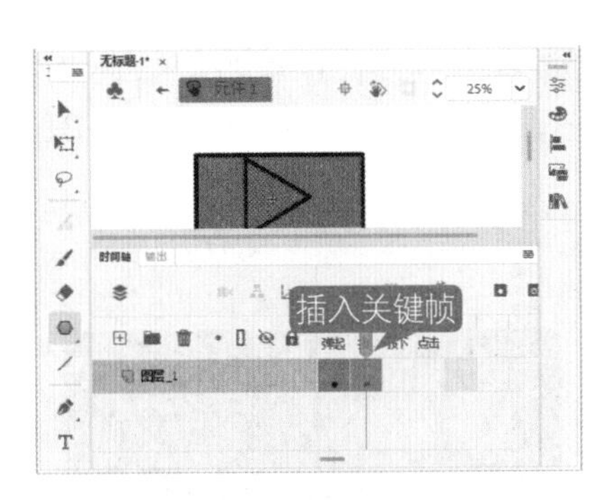

图 4-26

第 5 步 返回到元件编辑区，删除原来的图形，绘制另一个图形，如图 4-27 所示。

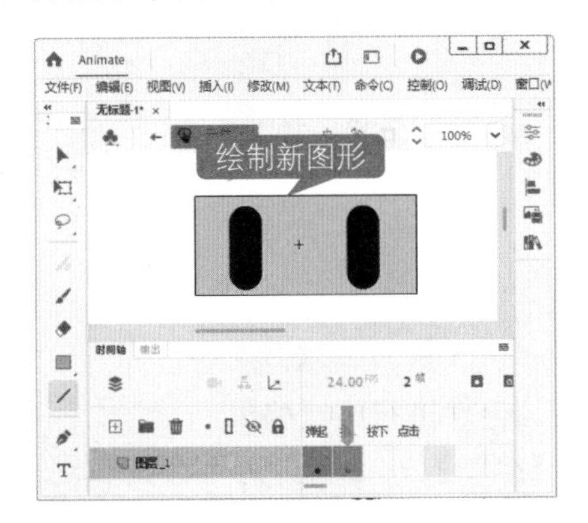

图 4-27

第 6 步 返回到【时间轴】面板中，在点击帧处单击鼠标左键，按下键盘上的 F6 键，插入一个关键帧，如图 4-28 所示。

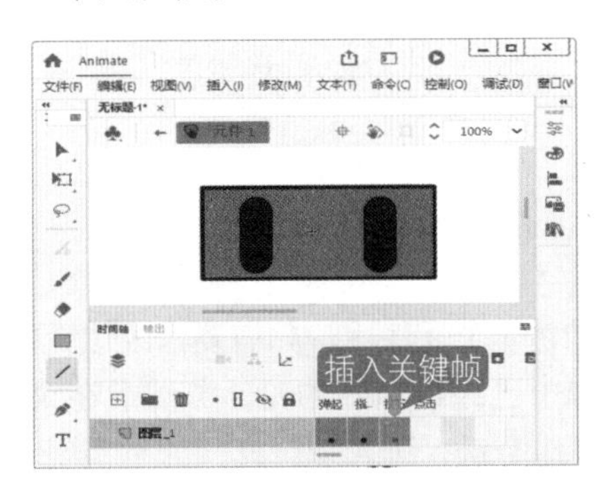

图 4-28

第 7 步 在点击帧处单击鼠标左键，按下键盘上的 F6 键，插入一个关键帧，如图 4-29 所示。

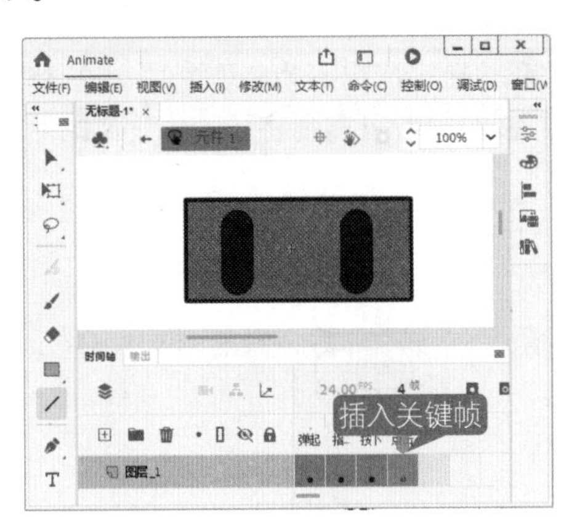

图 4-29

第 8 步 返回到元件编辑区，删除图形，返回弹起帧，复制编辑区中的图形并粘贴到点击帧的编辑区，如图 4-30 所示。

图 4-30

第 9 步 在元件窗口中单击【编辑栏】中的←按钮，即可返回到舞台中，如图 4-31 所示。

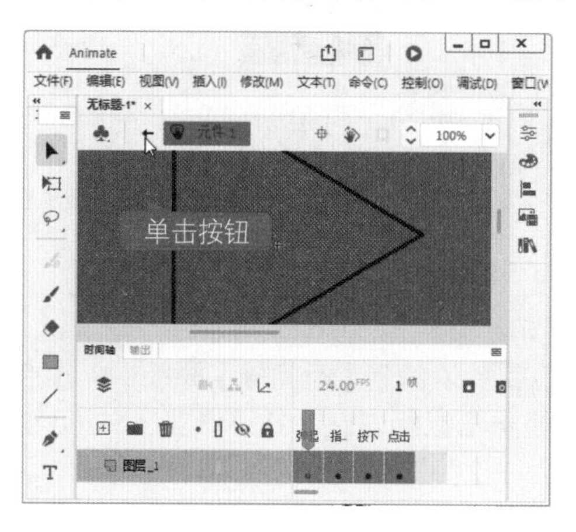

图 4-31

第10步 在【库】面板中可以看到创建的按钮元件，这样即可完成创建按钮元件的操作，如图 4-32 所示。

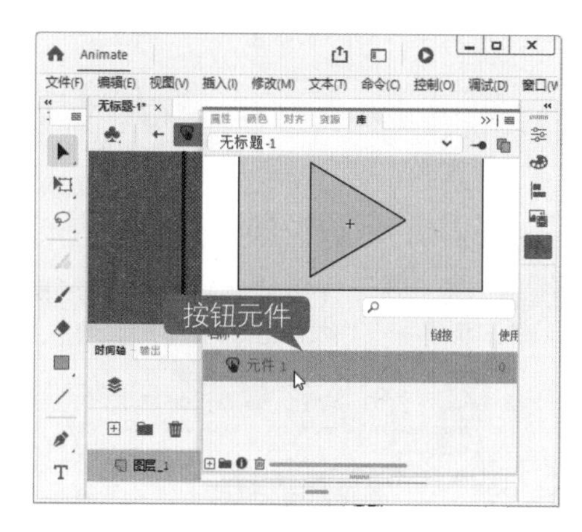

图 4-32

4.1.3 编辑元件

创建一个元件后，如需要修改该元件，可以选择该元件进行再次编辑。

选中已经绘制好的元件，然后在菜单栏中选择【编辑】→【编辑元件】菜单项，或按 Ctrl+E 组合键，进入编辑模式即可实现该元件的再次编辑。

4.1.4 转换元件

在舞台上绘制一个对象后，如需转为元件，需要右击绘制好的元件，在弹出的快捷菜单中选择【转换为元件】菜单项，打开【转换为元件】对话框，如图 4-33 所示。

在【名称】文本框中可以输入需要转换的元件名称，默认情况下为“元件 1”，在【类型】下拉菜单中选择需要转换的元件类型，单击【确定】按钮，即可实现将场景中绘制的对象或导入到场景中的对象转换为元件。

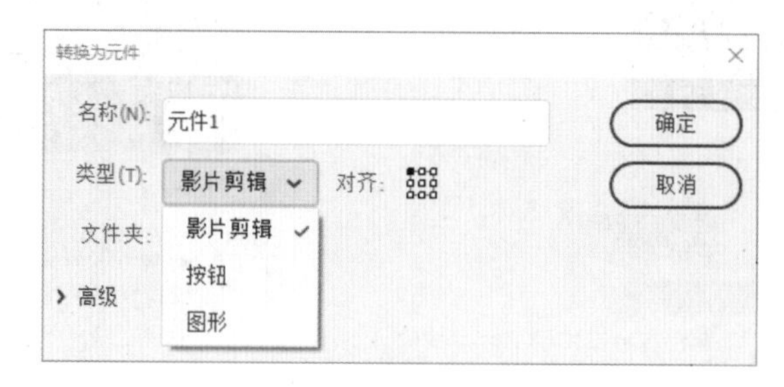

图 4-33

4.1.5 课堂范例——制作旋转风车动画

本例首先绘制一个风车风扇，接着插入一个关键帧，并创建传统补间，设置补间属性，然后将做好的影片剪辑元件拖放至舞台中，绘制一个风车杆，并调整好位置即可完成旋转风车动画的制作。下面详细介绍利用 Animate 制作旋转风车动画的操作方法。

<< 扫码获取配套视频课程，本视频课程播放时长约为 1 分 34 秒。

操作步骤 Step by Step

第 1 步 新建一个文档，选择【插入】→【新建元件】菜单项，打开【创建新元件】对话框，创建一个名为“旋转风车”的影片剪辑元件，如图 4-34 所示。

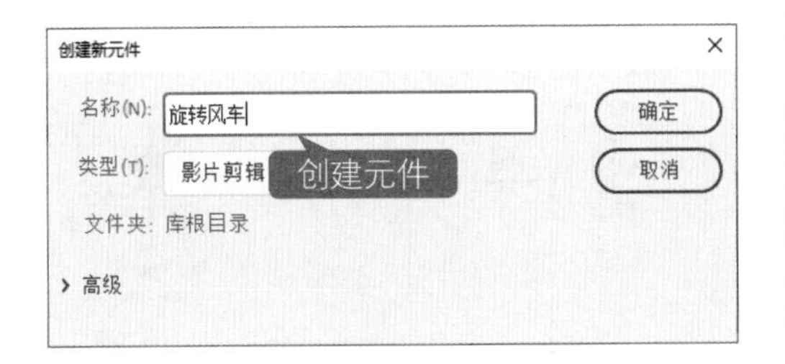

图 4-34

第 2 步 选择工具箱中的【椭圆工具】，绘制一个圆，如图 4-35 所示。

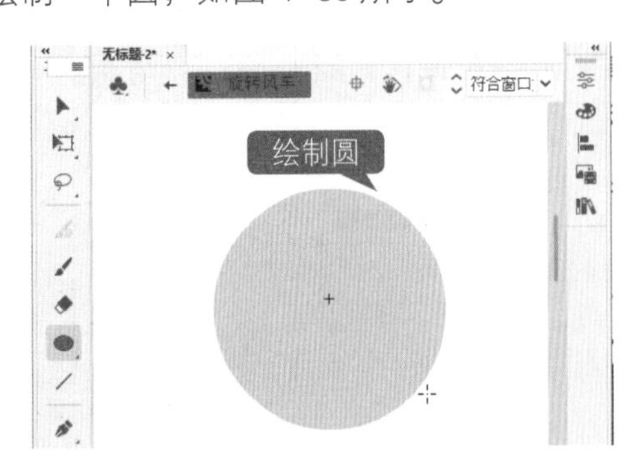

图 4-35

第 3 步 利用选择工具选中圆的一半并删除，得到一个半圆，如图 4-36 所示。

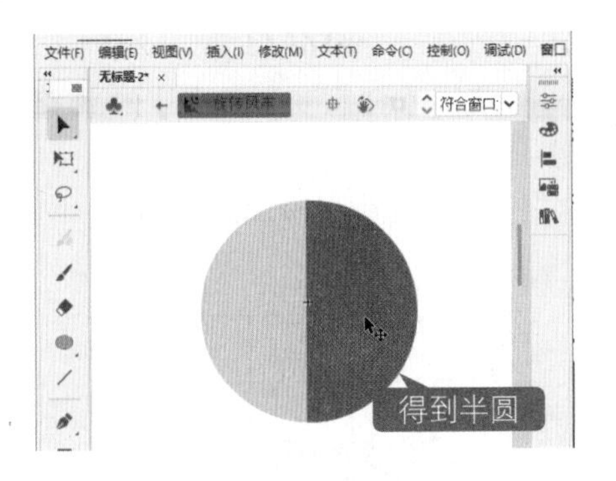

图 4-36

第 4 步 再复制 3 个半圆，并使用【任意变形工具】将其位置调整好，得到最终的风车风扇效果，如图 4-37 所示。

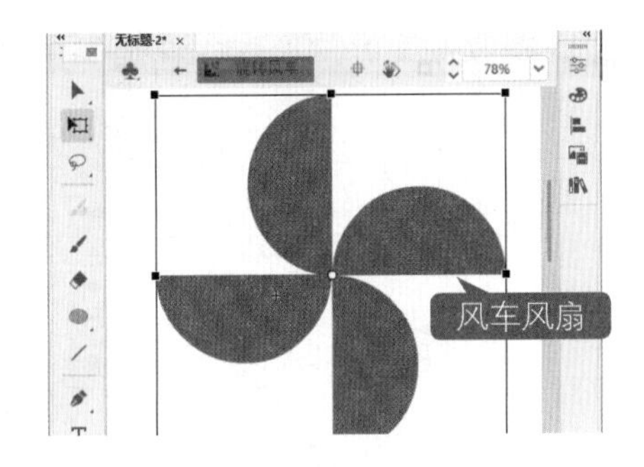

图 4-37

第 5 步 在 15 帧位置处按下键盘上的 F6 键，插入关键帧，如图 4-38 所示。

第 6 步 右击第 1 帧，然后在弹出的快捷菜单中选择【创建传统补间】菜单项，如图 4-39 所示。

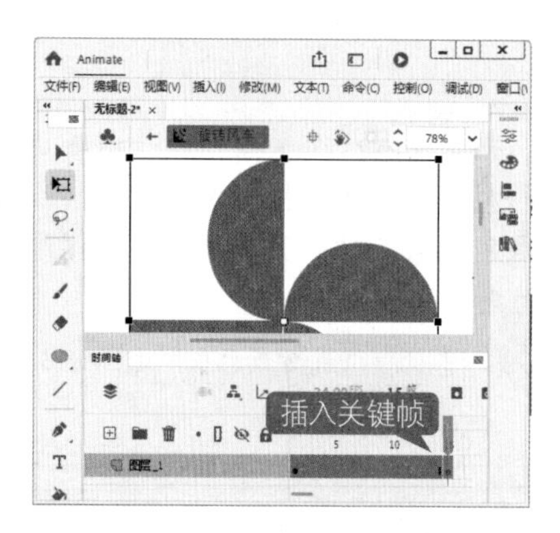

图 4-38

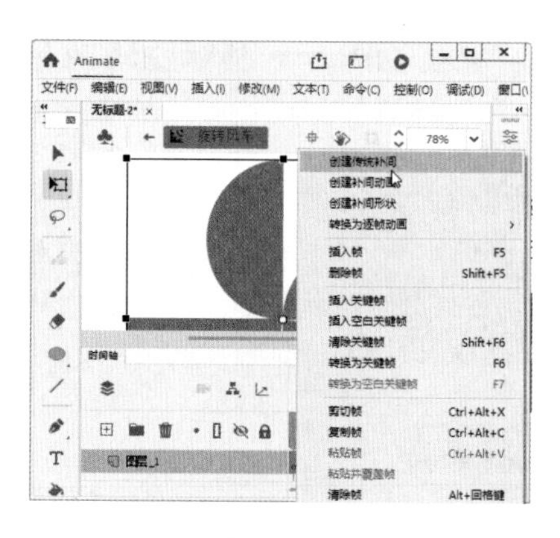

图 4-39

第 7 步 此时即可在【时间轴】面板中看到创建的传统补间，如图 4-40 所示。

第 8 步 打开【属性】面板，在【补间】选项组中设置【旋转】为【顺时针】，如图 4-41 所示。

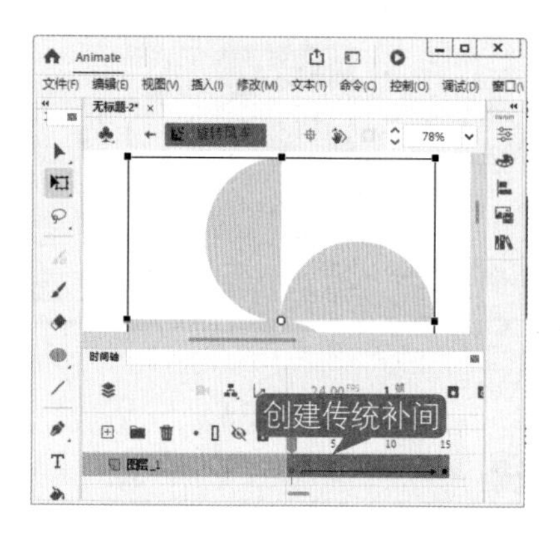

图 4-40

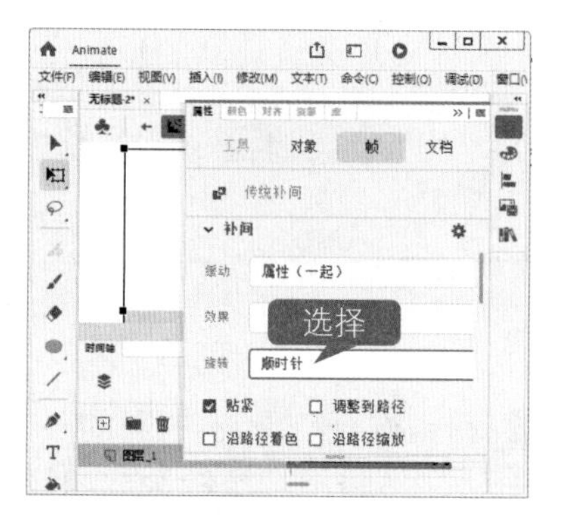

图 4-41

第 9 步 将做好的影片剪辑元件拖曳至舞台中，如图 4-42 所示。

第10步 使用【任意变形工具】调整图形的大小和位置，如图 4-43 所示。

图 4-42

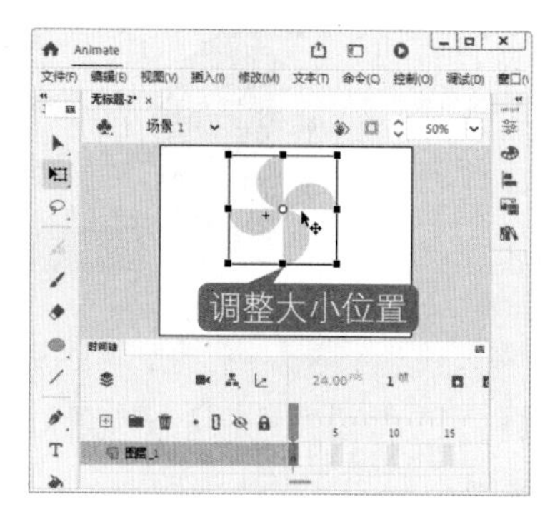

图 4-43

第11步 使用【线条工具】╱绘制一个风车杆，并调整好位置，如图 4-44 所示。

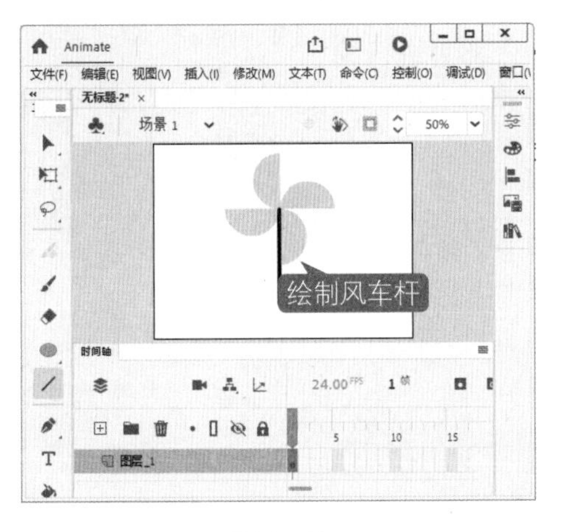

图 4-44

第12步 按 Ctrl+Enter 组合键测试影片，显示旋转风车的效果，这样即可完成旋转风车动画的制作，如图 4-45 所示。

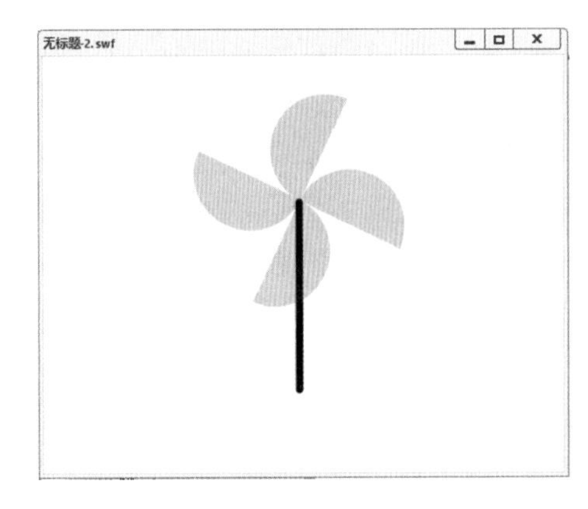

图 4-45

4.2 创建与应用实例

实例是元件在舞台上的具体使用。元件从库中拖曳至舞台就被称为该元件的实例。一个元件可以创建多个实例，对其中的某个实例进行修改不会影响元件，对其他的实例也没有影响。本节将详细介绍创建与应用实例的相关知识及操作方法。

4.2.1 建立实例

创建实例的方法比较简单，打开【库】面板，选中库中的元件，按住鼠标左键将该元件拖曳至舞台，松开鼠标，即可完成实例的创建，如图 4-46 所示。

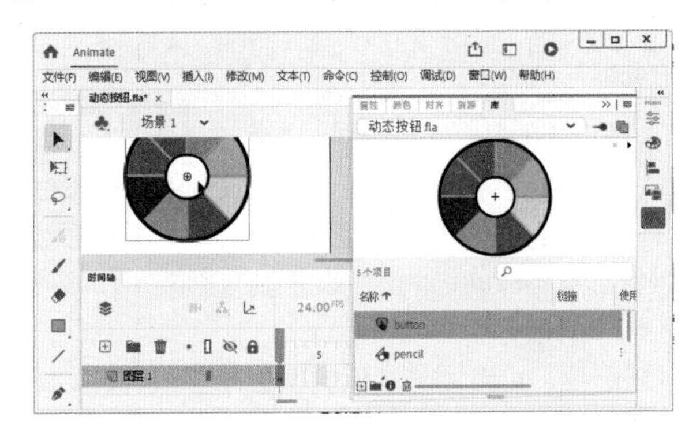

图 4-46

4.2.2 编辑实例

编辑实例是指对实例的名称、色彩效果、显示字距和滤镜等进行设置。选中舞台上的实例，打开【属性】面板，即可进行编辑实例的相关操作，如图 4-47 所示。

图 4-47

1. 设置实例名

实例名的设置主要针对的是按钮元件和影片剪辑元件，图形元件及其他元件无实例名。实例名用于脚本中对某个具体对象进行操作时，称呼该对象的代号，既可以使用中文，也可以使用英文和数字。

2. 设置色彩效果

选中舞台上的实例，打开【属性】面板，单击【样式】下拉按钮，弹出下拉列表框，该列表框中共有 5 个选项，分别为【无】、【亮度】、【色调】、【高级】和 Alpha，如图 4-48 所示。

- 【无】：选择该选项表示对实例不做任何修改。
- 【亮度】：选择该选项可以调整实例的相对亮度或暗度，度量范围从黑（-100%）到白（100%）。单击【亮度】滑块可改变亮度值，直接在文本框中输入数值也可以修改亮度值，如图 4-49 所示。

图 4-48

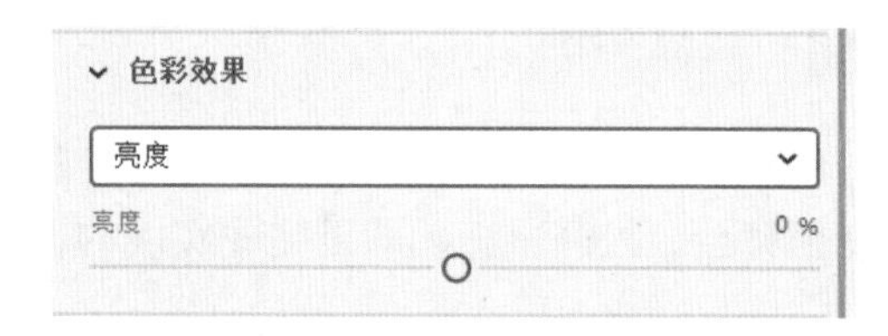

图 4-49

- 【色调】：选择该选项，会弹出下拉菜单，其中有【色调】、【红色】、【绿色】和【蓝色】4 个选项。单击【色调】右侧的颜色块，可以选中一种颜色，也可以直接拖曳【红色】、【绿色】、【蓝色】的滑块来选定颜色。在右侧的色彩数值文本框中输入数值，数值的大小对实例会有不同的影响，0 表示没有影响，100% 表示实例完全变为选定的颜色，如图 4-50 所示。
- 【高级】：选择该选项，可以调整实例的颜色和透明度，如图 4-51 所示。
- Alpha：选择该选项，可以调整实例的透明程度。数值在 0 ～ 100% 之间，0 表示完全透明，100% 表示完全不透明，如图 4-52 所示。

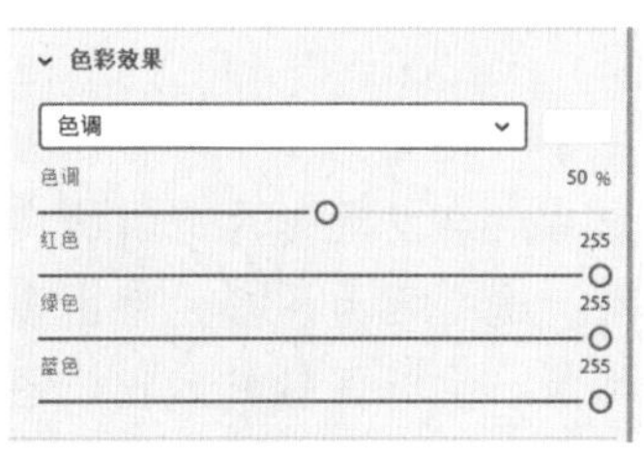

图 4-50

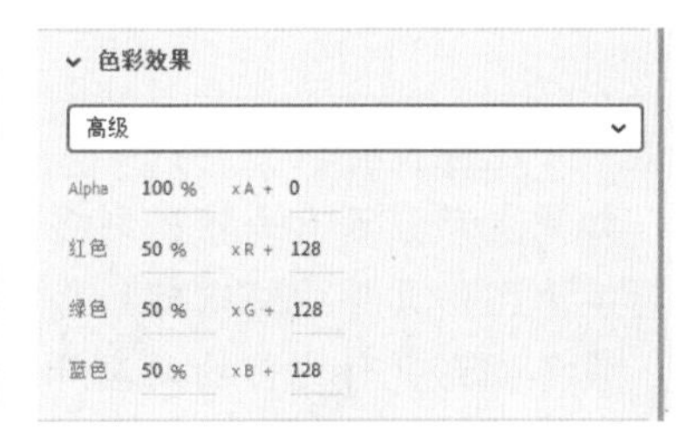

图 4-51

图 4-52

4.2.3 交换实例

实例创建完成后，可以为实例指定另外的元件，使舞台上的实例变为另外一个实例，但原来的实例属性不会改变。

【属性】面板中的【交换】按钮 ⇄ 位于【实例】最右侧，如图 4-53 所示。单击【交换】按钮 ⇄，打开【交换元件】对话框，选择准备交换的元件，再单击【确定】按钮，即可完成元件的替换，从而完成交换实例，如图 4-54 所示。

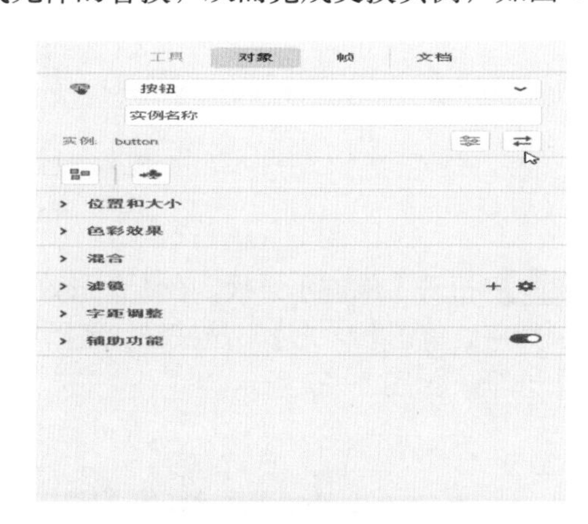

图 4-53

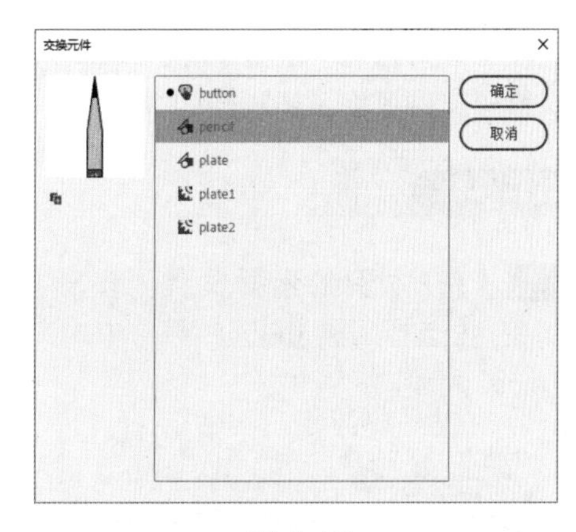

图 4-54

4.2.4 转换实例的类型

创建一个实例后，可以在实例的属性面板中根据创作需要改变实例的类型，重新定义该实例在动画中的类型。例如，如果一个图形实例包含独立于主影片的时间轴播放的动画，则可以将该图形实例重新定义为影片剪辑实例。

在舞台上选中要改变类型的实例，打开【属性】面板，在【实例行为】下拉列表框中选择需要的类型，即可完成转换实例的类型，如图 4-55 所示。

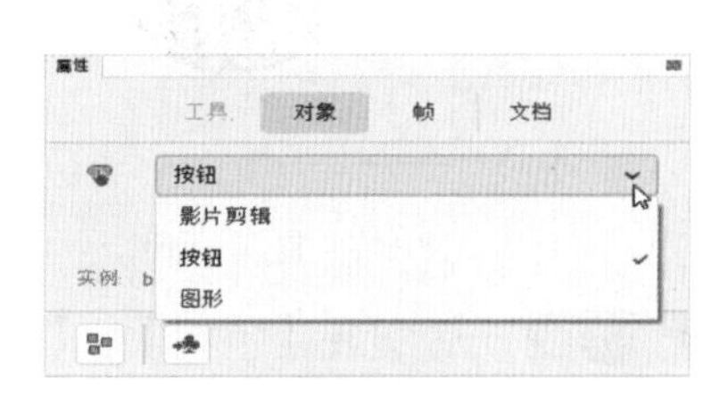

图 4-55

专家解读

改变实例的类型后，影片效果可能会发生改变。例如，将一个“蝴蝶飞舞”的影片剪辑实例转换为图形元件实例后，如果主场景只有一帧，则播放影片时会发现影片剪辑的实例以各种不同的姿态飞舞，而转换为图形元件的蝴蝶却始终不动。这是因为图形元件由多个帧组成，而主场景只有1帧，没等图形元件内部的动画开始播放，主时间轴就停止，图形元件的实例也停止。

4.2.5 课堂范例——改变实例的颜色和透明效果

色彩效果只在元件实例中可用，不能对其他对象（如文本、导入的位图）进行这些操作。本例详细介绍改变实例的颜色和透明效果的操作方法。

<< 扫码获取配套视频课程，本视频课程播放时长约为40秒。

配套素材路径：配套素材/第4章

素材文件名称：多彩按钮.fla

操作步骤 Step by Step

第1步 打开本例的素材文件“多彩按钮.fla”，使用【选择工具】选中舞台中的实例，如图4-56所示。

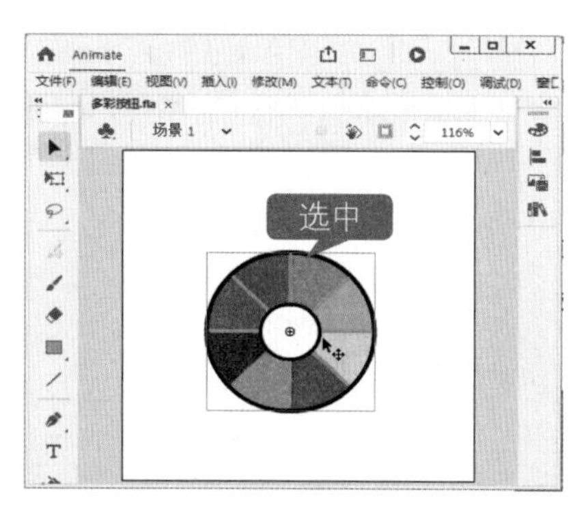

图4-56

第2步 打开【属性】面板，在【色彩效果】选项组中，单击【样式】下拉按钮，选择【色调】选项，如图4-57所示。

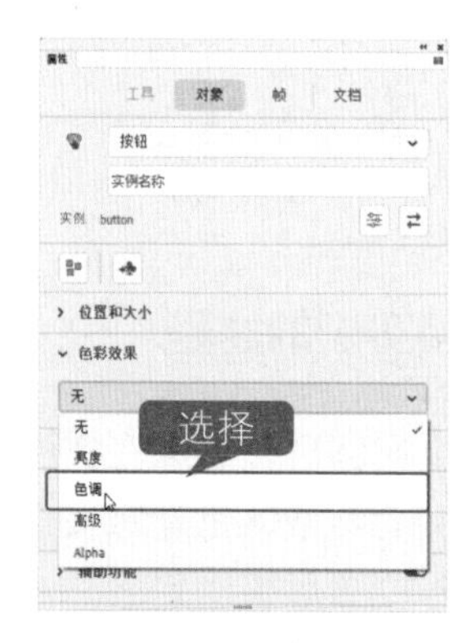

图4-57

第3步 分别拖曳【色调】、【红色】、【绿色】和【蓝色】滑块来选定颜色，如图4-58所示。

第4步 此时在舞台中可看到改变实例的颜色效果，如图4-59所示。

图 4-58

图 4-59

第 5 步 返回到【属性】面板，❶在【色彩效果】选项组中选择 Alpha 选项，❷然后拖曳 Alpha 滑块来调整透明度，如图 4-60 所示。

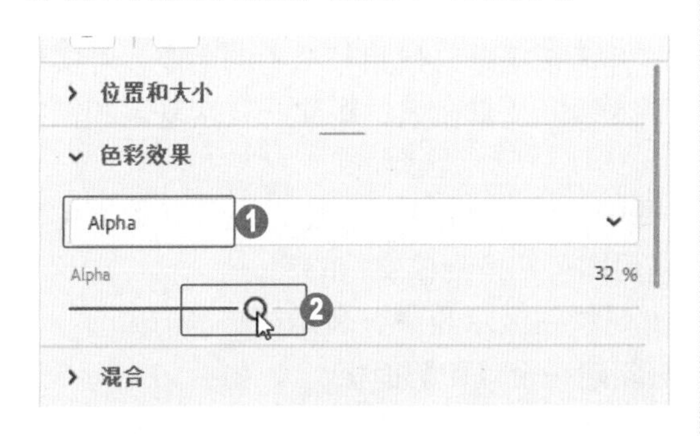

图 4-60

第 6 步 此时在舞台中可看到改变实例透明度的效果，如图 4-61 所示。

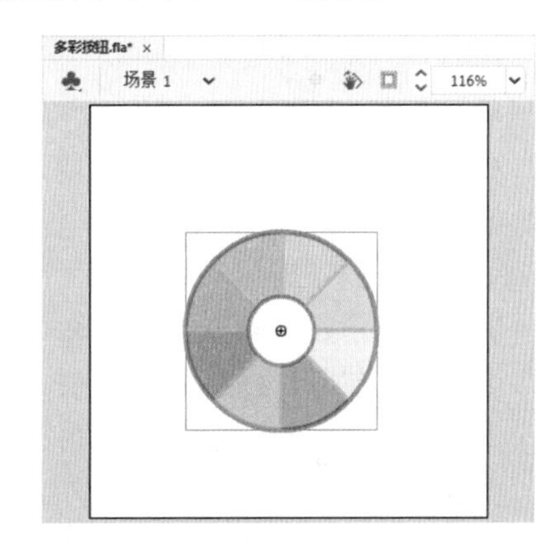

图 4-61

4.3 库应用

在 Animate 中，库是用于储存元件的仓库。库可以存储创建的按钮、影片剪辑以及图形等元件，也可以存储外部导入的音频和图形、图像等对象，如需要调用，只需将该元件从库中拖曳至舞台即可。本节将详细介绍库应用的相关知识及操作方法。

4.3.1 库面板的组成

库在创建一个新的 Animate 文件时就已经存在，但不包含任何元件。如果创建元件或导入外部的素材，这些元件或素材将自动保存并显示在【库】面板中。在菜单栏中选择【窗口】→【库】菜单项，即可调出【库】面板，如图 4-62 所示。

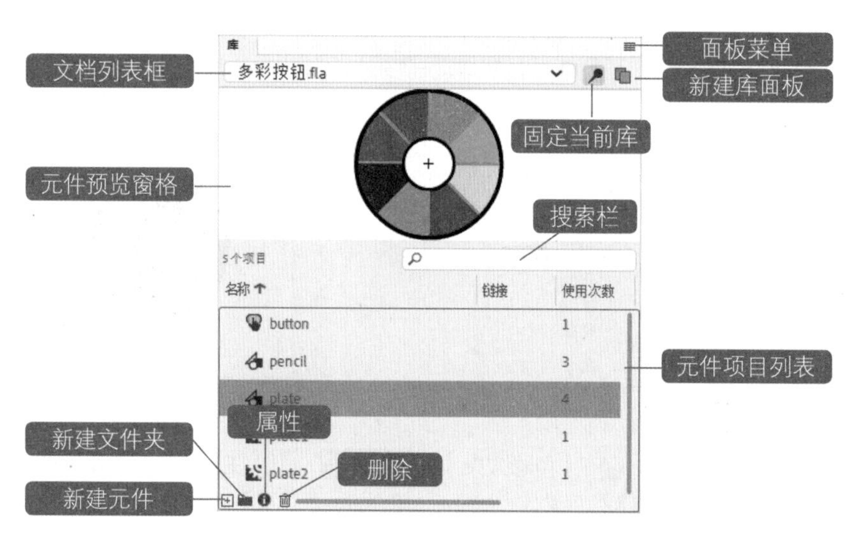

图 4-62

- 【面板菜单】按钮≡：单击该按钮可以打开面板菜单，使用菜单中的命令，可实现新建元件、新建文件夹、新建字型、新建视频以及重命名、删除、直接复制和锁定等操作。
- 文档列表框：当用户打开多个文档时，单击该列表框的下拉按钮，在打开的下拉菜单中会显示已打开文档的名称，选择文档后即可切换到该文档的库。
- 【固定当前库】按钮：单击该按钮，此时按钮显示为，表示锁定当前库。
- 【新建库面板】按钮：单击该按钮将会新建一个【库】面板。
- 元件预览窗格：在元件项目列表中选中一个项目后，可以在预览窗格中查看该项目的内容。如是音频，可以单击【播放】按钮，直接播放音频效果；如果是视频，也可以单击【播放】按钮预览视频效果。
- 搜索栏：当库中存储的元件较多时，如要找到某个具体的元件，可通过在搜索栏输入具体的元件名称来快速地找到所需要的元件。输入元件名称后按 Enter 键，元件项目列表中就会显示包含该元件名称的元件。
- 元件项目列表：该项目列表中会显示所有项目信息，利用项目列表可以精准地查看项目的具体信息。
- 【新建元件】按钮：单击该按钮，可以打开【创建新元件】对话框，在该对话框中可以设置元件名称和类型等信息，设置完成后单击【确定】按钮，即可创建一个新元件。
- 【新建文件夹】按钮：单击该按钮，可以在库中新建一个文件夹。
- 【属性】按钮：单击该按钮，可以打开库中元件【属性】面板，快速查看该元件的相关信息。
- 【删除】按钮：选中库中的元件，单击【删除】按钮，即可删除该元件。

4.3.2 库面板下拉菜单

单击【库】面板右上方的【面板菜单】按钮≡，弹出下拉菜单，该菜单中提供了实用命令，如图 4-63 所示。

图 4-63

下面详细介绍库面板下拉菜单中一些主要的实用命令。

- 【新建元件】命令：用于创建一个新的元件。
- 【新建文件夹】命令：用于创建一个新的文件夹。
- 【新建字型】命令：用于创建字体元件。
- 【新建视频】命令：用于创建视频资源。
- 【重命名】命令：用于重新设定元件的名称；也可双击需要重命名的元件，再更改名称。
- 【删除】命令：用于删除当前选中的元件。
- 【直接复制】命令：用于复制当前选中的元件。此命令不能用于复制文件夹。
- 【移至】命令：用于将选中的元件移动到新建的文件夹中。
- 【编辑】命令：选择此命令，主场景舞台将被切换到当前选中元件所在的舞台。
- 【编辑方式】命令：用于编辑所选的位图元件。
- 【编辑 Audition】命令：用于打开 Adobe Audition 软件，对音频进行润饰、音乐自定、添加声音效果等操作。
- 【编辑类】命令：用于编辑视频文件。
- 【播放】命令：用于播放按钮元件或影片剪辑元件中的动画。

- 【更新】命令：用于更新资源文件。
- 【属性】命令：用于查看元件的属性或更改元件的名称和类型。
- 【组件定义】命令：用于介绍组件的类型、数值和描述语句等属性。
- 【运行时共享库 URL】命令：用于设置公用库的链接。
- 【选择未用项目】：用于选出在【库】面板中未经使用的元件。
- 【展开文件夹】命令：用于打开所选文件夹。
- 【折叠文件夹】命令：用于关闭所选文件夹。
- 【展开所有文件夹】命令：用于打开【库】面板中的所有文件夹。
- 【折叠所有文件夹】命令：用于关闭【库】面板中的所有文件夹。
- 【帮助】命令：用于调出软件的帮助文件。
- 【关闭】：选择此命令可以将【库】面板关闭。
- 【关闭组】命令：选择此命令将关闭组合后的面板组。

4.3.3 外部库的文件

用户可以在当前场景中使用其他 Animate 2022 文档的库信息。下面详细介绍具体的操作方法。

操作步骤 Step by Step

第 1 步 在菜单栏中选择【文件】→【导入】→【打开外部库】菜单项，如图 4-64 所示。

图 4-64

第 2 步 弹出【打开】对话框，❶选中要使用的文件，❷单击【打开】按钮，如图 4-65 所示。

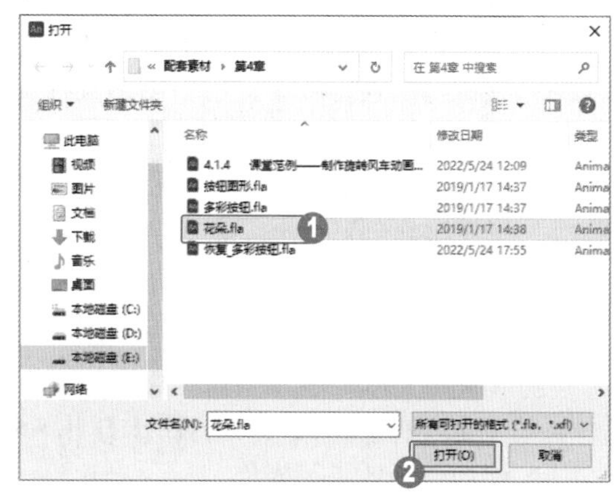

图 4-65

第 3 步 可以看到，被选中的文件的【库】面板将被调入当前的文档中，如图 4-66 所示。

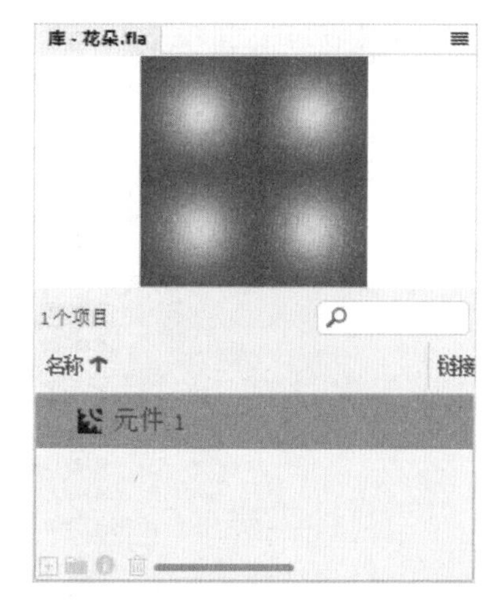

图 4-66

■ 指点迷津

要在当前文档中使用被选定的文件库中的元件，可将元件拖曳到当前文档的【库】面板中或舞台上。

4.4 实战课堂——制作动态菜单

在制作一些互动课件或者游戏时，需要实现菜单之间的切换，并显示菜单内容。本例将详细介绍从模板新建一个动态菜单的操作方法。

<< 扫码获取配套视频课程，本视频课程播放时长约为 56 秒。

操作步骤 Step by Step

第 1 步 在菜单栏中选择【文件】→【从模板新建】菜单项，如图 4-67 所示。

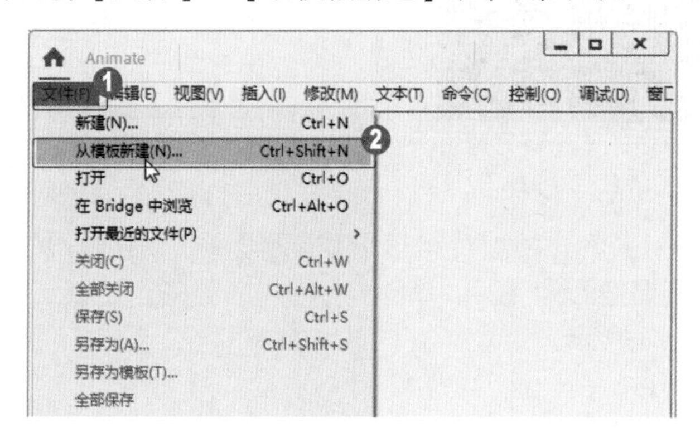

图 4-67

第 2 步 弹出【从模板新建】对话框，❶在【类别】列表框中选择【范例文件】选项，❷ 在【模板】列表框中选择【菜单范例】选项，❸单击【确定】按钮，如图 4-68 所示。

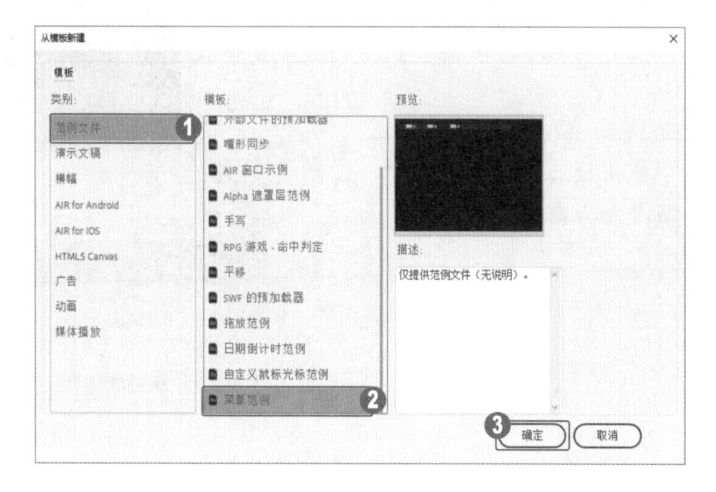

图 4-68

第 3 步 即可进入场景 1 的舞台，使用【选择工具】选择菜单项元件，如图 4-69 所示。

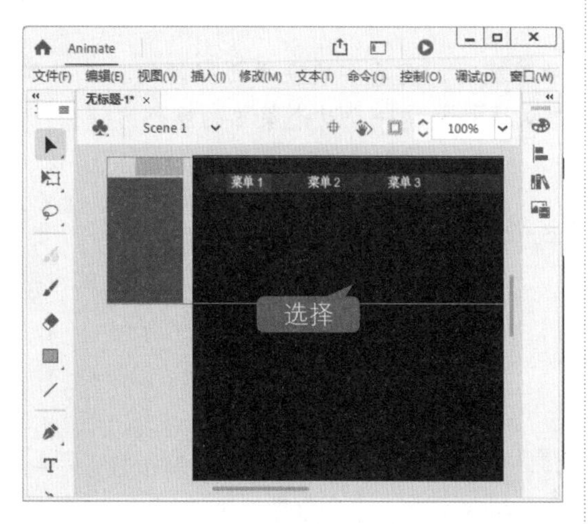

图 4-69

第 4 步 打开【属性】面板，在【色彩效果】选项组中选择 Alpha 选项，并拖曳滑块调整 Alpha 的参数为 100%，如图 4-70 所示。

图 4-70

第 5 步 在【色彩效果】选项组中选择【色调】选项，并拖曳滑块分别调整色调、红色、绿色、蓝色等参数，如图 4-71 所示。

第 6 步 返回到舞台中，此时即可看到调整后的菜单效果，如图 4-72 所示。

图 4-71

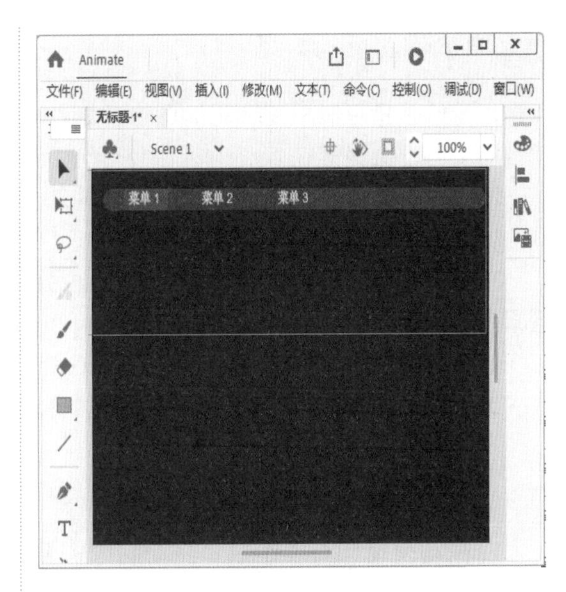

图 4-72

第 7 步 按 Ctrl+Enter 组合键测试影片，即可显示最终的动态导航菜单效果，如图 4-73 所示。

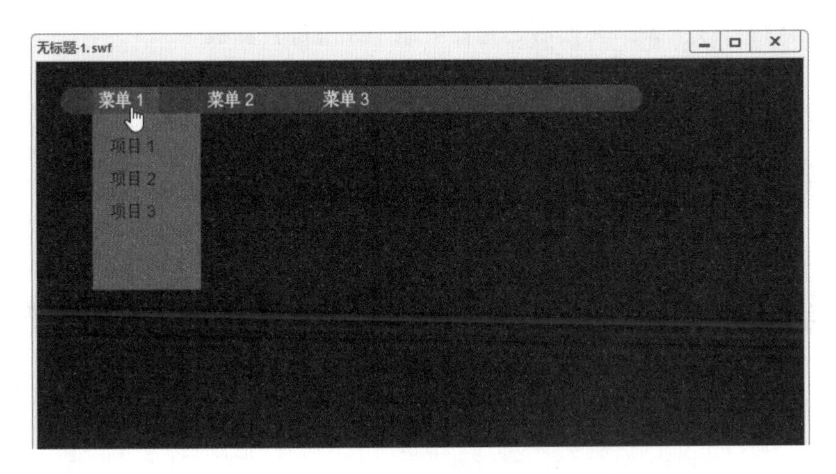

图 4-73

4.5 思考与练习

通过本章的学习，读者可以掌握元件和库应用的基本知识与一些常见的操作方法。本节将针对本章知识点，有目的地进行相关知识测试，以达到巩固与提高的目的。

一、填空题

1. 元件是指可以重复利用的图形、影片剪辑、按钮和动画资源，制作好的元件或导入到舞台的文件都会保存在 ________ 中。元件可以是动画，也可以是 ________。

2. 元件是动画设计与创作中最重要的基本元素。元件的类型主要有 3 种，分别为影片剪辑、________ 和 ________。

3. 实例创建完成后，可以为实例指定另外的元件，使舞台上的实例变为另外一个实例，但原来的实例 ________ 不会改变。

4. 库在创建一个新的 Animate 文件时就已经存在，但 ________ 任何元件。如果创建元件或导入外部的素材，这些元件或素材将自动保存并显示在【库】面板中。

二、判断题

1. 在动画设计与创作中，将动画中需要重复使用的元素制作成元件，在使用时将元件从库中拖曳到舞台上便可。（ ）

2. 元件的应用使动画创作十分方便，在 Animate 2022 中只需要创建一次，就可以在整个动画中重复使用。（ ）

3. 在 Animate 中，可以将舞台中一个或多个元素转换为元件，元素的类型不可以是文字对象，也可以是图形或形状，转换后的元件会添加到【库】面板中。（ ）

4. 创建一个实例后，可以在实例的属性面板中根据创作需要改变实例的类型，重新定义该实例在动画中的类型。（ ）

三、简答题

1. 如何转换元件？

2. 如何交换实例？

第5章

制作基本动画

- 时间轴和帧
- 逐帧动画
- 形状补间动画
- 动作补间动画
- 制作合并动画

本章主要介绍了时间轴和帧、逐帧动画、形状补间动画和动作补间动画方面的知识与技巧，在本章的最后还针对实际工作需求，讲解了制作合并动画的方法。通过本章的学习，读者可以掌握制作基本动画方面的知识，为深入学习Animate 2022动画设计与制作知识奠定基础。

5.1 时间轴和帧

Animate 2022 是一款功能强大的交互式矢量动画制作软件，利用 Animate 软件可以制作出丰富多彩的动画效果。在制作动画的过程中，时间轴和帧起到了关键性作用。本节将详细介绍时间轴和帧的相关知识及操作方法。

5.1.1 时间轴面板

在 Animate 2020 中，时间轴主要用于组织和控制一定时间内在图层和帧中的内容。选择【窗口】→【时间轴】菜单项，即可打开【时间轴】面板，如图 5-1 所示。

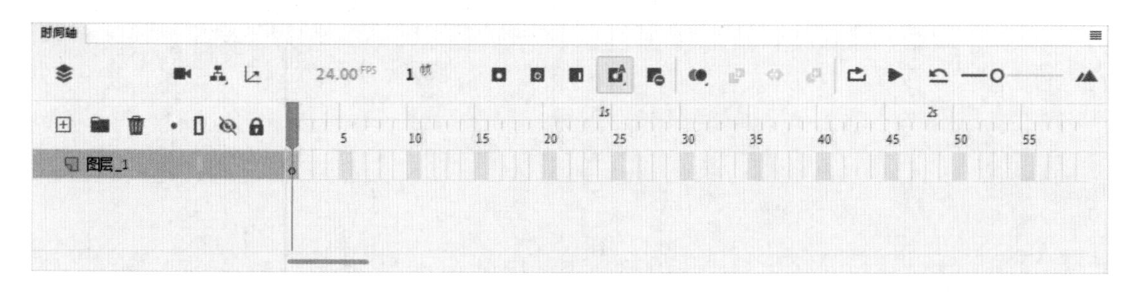

图 5-1

【时间轴】面板是创建与设计动画的基本面板，时间轴中的每一个方格称为一个帧，帧是 Animate 中计算时间的基本单位。默认情况下，【时间轴】面板位于舞台下方，主要由【图层】面板、【新建图层】按钮⊞、【新建文件夹】按钮、【删除】按钮、播放头、【帧】面板、时间显示、帧编号、播放控制按钮、帧编辑按钮以及时间轴状态栏等部分组成。图层就像堆叠在一起的多张幻灯胶片一样，位于【时间轴】面板左侧，每个图层都有自己的时间轴，位于图层的右侧，包含了该图层动画的所有帧。

图层有助于在文档中组织作品，图 5-1 中只含有一个图层，名为“图层 1”。可以把图层看作堆叠在彼此上面的多个幻灯片，每个图层都包含一幅出现在舞台上的不同图像，可以在一个图层上绘制和编辑对象，而不会影响另一个图层的对象。图层按它们互相重叠的顺序堆叠在一起，使得位于【时间轴】面板下方图层上的对象在舞台上显示时将出现在底部。Animate 文档以帧为单位度量时间，在影片播放时，播放头在时间轴中向前移动。在帧区域中，顶部的数字是帧的编号，播放头指示了舞台上当前显示的帧。若要在舞台上显示帧的内容，需要将播放头移到此帧上。在【时间轴】面板底部，Animate 会显示所选的帧编号、当前帧频以及当前帧在影片中所流逝的时间。

在【时间轴】面板的上方显示帧的编号和时间，播放头指示出当前舞台中显示的帧，单击【播放】按钮▶，播放头会从左向右进行播放，此时，播放头会滑过对应的帧和时间。

时间轴状态可以显示当前帧数、帧频率以及运行时间。

5.1.2 动画中的帧

医学证明，人类具有视觉暂留的特点，即在人眼看到物体或画面后，物体或画面的成像在 1/24 秒内不会消失。利用这一原理，在一幅画没有消失之前播放下一幅画，就会给人造成流畅的视觉变化效果。所以，动画就是通过连续播放一系列静止画面来给视觉造成连续变化的效果。在 Animate 中，这一系列单幅的画面就叫作帧，它是在 Animate 动画中最小时间单位里出现的画面。每秒显示的帧数叫作帧率，如果帧率太慢就会给人造成视觉上不流畅的感觉。所以，按照人的视觉原理，一般将动画的帧率设为 24 帧 / 秒。

在 Animate 中，动画制作的过程就是决定动画的每一帧显示什么内容的过程。用户可以像绘制传统动画一样绘制动画的每一帧，即逐帧动画。但逐帧动画所需的工作量非常大，为此，Animate 提供了一种简单的动画制作方法，即采用关键帧处理技术的插值动画。插值动画又分为运动动画和变形动画两种。

制作插值动画的关键是绘制动画的起始帧和结束帧，中间帧的效果将由 Animate 自动计算得出。为此，Animate 提供了关键帧、过渡帧、空白关键帧的概念。关键帧用于描绘动画的起始帧和结束帧。当动画内容发生变化时必须插入关键帧，即使是逐帧动画也要为每个画面创建关键帧。关键帧有延续性，起始关键帧中的对象会延续到结束关键帧。过渡帧是动画起始关键帧、结束关键帧中间系统自动生成的帧。空白关键帧是不包含任何对象的关键帧。因为 Animate 只支持在关键帧中绘画或插入对象，所以，当动画内容发生变化而又不希望延续前面关键帧的内容时，就需要插入空白关键帧。

5.1.3 帧的显示形式

帧是进行动画设计与创作的最基本的单位，帧上可以放置图形、文字以及声音等对象，多个帧按照先后次序以一定速率播放形成动画。在 Animate 中，帧按照功能的不同可以分为多种类型。下面将详细介绍这些帧的显示形式。

1. 空白关键帧

在时间轴中，白色背景且带有黑圈的帧为空白关键帧，如图 5-2 所示，表示在当前的舞台中没有任何内容。

2. 关键帧

在时间轴中，灰色背景且带有黑点的帧为关键帧，如图 5-3 所示，表示在当前场景中存在一个关键帧，在关键帧相对应的舞台中存在一些内容。

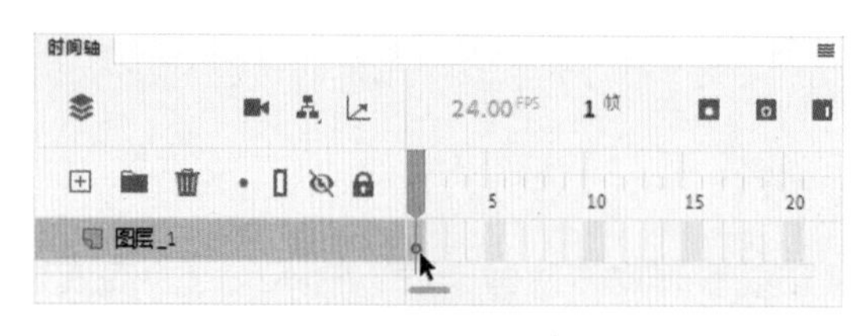

图 5-2

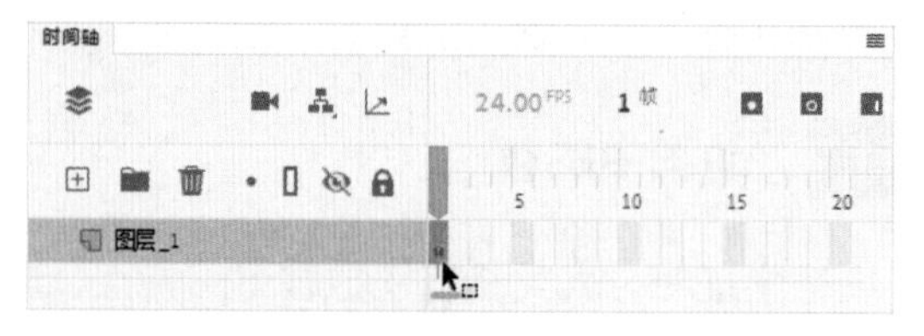

图 5-3

如果在时间轴中存在多个帧，那么带有黑色圆点的第 1 帧为关键帧，最后 1 帧黑色矩形框为普通帧。除了第 1 帧以外，其他帧均为普通帧，如图 5-4 所示。

3. 传统补间帧

在时间轴中，带有黑色圆点的第 1 帧和最后 1 帧为关键帧，中间紫色背景且带有黑色箭头的帧为传统补间帧，如图 5-5 所示。

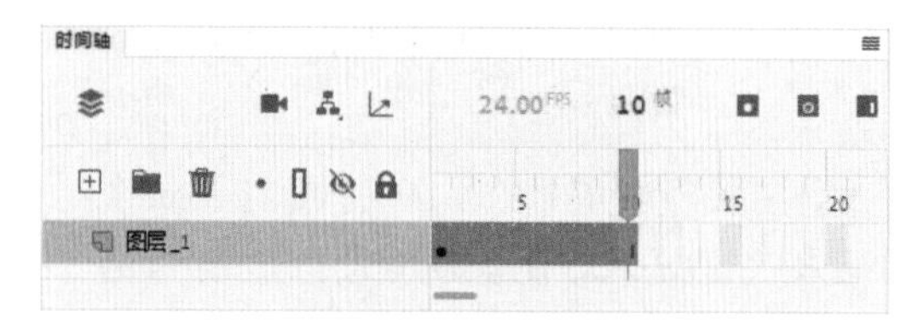

图 5-4

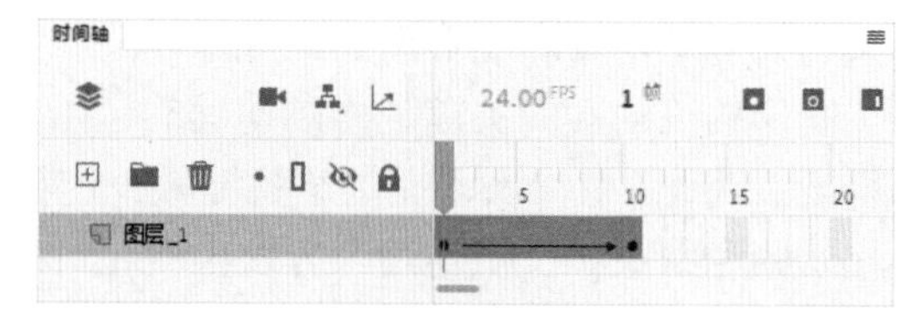

图 5-5

4. 形状补间帧

在时间轴中，带有黑色圆点的第 1 帧和最后 1 帧为关键帧，中间浅咖色背景且带有黑色箭头的帧为形状补间帧，如图 5-6 所示。

在时间轴中，若帧上出现虚线，则表示是未完成或中断了的补间动画，虚线表示不能够生成补间帧，如图 5-7 所示。

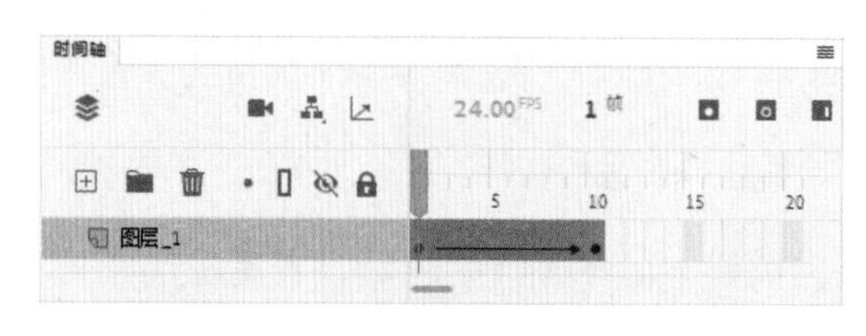

图 5-6

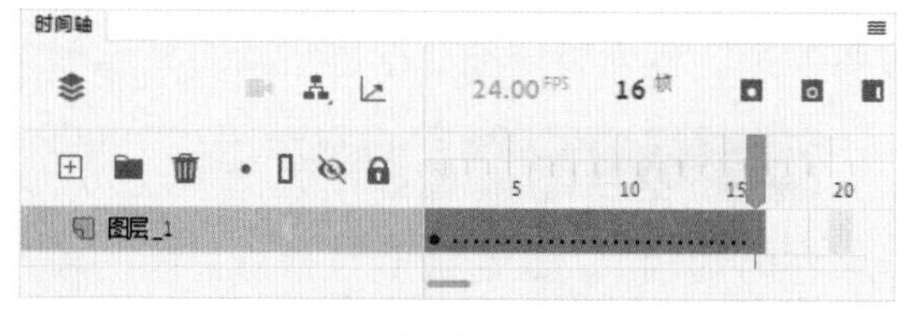

图 5-7

5. 包含动作语句的帧

在时间轴中，第 1 帧上出现字母“a”，表示这 1 帧中包含了使用【动作】面板设置的动作语句，如图 5-8 所示。

6. 帧标签

在时间轴中，第1帧上出现一面红旗，表示这一帧的标签类型是名称。红旗右侧的“wen”是帧标签的名称，如图5-9所示。

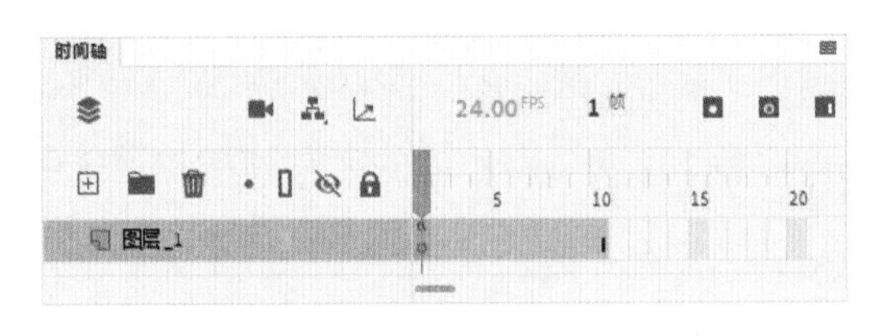

图 5-8

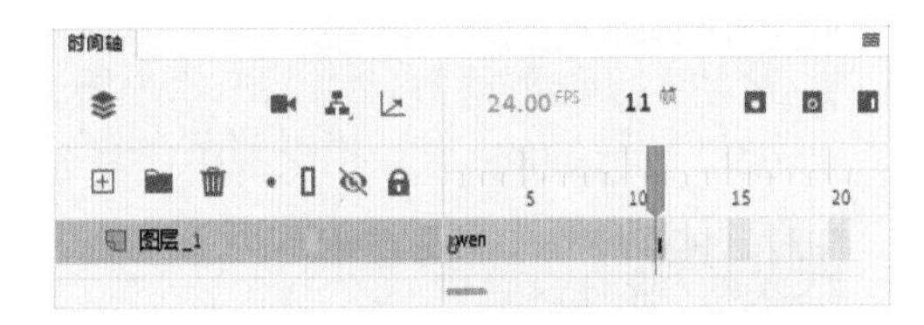

图 5-9

在时间轴中，第1帧上出现两条绿色斜杠，表示这一帧的标签类型是注释，如图5-10所示。帧注释是对帧的解释，帮助用户理解该帧在影片中的作用。

在时间轴中，第1帧上出现1个金色的锚，表示这一帧的标签类型是锚记，如图5-11所示。帧锚记表示该帧是一个定位，方便浏览者在浏览器中快进、快退。

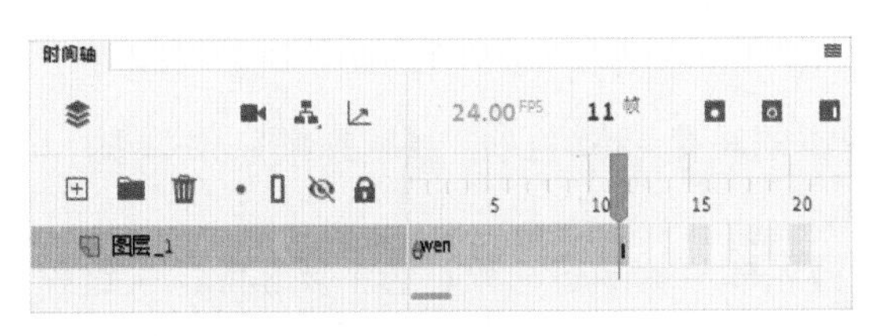

图 5-10

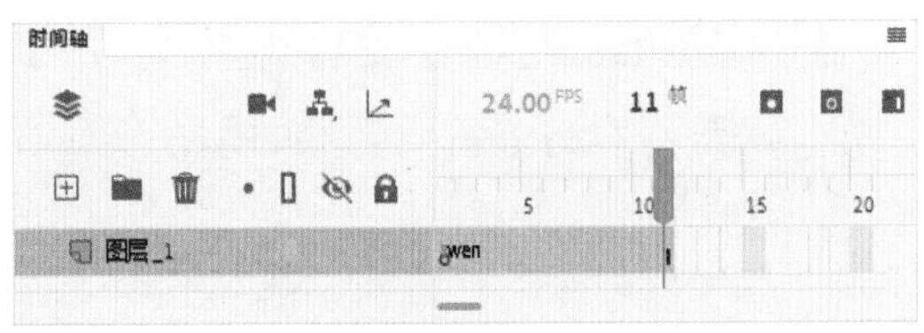

图 5-11

5.1.4 在时间轴面板中设置帧

在【时间轴】面板中，可以对帧进行一系列设置。下面将详细介绍在【时间轴】面板中设置帧的一些操作方法。

1. 插入帧

在【时间轴】面板中，可以根据制作动画的需要，在指定图层中插入普通帧、空白关键帧和关键帧等各种类型的帧。

- 选择【插入】→【时间轴】→【帧】菜单项或按F5键，可以在时间轴上插入一个普通帧。
- 选择【插入】→【时间轴】→【关键帧】菜单项或按F6键，可以在时间轴上插入一个关键帧。
- 选择【插入】→【时间轴】→【空白关键帧】菜单项，可以在时间轴上插入一个空白关键帧。

2. 选择帧

- 选择【编辑】→【时间轴】→【选择所有帧】菜单项，可以选中时间轴中的所有帧。
- 单击要选择的帧，帧将变为深色。
- 选中要选择的帧，再向前或向后拖曳，鼠标经过的帧将全部被选中。
- 按住 Ctrl 键的同时，用鼠标单击要选择的帧，可以选中多个不连续的帧。
- 按住 Shift 键的同时，用鼠标单击要选择的两个帧，这两个帧中间的所有帧都将被选中。

3. 移动帧

- 选中一个或多个帧，按住鼠标左键，将所选的帧移动到目标位置。在移动过程中，如果按住 Alt 键，会在目标位置复制出所选的帧。
- 选中一个或多个帧，选择【编辑】→【时间轴】→【剪切帧】菜单项或按 Ctrl+Alt+X 组合键，即可剪切所选的帧；选中目标位置，然后选择【编辑】→【时间轴】→【粘贴帧】菜单项或按 Ctrl+Alt+V 组合键，即可在目标位置粘贴所选的帧。

4. 删除帧

- 用鼠标右键单击要删除的帧，然后在弹出的快捷菜单中选择【删除帧】菜单项，即可删除帧。
- 选中要删除的普通帧，按 Shift+F5 组合键，即可删除普通帧；选中要删除的关键帧，按 Shift+F6 组合键，即可删除关键帧。

专家解读

在 Animate 系统的默认状态下，【时间轴】面板中每一个图层的第 1 帧都会被设置为关键帧，后面插入的帧将拥有第 1 帧中的所有内容。

5.2 逐帧动画

用户可以应用帧来制作帧动画或逐帧动画，即通过在不同帧上设置不同的对象来实现动画效果。逐帧动画是一种常见的动画形式，是在时间轴的每个帧上逐帧地绘制出不同的画面，并使其连续播放而形成的画面，可以灵活表现丰富多变的动画效果。本节将详细介绍逐帧动画的相关知识及操作方法。

5.2.1 制作帧动画

在 Animate 中，用户可以通过在关键帧中改变图像来创建帧动画。下面详细介绍制作帧动画的操作方法。

配套素材路径：配套素材/第5章

素材文件名称：制作帧动画.fla

操作步骤

Step by Step

第 1 步 打开本例的素材文件“制作帧动画.fla”，选中【飞机】图层的第 5 帧，按 F6 键插入一个关键帧。使用【选择工具】在舞台窗口中将飞机图形向左上方拖曳到合适的位置，如图 5-12 所示。

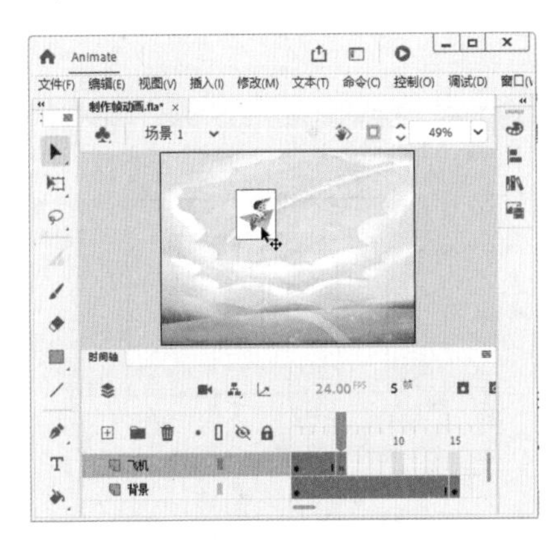

图 5-12

第 2 步 选中【飞机】图层的第 10 帧，按 F6 键插入一个关键帧，将飞机图形向右上方拖曳到合适的位置，如图 5-13 所示。

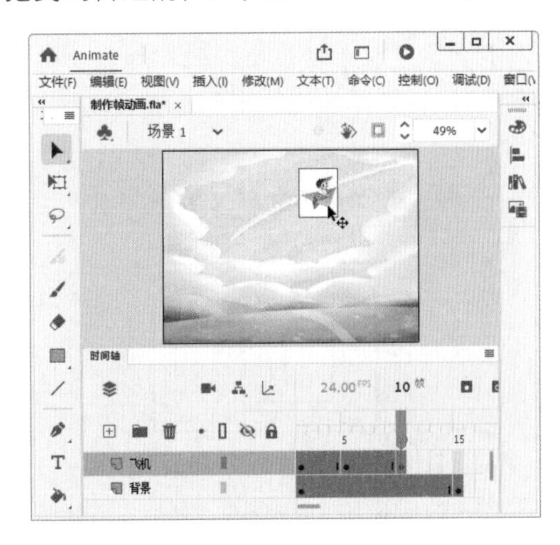

图 5-13

第 3 步 选中【飞机】图层的第 15 帧，按 F6 键插入一个关键帧，将飞机图形向右上方拖曳到合适的位置，如图 5-14 所示。

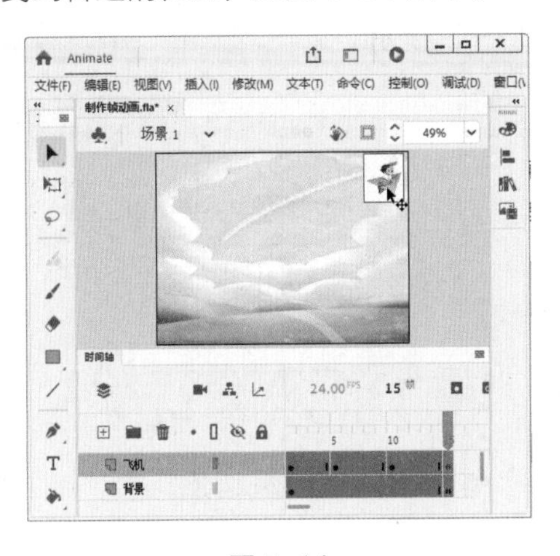

图 5-14

第 4 步 按 Enter 键，即可观看动画效果。在不同的关键帧中动画显示的效果如图 5-15 所示。

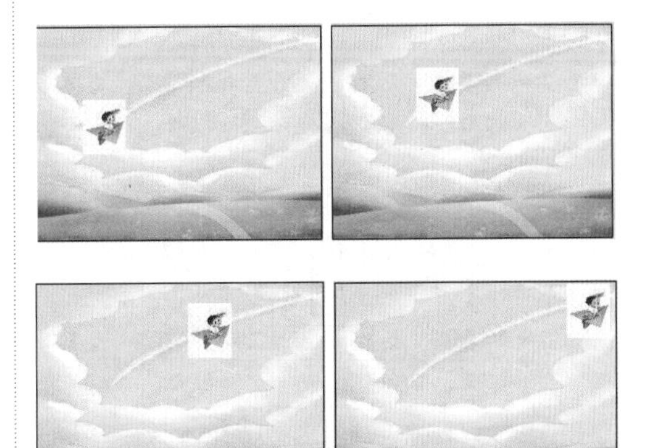

图 5-15

5.2.2 创建逐帧动画

在 Animate 软件中制作每一个关键帧中的内容，从而创建逐帧动画，逐帧动画的特点是具有很好的灵活性，可以制作出比较逼真的细腻的人物或动物的行为动作，下面详细介绍创建逐帧动画的操作方法。

操作步骤 Step by Step

第 1 步 新建一个空白文档，❶在工具箱中单击【文字工具】按钮 T，❷在舞台中输入文字“1”，如图 5-16 所示。

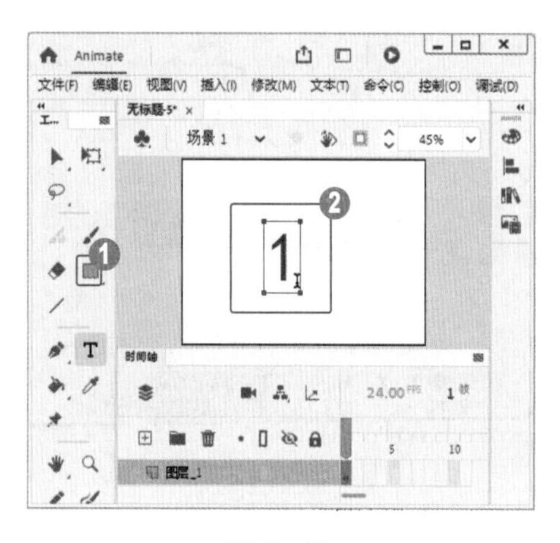

图 5-16

第 2 步 在【时间轴】面板中，❶选中第 2 帧，按 F6 键插入关键帧，❷将文字修改为“2”，如图 5-17 所示。

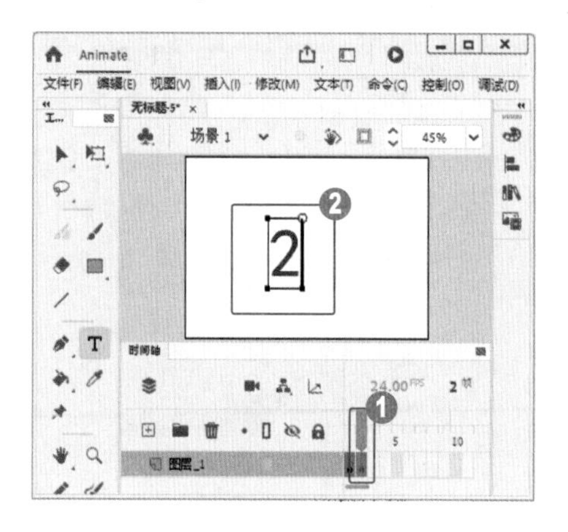

图 5-17

第 3 步 在【时间轴】面板中，❶选中第 3 帧，按 F6 键插入关键帧，❷将文字修改为“3”，如图 5-18 所示。

图 5-18

第 4 步 在【时间轴】面板中，❶选中第 4 帧，按 F6 键插入关键帧，❷将文字修改为“4”，如图 5-19 所示。

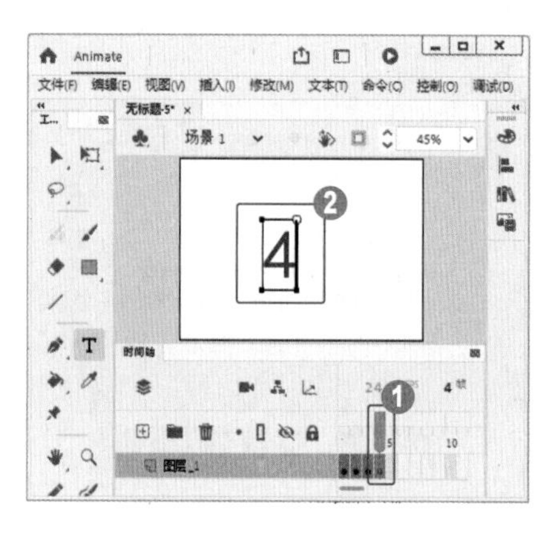

图 5-19

第 5 步 在【时间轴】面板中，❶选中第 5 帧，按 F6 键插入关键帧，❷将文字修改为 5，如图 5-20 所示。

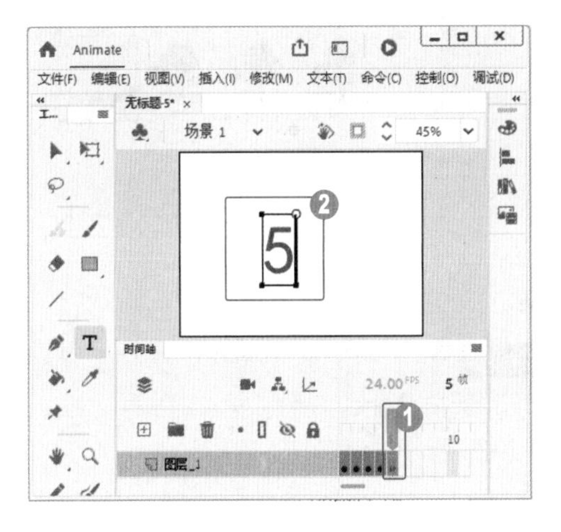

图 5-20

第 6 步 按 Ctrl+Enter 组合键测试效果，这样即可完成制作逐帧动画的操作，如图 5-21 所示。

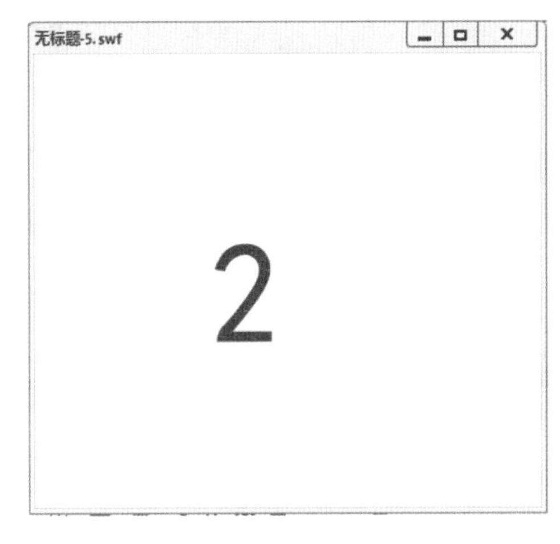

图 5-21

5.2.3 课堂范例——绽放的花朵效果

本例将通过导入多幅图片制作一个花朵逐渐绽放的逐帧动画，读者可以从中掌握制作逐帧动画的方法。首先导入一幅位图作为背景图像，并导入一系列图像到库中。然后依次将帧转换为关键帧，并插入导入的图像，插入图像时，要注意图像的位置要一致，最终制作出绽放的花朵效果。

<< 扫码获取配套视频课程，本视频课程播放时长约为 2 分 08 秒。

配套素材路径：配套素材/第5章

素材文件名称：“绽放的花朵”文件夹

操作步骤

Step by Step

第 1 步 新建一个空白文档后，在菜单栏中选择【文件】→【导入】→【导入到舞台】菜单项，如图 5-22 所示。

第 1 步 弹出【导入】对话框，❶打开“绽放的花朵”文件夹，然后选择本例的素材文件“天空 .jpg”，❷单击【打开】按钮，如图 5-23 所示。

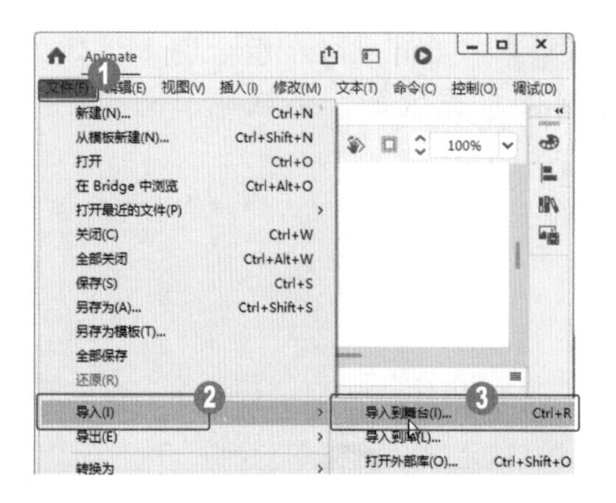

图 5-22

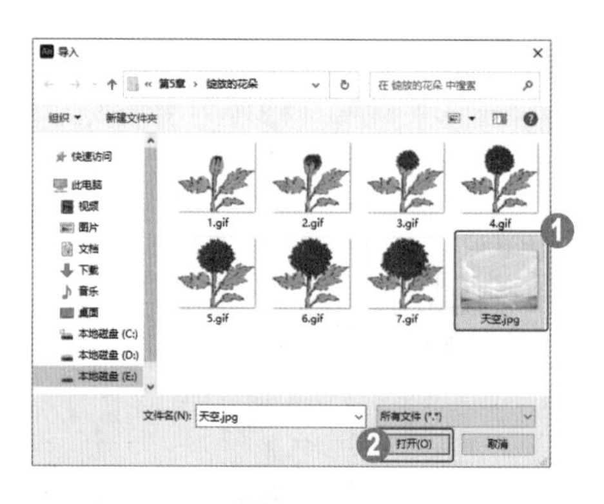

图 5-23

第 3 步 将该素材文件导入到舞台中，并调整其位置和大小，使图片大小与舞台大小相同，如图 5-24 所示。

第 4 步 在【时间轴】面板中选中第 7 帧，按 F5 键插入帧，将帧扩展到第 7 帧，如图 5-25 所示。

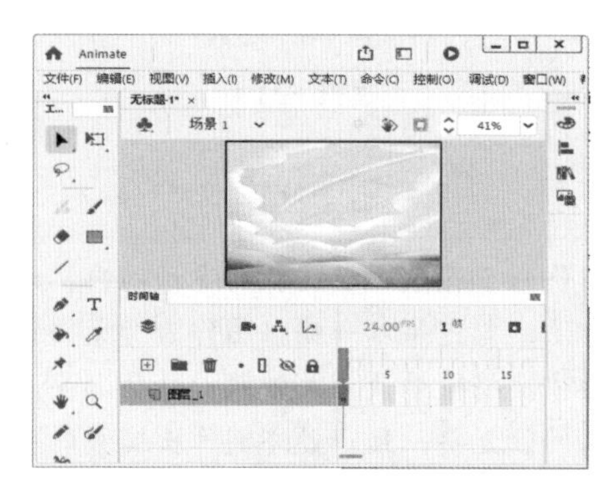

图 5-24

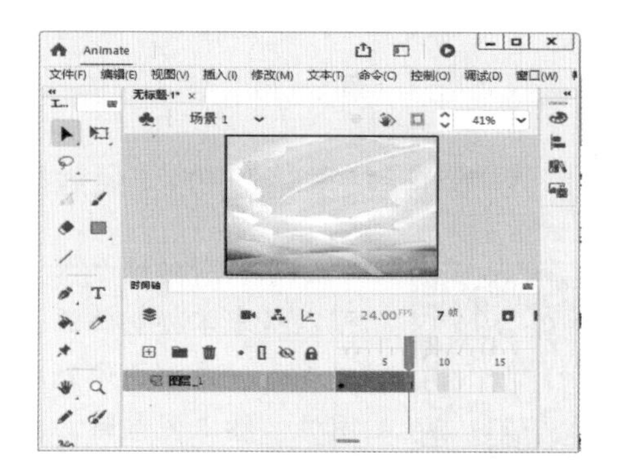

图 5-25

第 5 步 在菜单栏中选择【文件】→【导入】→【导入到库】菜单项，如图 5-26 所示。

第 6 步 弹出【导入到库】对话框，❶选中本例的素材文件“1.gif ～ 7.gif”，❷单击【打开】按钮，如图 5-27 所示。

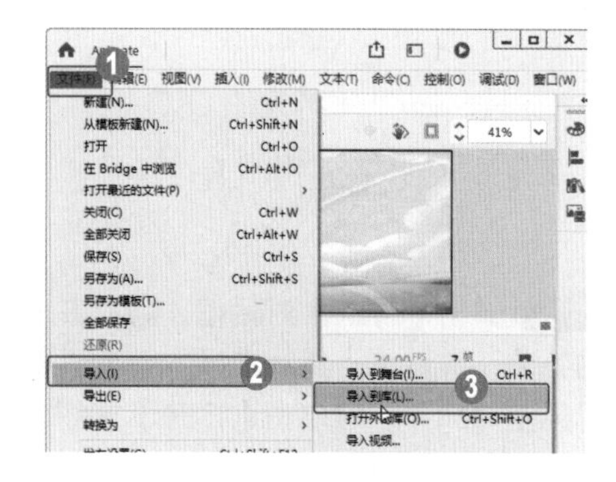

图 5-26

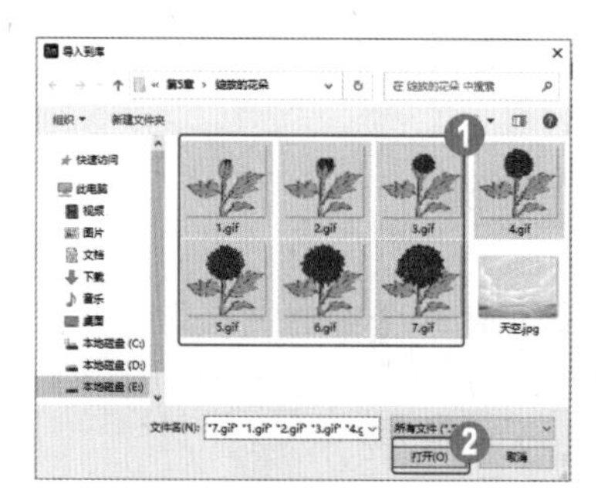

图 5-27

第 7 步 单击【新建图层】按钮⊞，新建一个“图层 2”，并单击【锁定】按钮🔒，将【图层 1】图层锁定，如图 5-28 所示。

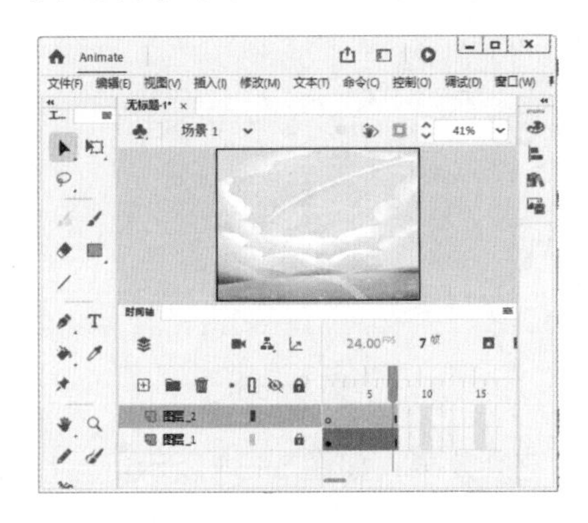

图 5-28

第 8 步 选中【图层 2】图层的第 1 帧，打开【库】面板。将导入的“1.gif”图片拖入到舞台中，如图 5-29 所示。

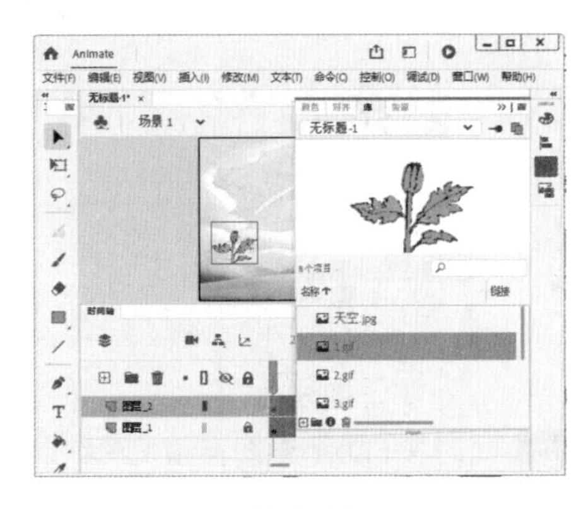

图 5-29

第 9 步 打开【信息】面板，调整图片位置，并记住该位置的详细参数，如图 5-30 所示。

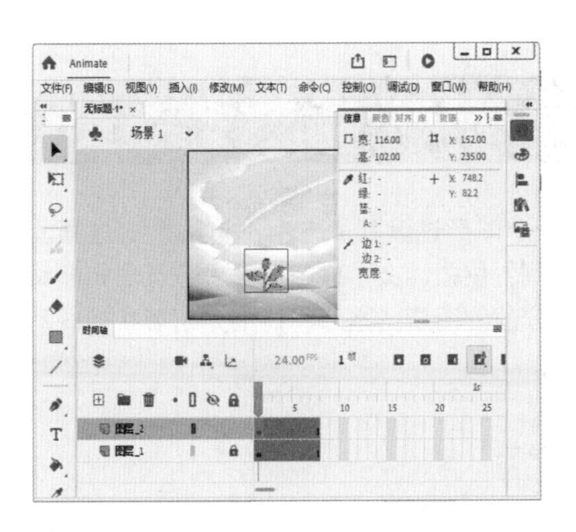

图 5-30

第10步 选中【图层 2】图层中的第 2 帧，按 F7 键将该帧转换为空白关键帧，然后打开【库】面板将“2.gif”图片拖入到舞台中。在【信息】面板中调整图片的位置，使其与第 1 帧的位置相同，如图 5-31 所示。

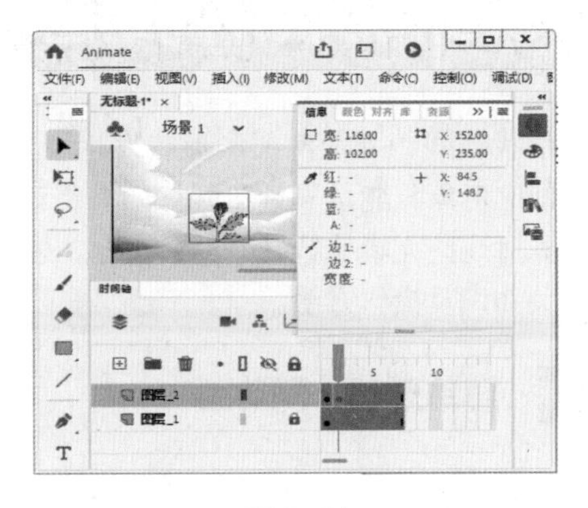

图 5-31

第11步 按照相同的方法分别将其他 5 帧转换为空白关键帧，并依次拖入其他 5 张图片。调整图片位置，与第 1 帧的位置相同。第 7 帧的舞台效果如图 5-32 所示。

第12步 此时按 Enter 键预览动画，由于播放速度太快，看不清花朵绽放的过程。接下来需要设置影片的播放速度。单击舞台空白处，打开【属性】面板，在【文档设置】选项组中的 FPS 文本框中输入“5”，即设置影片的播放帧频为 5 fps，如图 5-33 所示。

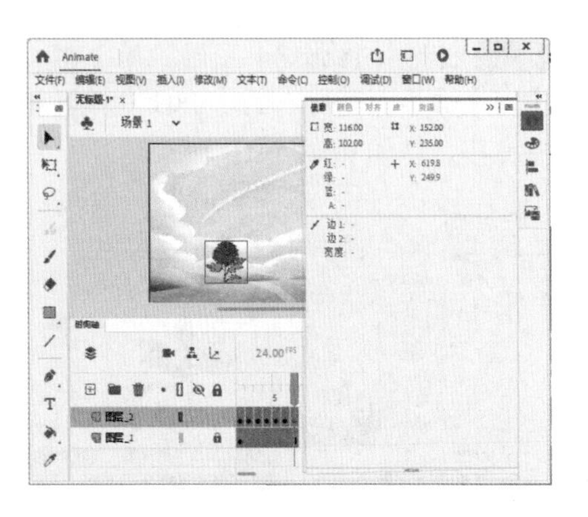

图 5-32

图 5-33

第13步 此时按 Enter 键即可预览最终制作的绽放的花朵效果，如图 5-34 所示。

图 5-34

5.3 形状补间动画

形状补间动画是使图形形状发生变化，从一个图形过渡到另一个图形的渐变过程。形状补间的对象只能是矢量图形。如果要对元件实例、位图、文本或群组对象进行形状补间，必须先对这些元素执行【分离】命令，使之变成分散的图形。本节将详细介绍形状补间动画的相关知识及操作方法。

5.3.1 简单形状补间动画

形状补间动画用于创建形状变化的动画效果，使一个形状变成另一个形状，同时可以设置图形的形状位置、大小和颜色的变化。下面详细介绍制作简单形状补间动画的操作步骤。

操作步骤 Step by Step

第 1 步 新建一个空白文档，❶在工具箱中单击【矩形工具】按钮■，❷在舞台中绘制矩形，如图 5-35 所示。

第 2 步 在【时间轴】面板中选中第 15 帧，按 F6 键插入关键帧，如图 5-36 所示。

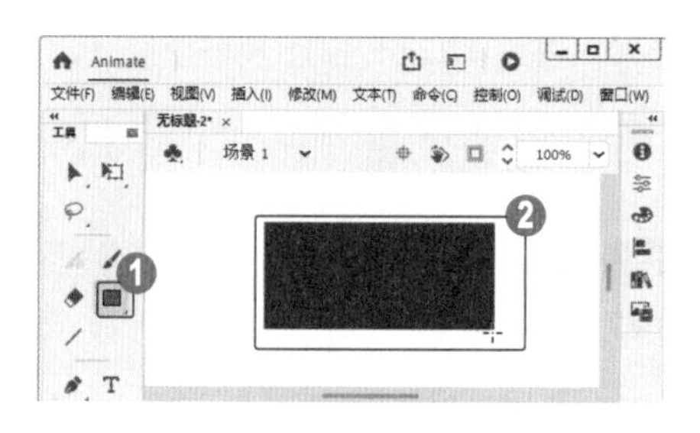

图 5-35

图 5-36

第 3 步 返回到工具箱中，❶单击【选择工具】按钮，❷在舞台中选中图形并按 Delete 键删除，如图 5-37 所示。

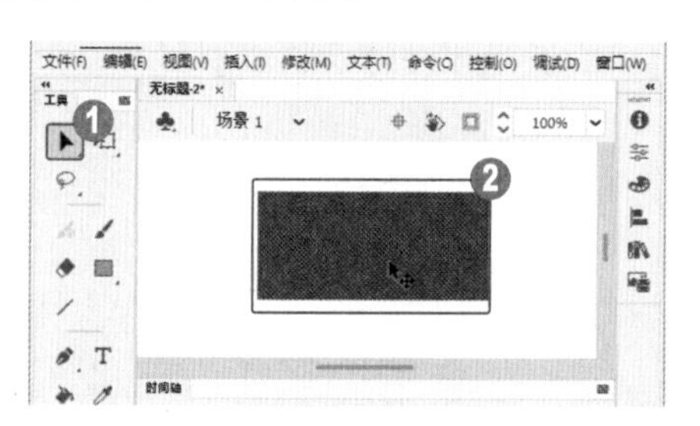

图 5-37

第 4 步 返回到工具箱中，❶单击【椭圆工具】按钮，❷在舞台中绘制一个椭圆形，如图 5-38 所示。

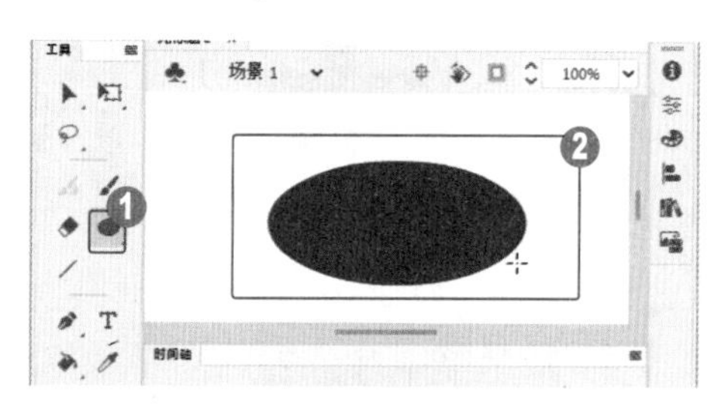

图 5-38

第 5 步 在【时间轴】面板中，选中第 1 帧～第 15 帧之间的任意帧，右击，在弹出的快捷菜单中选择【创建补间形状】菜单项，如图 5-39 所示。

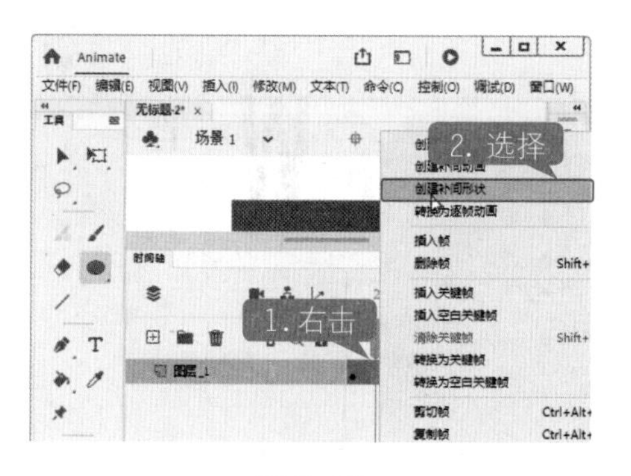

图 5-39

第 6 步 按下键盘上的 Enter 键测试效果，这样即可完成制作简单形状补间动画，如图 5-40 所示。

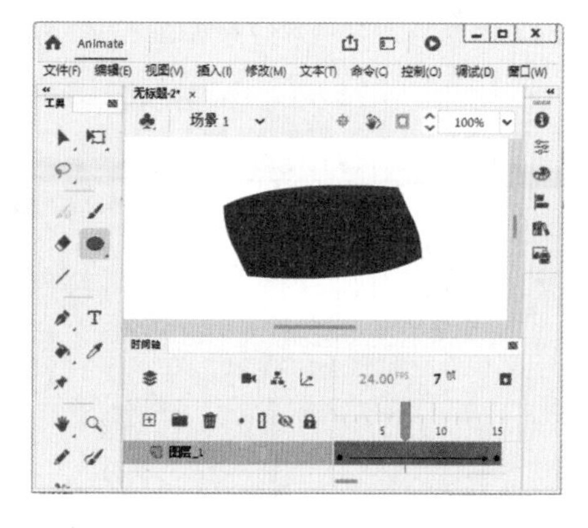

图 5-40

5.3.2 复杂的变形动画

使用变形提示，可以将原图形上的某一点变换到目标图形的某一点上。应用变形提示可以制作出各种复杂的变形效果。下面详细介绍制作复杂的变形动画的操作步骤。

操作步骤 Step by Step

第 1 步 在工具箱中选择【多角星形工具】，在【属性】面板中设置相关参数后，在第 1 帧的舞台中绘制出一个五角星，如图 5-41 所示。

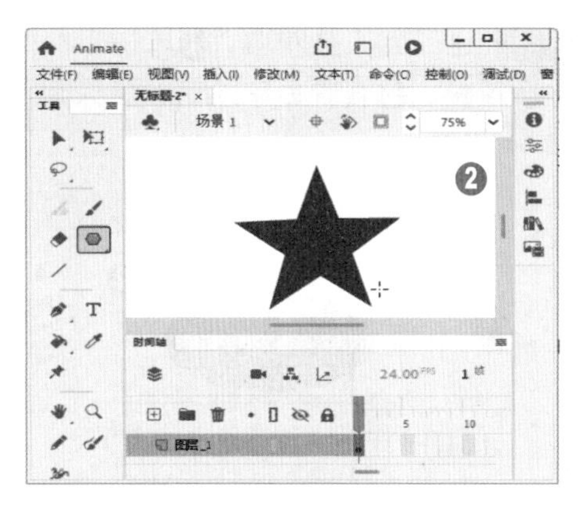

图 5-41

第 3 步 选择【文本工具】T，在文本工具【属性】面板中进行设置，在舞台窗口中的适当位置输入 W，设置字号为 200pt、字体为【黑体】，填充颜色为红色，效果如图 5-43 所示。

图 5-43

第 5 步 使用鼠标右键单击第 1 帧，在弹出的快捷菜单中选择【创建补间形状】菜单项，如图 5-45 所示。

第 2 步 选中第 10 帧，然后按 F7 键插入空白关键帧，如图 5-42 所示。

图 5-42

第 4 步 使用【选择工具】，选中字母“W”，按 Ctrl+B 组合键将其打散，如图 5-44 所示。

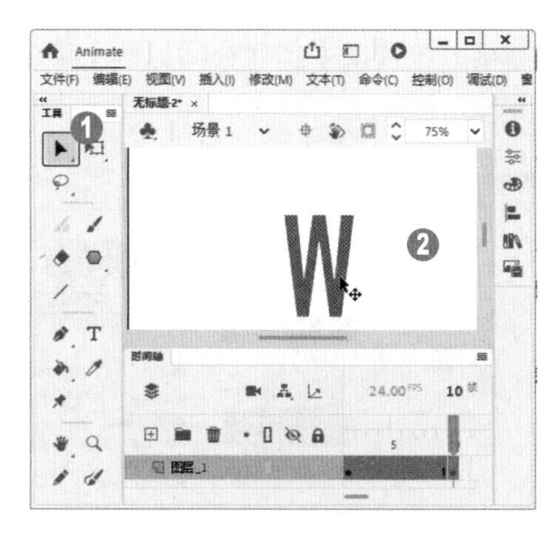

图 5-44

第 6 步 在【时间轴】面板中，第 1 帧和第 10 帧之间将出现浅咖色的背景和黑色的箭头，表示已经生成形状补间动画，如图 5-46 所示。

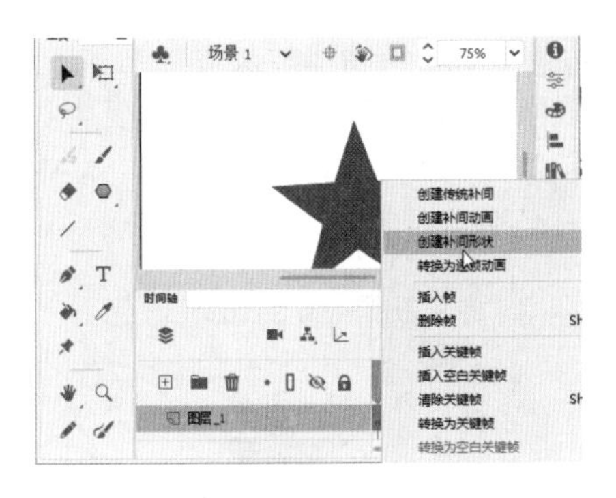

图 5-45

第 7 步 将【时间轴】面板中的播放头放在第 1 帧上，然后选择【修改】→【形状】→【添加形状提示】菜单项，如图 5-47 所示。

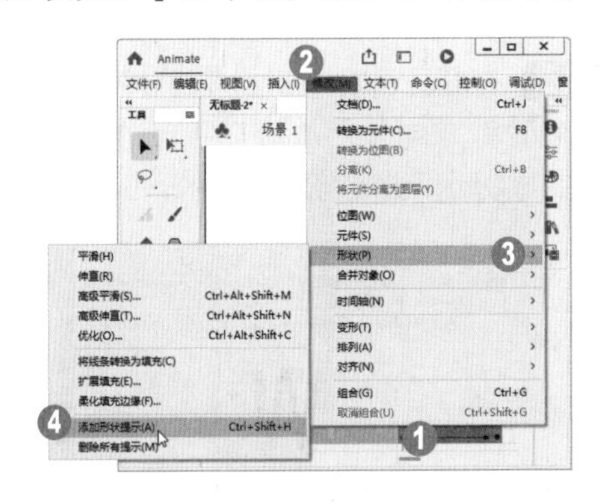

图 5-47

第 9 步 将提示点移动到五角星上方的角点上，如图 5-49 所示。

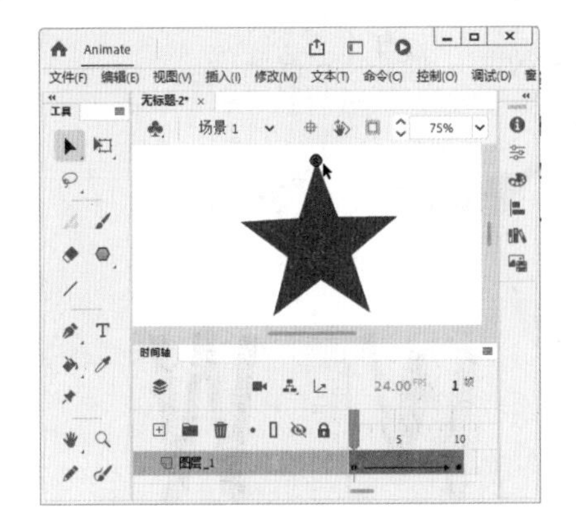

图 5-49

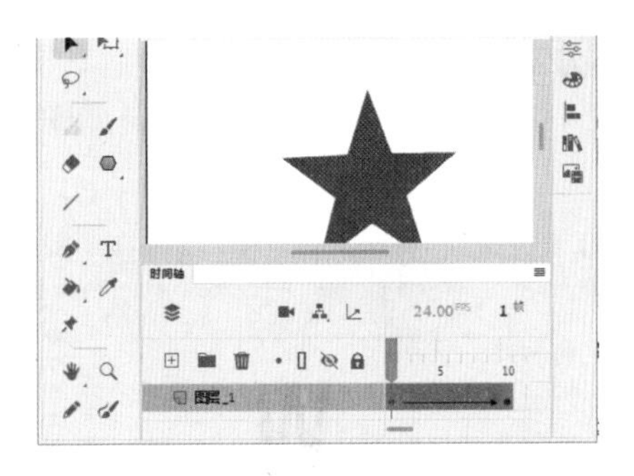

图 5-46

第 8 步 在五角星的中间将出现红色的提示点“a”，图 5-48 所示。

图 5-48

第10步 将【时间轴】面板中的播放头放在第 10 帧上，则第 10 帧的字母上也会出现红色的提示点“a”，如图 5-50 所示。

图 5-50

第11步 将字母上的提示点移动到右下方的边线上，提示点由红色变为绿色，如图 5-51 所示。

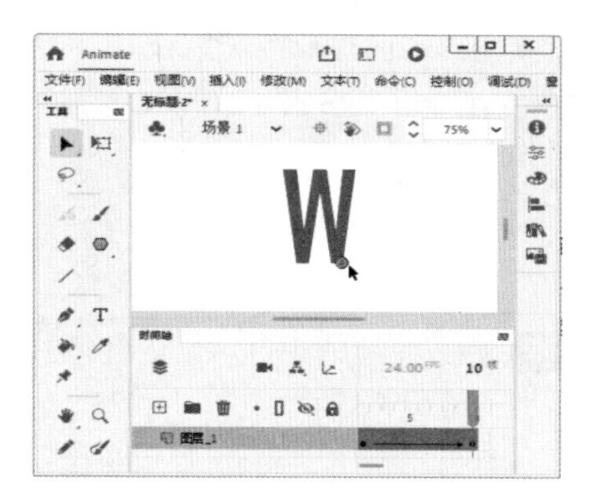

图 5-51

第12步 此时，再将播放头放置在第 1 帧上，可以观察到刚才红色的提示点已变为黄色，这表示第 1 帧中的提示点和第 10 帧中的提示点已经相互对应，如图 5-52 所示。

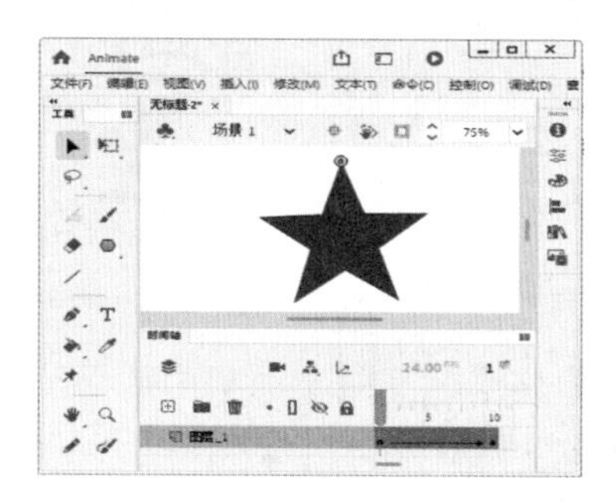

图 5-52

第13步 用相同的方法在第 1 帧的五角星中再添加两个提示点，分别为“b”“c”，并将其放置在五角星的角点上，如图 5-53 所示。

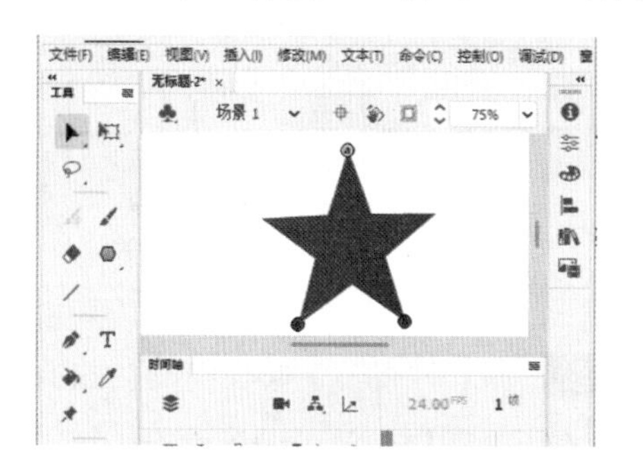

图 5-53

第14步 在第 10 帧中，将提示点按字母顺序和顺时针方向分别放置在字母的边线上，即可完成提示点的设置，如图 5-54 所示。

图 5-54

第15步 按 Enter 键，即可预览最终制作的变形动画效果，如图 5-55 所示。

图 5-55

专家解读

形状提示点一定要按顺时针方向添加，顺序不能错，否则将无法实现预期的效果。在未使用变形提示前，Animate 系统也会自动生成图形变化效果。

5.3.3 课堂范例——制作弹跳动画

通过形状补间可以创建类似于形变的动画效果，可以使一种形状变为另一种形状，如圆变为长方形、长方形变为正方形等。本例将详细介绍利用形状补间制作弹跳动画的操作方法。

<< 扫码获取配套视频课程，本视频课程播放时长约为 2 分 54 秒。

操作步骤

Step by Step

第 1 步 在【新建文档】对话框中，将【宽】设置为 600，【高】设置为 400；【平台类型】选择 ActionScript 3.0 选项，单击【创建】按钮，即可完成本例文档的创建，如图 5-56 所示。

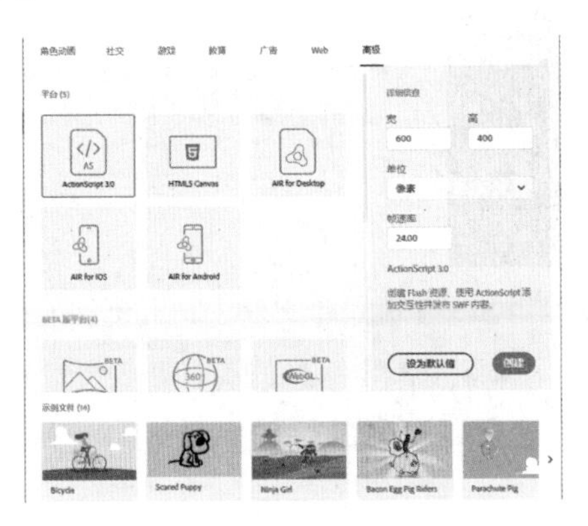

图 5-56

第 2 步 按 Ctrl+J 组合键，弹出【文档设置】对话框，将【舞台颜色】设置为黑色，单击【确定】按钮，即可完成舞台颜色的修改，如图 5-57 所示。

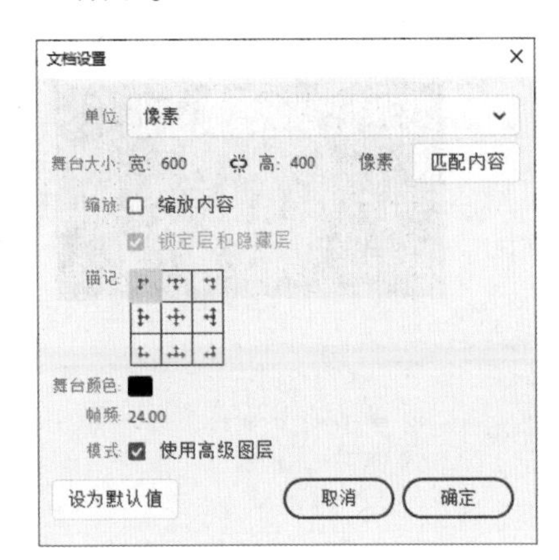

图 5-57

第 3 步 按 Ctrl+F8 组合键，弹出【创建新元件】对话框，在【名称】文本框中输入“粉色”，在【类型】下拉列表框中选择【影片剪辑】选项，单击【确定】按钮，如图 5-58 所示。

第 4 步 此时，舞台窗口也随之转换为影片剪辑元件的舞台窗口，如图 5-59 所示。

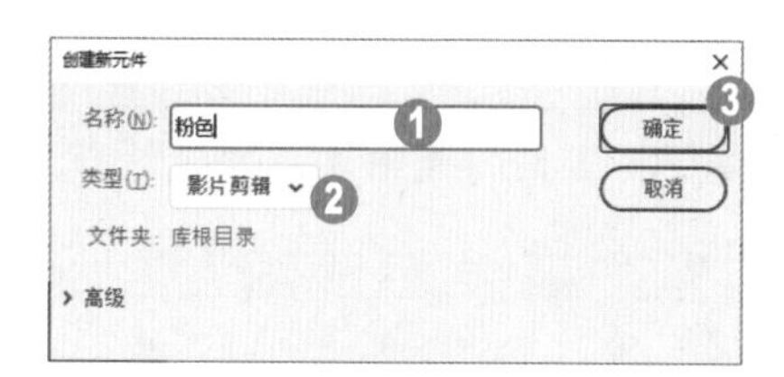

图 5-58

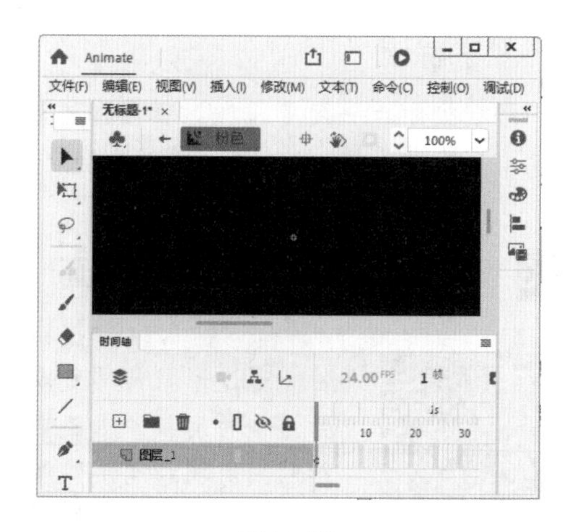

图 5-59

第 5 步 在工具箱中选择【椭圆工具】，将笔触颜色设为无，填充颜色设为粉色，单击工具箱下方的【对象绘制】按钮，按住Shift键的同时，在舞台窗口中绘制一个圆形，如图 5-60 所示。

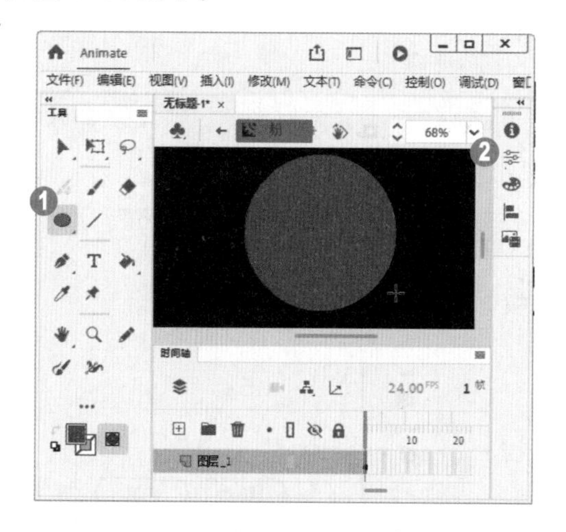

图 5-60

第 6 步 使用【选择工具】选中绘制的圆形，在绘制对象【属性】面板中，将【宽】和【高】均设置为 32，X 和 Y 均设置为 0；按 Ctrl+C 组合键，对其进行复制，如图 5-61 所示。

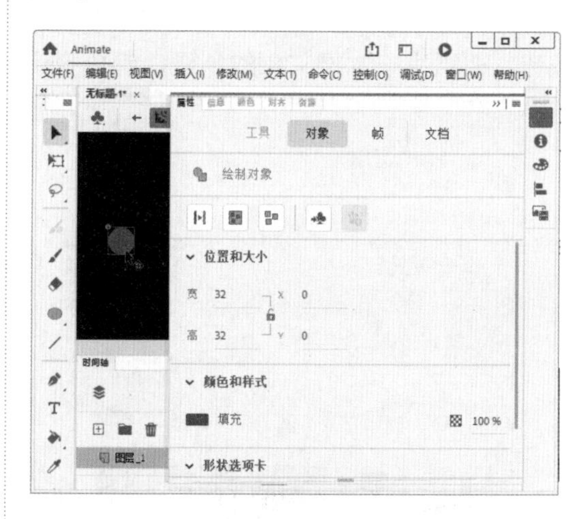

图 5-61

第 7 步 选中【图层 _1】图层的第 15 帧，按 F7 键插入空白关键帧，如图 5-62 所示。

第 8 步 在工具箱中选择【矩形工具】，将笔触颜色设为无，填充颜色设为粉色，按住 Shift 键的同时，在舞台窗口中绘制一个矩形，如图 5-63 所示。

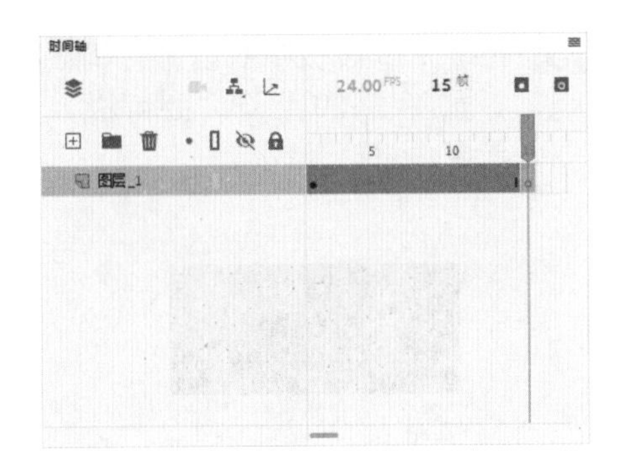

图 5-62

第 9 步 使用【选择工具】选中绘制的矩形，在绘制对象【属性】面板中，将【宽】和【高】均设置为 32，X 设置为 0，Y 设置为 -145，如图 5-64 所示。

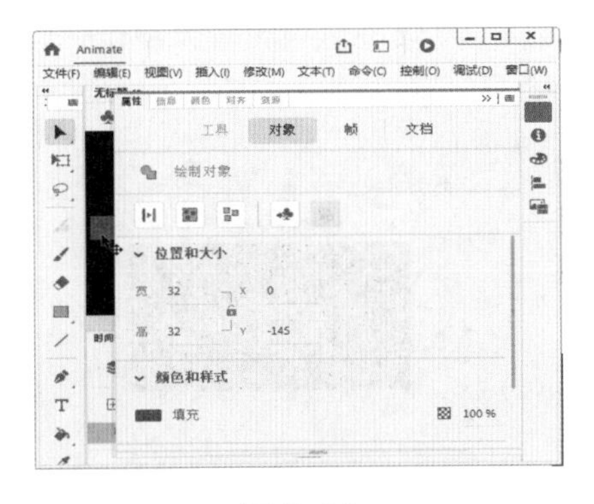

图 5-64

第11步 用鼠标分别右击【图层 _1】图层的第 1 帧、第 15 帧，在弹出的快捷菜单中选择【创建补间形状】菜单项，即可创建形状补间动画，如图 5-66 所示。

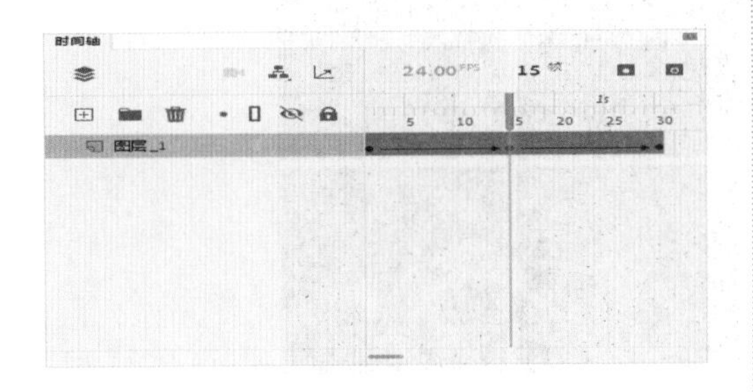

图 5-66

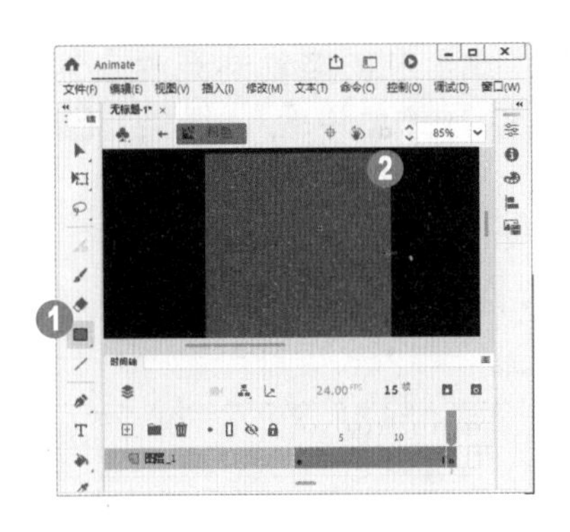

图 5-63

第10步 选中【图层 _1】图层的第 30 帧，按 F7 键插入空白关键帧，按 Ctrl+Shift+V 组合键，即可将复制的图形原位粘贴到第 30 帧的舞台窗口中，如图 5-65 所示。

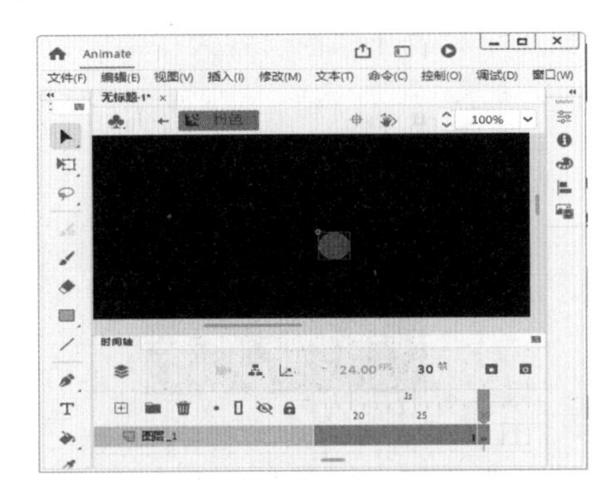

图 5-65

第12步 在【库】面板中右击影片剪辑元件“粉色”，在弹出的快捷菜单中选择【直接复制】菜单项，如图 5-67 所示。

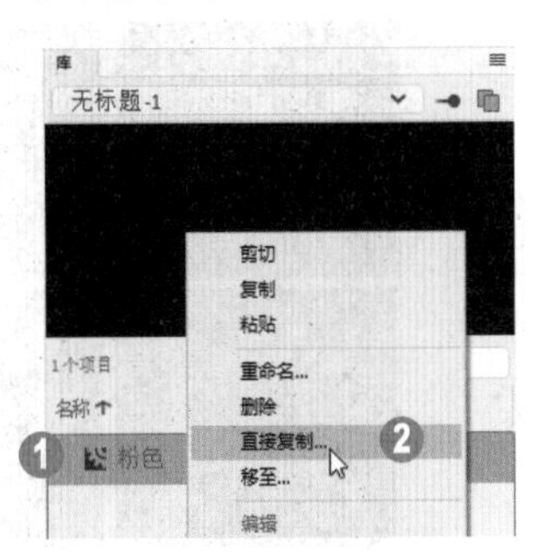

图 5-67

第13步 弹出【直接复制元件】对话框，❶在【名称】文本框中输入“绿色”，❷单击【确定】按钮，即可新建影片剪辑元件“绿色”，如图 5-68 所示。

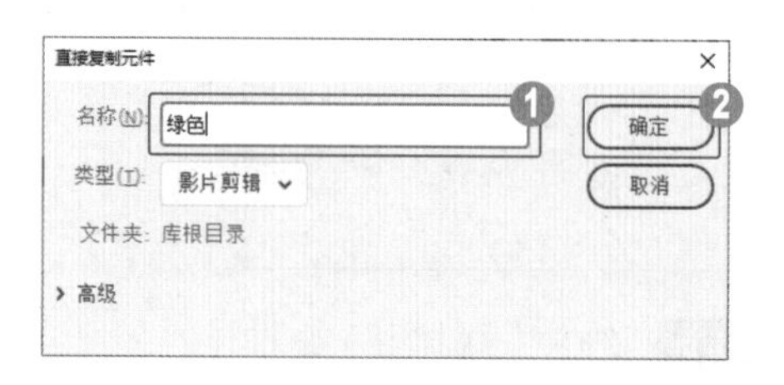

图 5-68

第14步 在【库】面板中双击影片剪辑元件“绿色”，如图 5-69 所示，即可进入影片剪辑元件的舞台窗口。

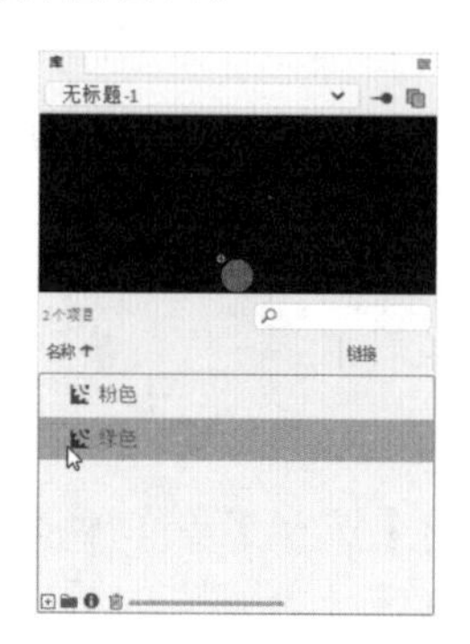

图 5-69

第15步 选中【图层_1】图层的第 1 帧，在工具箱中将填充颜色设置为绿色，效果如图 5-70 所示。

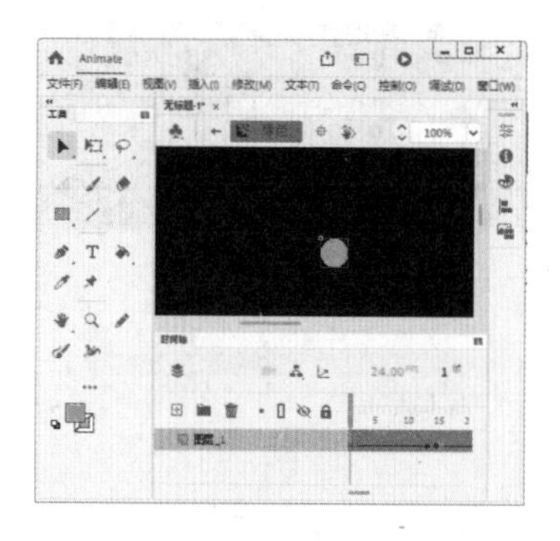

图 5-70

第16步 选中【图层_1】图层的第 15 帧，在工具箱中将填充颜色设置为绿色，效果如图 5-71 所示。

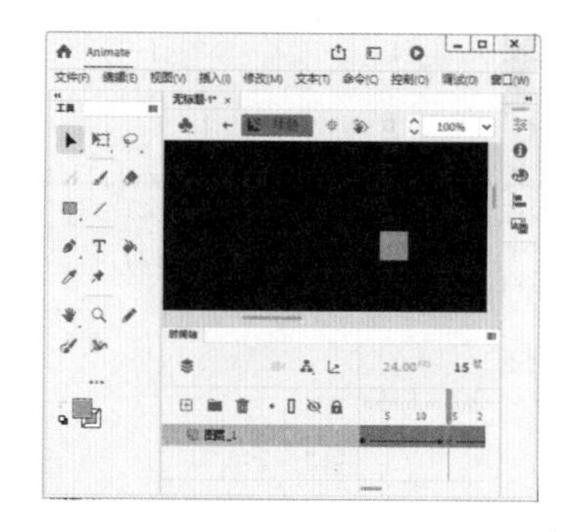

图 5-71

第17步 此时按 Enter 键即可预览最终制作的弹跳动画效果，如图 5-72 所示。

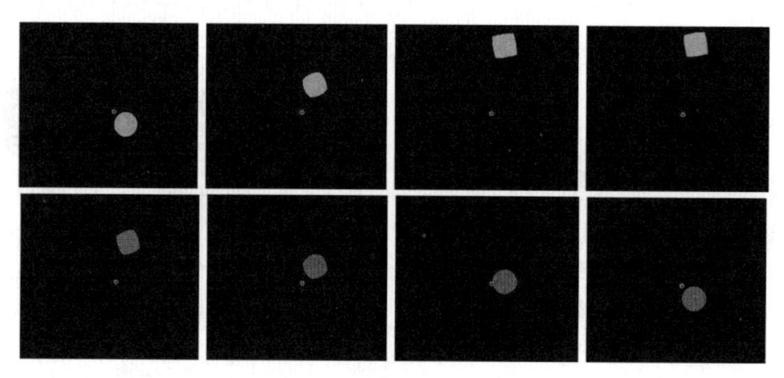

图 5-72

5.4 动作补间动画

动作补间动画所处理的对象必须是舞台上的组件实例、多个图形的组合、文字、导入的素材对象。利用这种动画，可以实现上述对象的大小、位置、旋转、颜色及透明度等的变化效果。本节将详细介绍动作补间动画的相关知识及操作方法。

5.4.1 创建补间动画

补间动画是一种使用元件的动画，可以对元件进行位移、大小、旋转、透明和颜色等方面的动画设置。下面详细介绍创建补间动画的操作方法。

操作步骤 Step by Step

第 1 步 新建一个空白文档，在菜单栏中选择【插入】→【新建元件】菜单项，如图 5-73 所示。

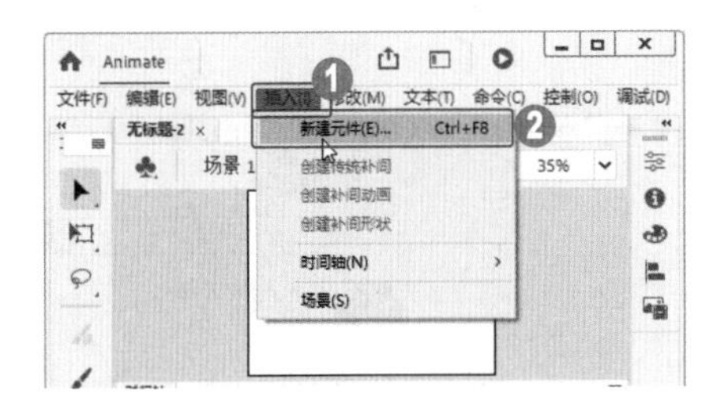

图 5-73

第 2 步 弹出【创建新元件】对话框，❶ 在文本框中输入元件名称，❷在【类型】下拉列表框中选择【图形】选项，❸单击【确定】按钮，如图 5-74 所示。

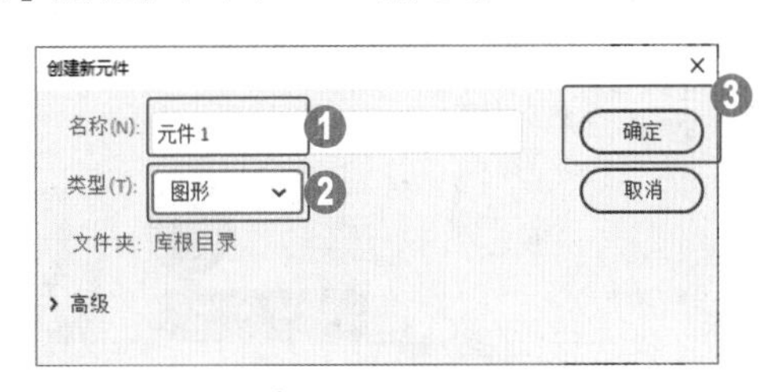

图 5-74

第 3 步 进入元件编辑窗口，❶在工具箱中单击【椭圆工具】按钮，❷在舞台中绘制一个圆形，如图 5-75 所示。

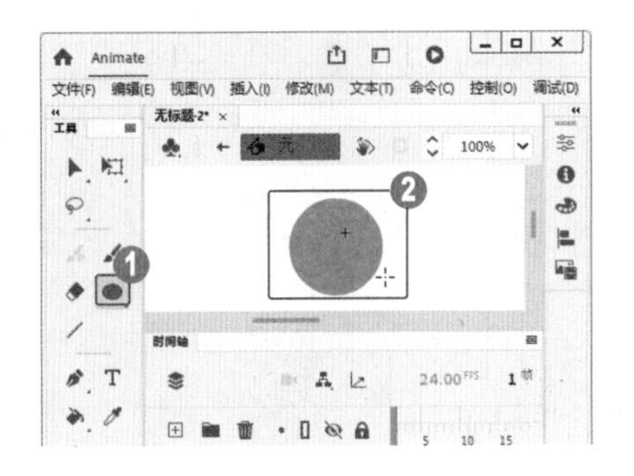

图 5-75

第 4 步 在【编辑栏】中单击←按钮，返回到舞台，如图 5-76 所示。

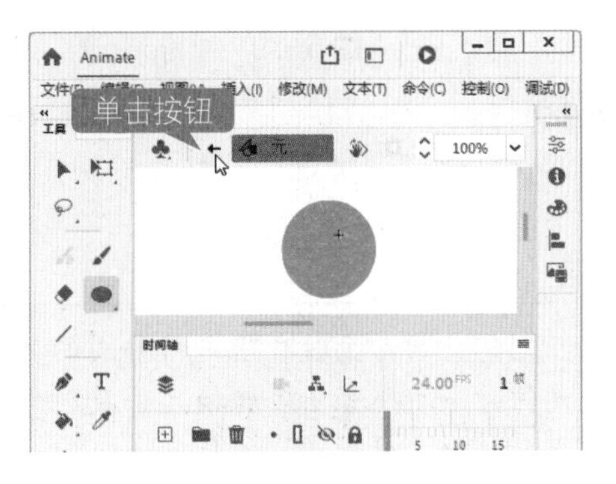

图 5-76

第 5 步 打开【库】面板，选中创建的元件，将其拖曳至舞台，如图 5-77 所示。

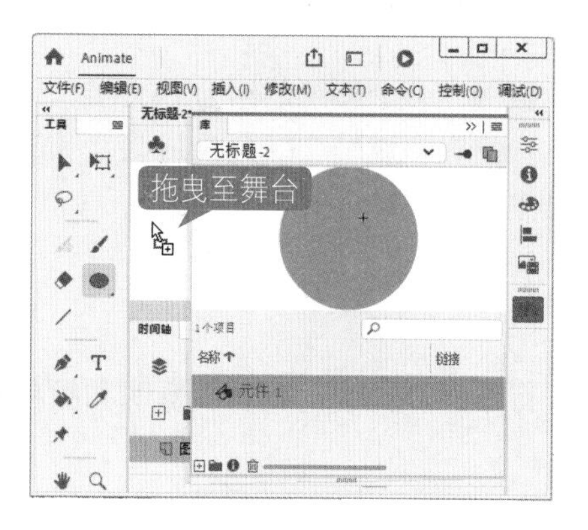

图 5-77

第 6 步 在【时间轴】面板中，选中第 15 帧，在键盘上按 F6 键插入关键帧，如图 5-78 所示。

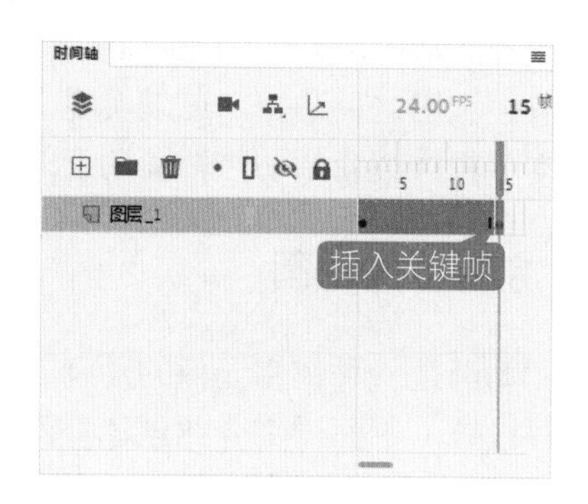

图 5-78

第 7 步 选中第 15 帧，在舞台中单击鼠标左键选择元件，并拖动至其他位置，如图 5-79 所示。

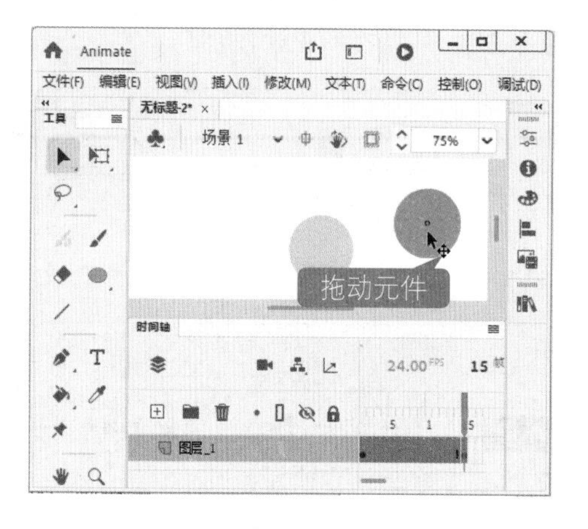

图 5-79

第 8 步 在【时间轴】面板中，❶选中第 1 帧～第 15 帧之间的任意帧，并右击，❷在弹出的快捷菜单中选择【创建补间动画】菜单项，如图 5-80 所示。

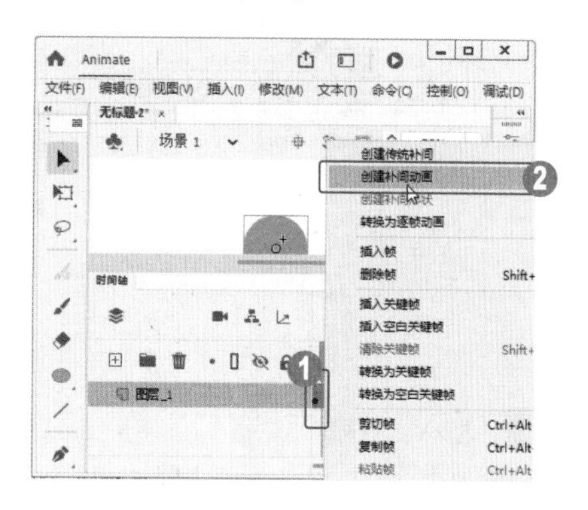

图 5-80

第 9 步 按 Ctrl+Enter 组合键测试动画效果，这样即可完成创建补间动画的操作，如图 5-81 所示。

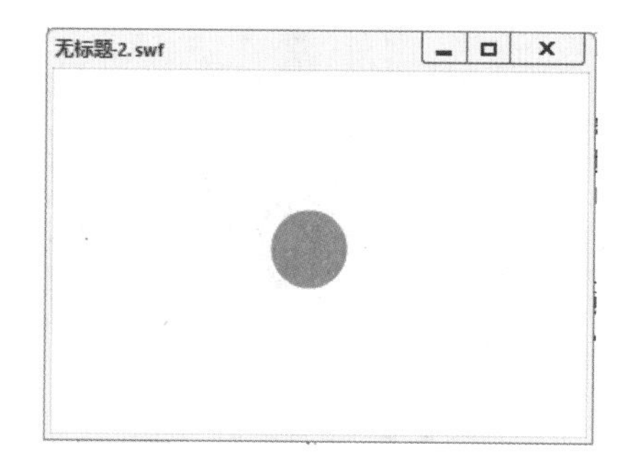

图 5-81

■ 指点迷津

在创建补间动画时，当进行补间的对象不是元件时，系统会出现转换元件及创建补间的提示，单击【确定】按钮即可。

5.4.2 创建传统补间动画

传统补间动画又称为渐变动画或中间帧动画等。传统补间动画适用于设置图层中元件的各种属性，包括元件的位置、大小、旋转角度和改变色彩等，可为这些属性建立一个变化的运动关系。下面详细介绍创建传统补间动画的操作方法。

操作步骤 Step by Step

第 1 步 新建一个空白文档，❶在工具箱中单击【椭圆工具】按钮，❷在舞台绘制一个椭圆形，如图 5-82 所示。

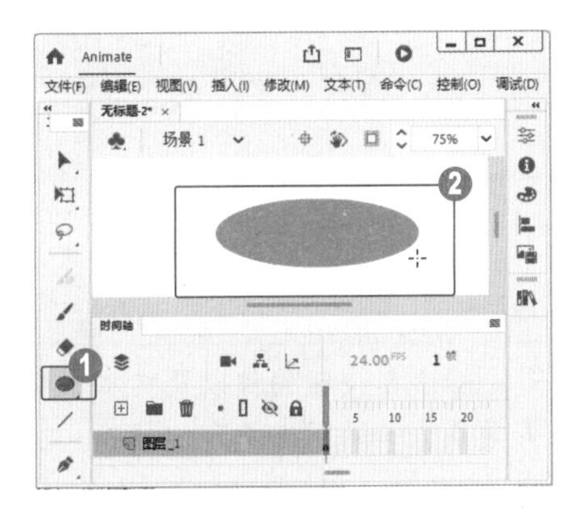

图 5-82

第 2 步 在【时间轴】面板中选中第 15 帧，在键盘上按 F6 键插入关键帧，如图 5-83 所示。

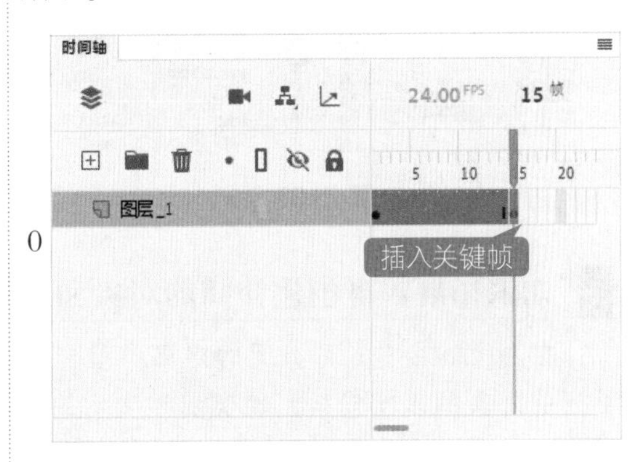

图 5-83

第 3 步 返回到工具箱中，❶单击【部分选取工具】按钮，❷在舞台中单击鼠标左键选中图形，如图 5-84 所示。

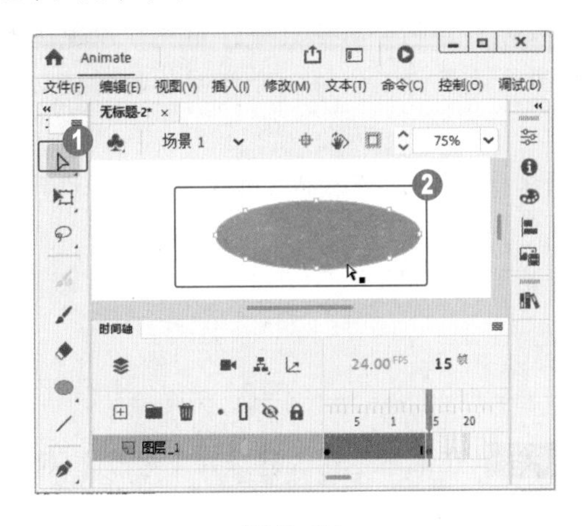

图 5-84

第 4 步 在图形的周围出现锚点，单击鼠标选中锚点，并进行拖动，对图形进行变形操作，如图 5-85 所示。

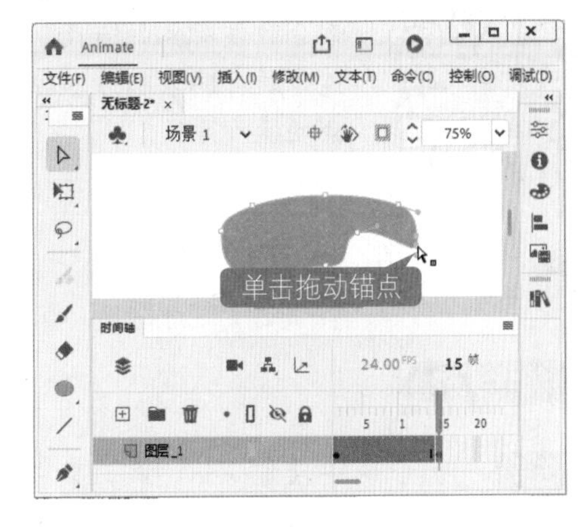

图 5-85

第 5 步 在【时间轴】面板中，❶选中第 1 帧～第 15 帧之间的任意帧，单击鼠标右键，❷在弹出的快捷菜单中选择【创建传统补间】菜单项，如图 5-86 所示。

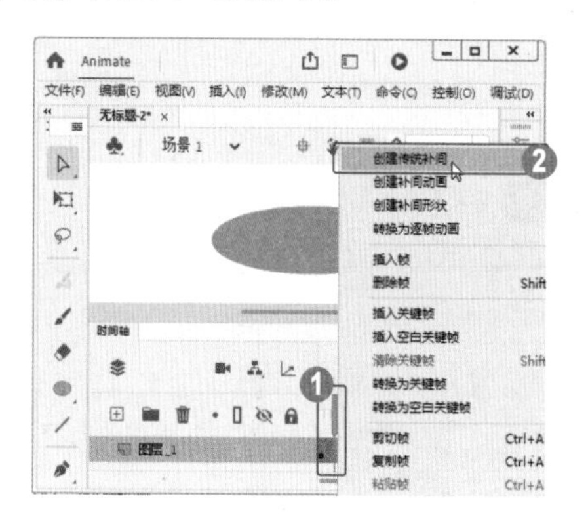

图 5-86

第 6 步 按 Ctrl+Enter 组合键测试效果，这样即可完成创建传统补间动画的操作，如图 5-87 所示。

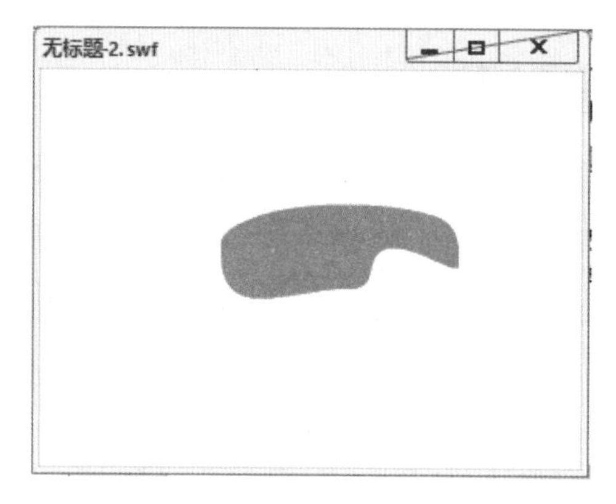

图 5-87

知识拓展：可创建补间的对象和属性

在 Animate 中，可补间的对象类型包括影片剪辑、图形和按钮元件以及文本字段。可补间的对象的属性包括元件实例和文本的位置、色彩效果、倾斜、缩放和旋转等。注意，要将文本转换为元件，才能补间色彩效果。

5.4.3 课堂范例——制作时钟摆动动画

传统补间动画在 Animate 中依然是一种重要的动画形式，适用于大部分时候对象的缩放、旋转、移动及变色等动画效果，用户可以通过创建传统补间来制作各种各样的动画效果。本例详细介绍制作时钟摆动动画的操作方法。

<< 扫码获取配套视频课程，本视频课程播放时长约为 1 分 35 秒。

配套素材路径：配套素材/第5章

素材文件名称：时钟摆动.fla

操作步骤

Step by Step

第 1 步 打开“时钟摆动.fla”素材文件，❶在工具箱中单击【选择工具】按钮 ▶，❷在舞台中选择钟摆图形，如图 5-88 所示。

第 2 步 在菜单栏中，❶选择【修改】菜单，❷在弹出的下拉菜单中选择【转换为元件】菜单项，如图 5-89 所示。

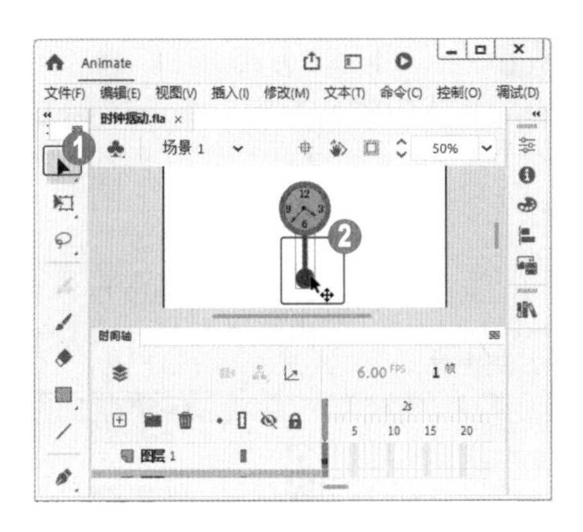

图 5-88

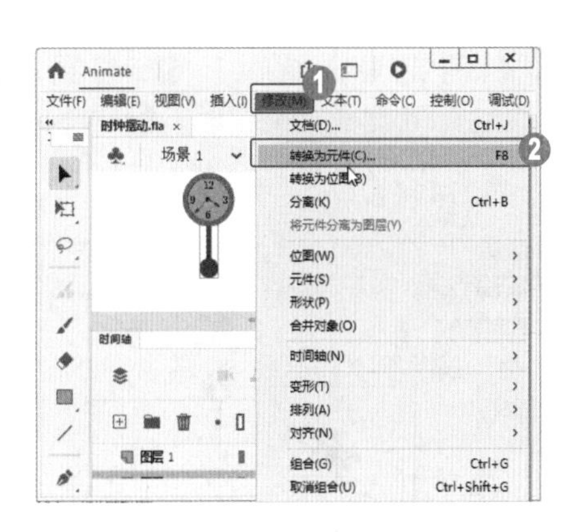

图 5-89

第 3 步 弹出【转换为元件】对话框，❶在【名称】文本框中输入元件名称“钟摆”，❷在【类型】下拉列表框中选择【图形】选项，❸单击【确定】按钮，如图 5-90 所示。

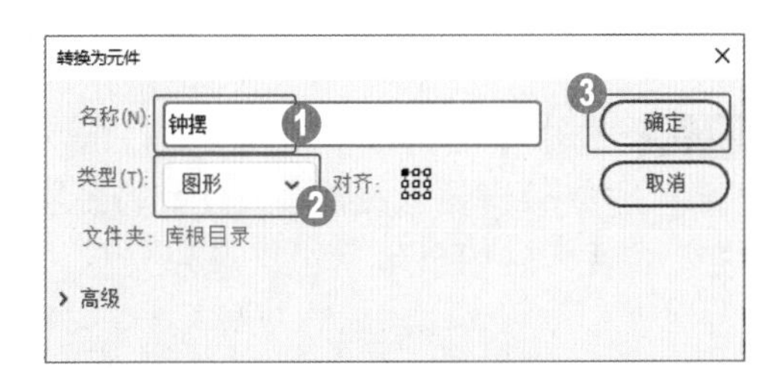

图 5-90

第 4 步 在工具箱中，❶单击【任意变形工具】按钮，❷单击鼠标选中元件的中心点将其移至钟摆的上方，如图 5-91 所示。

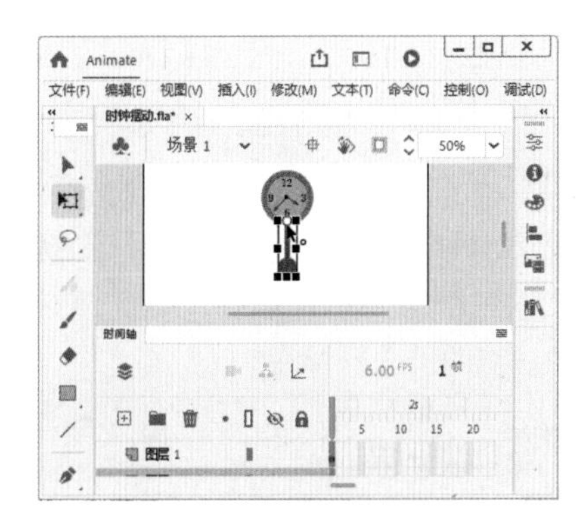

图 5-91

第 5 步 在【时间轴】面板中，选中【图层 2】图层的第 10 帧，在键盘上按 F6 键插入关键帧，如图 5-92 所示。

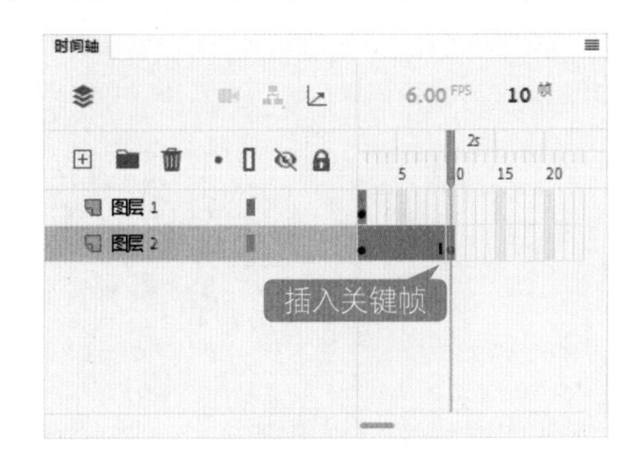

图 5-92

第 6 步 在舞台中，调整钟摆的角度，如图 5-93 所示。

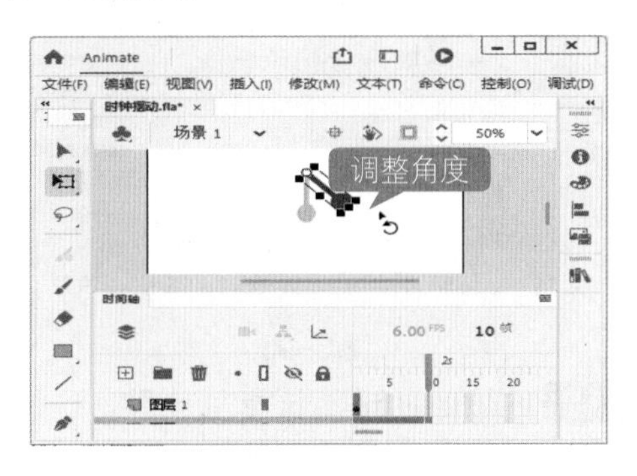

图 5-93

第 7 步 在【时间轴】面板中，❶选中第 20 帧，在键盘上按 F6 键插入关键帧，❷调整钟摆的角度，如图 5-94 所示。

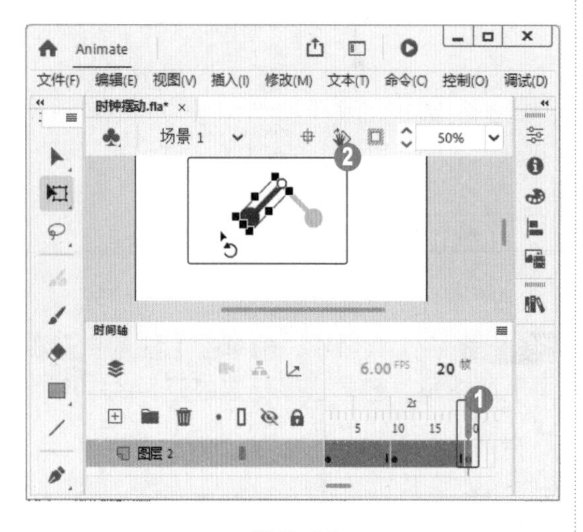

图 5-94

第 8 步 在【时间轴】面板中，❶选中第 1 帧～第 10 帧中的任意帧，单击鼠标右键，❷在弹出的快捷菜单中，选择【创建传统补间】菜单项，如图 5-95 所示。

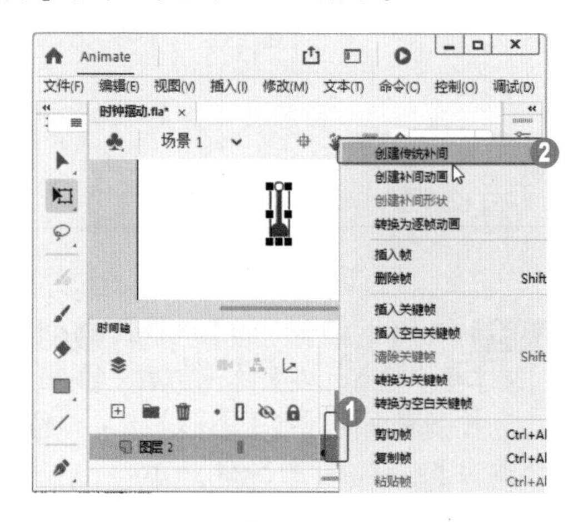

图 5-95

第 9 步 在【时间轴】面板中，❶选中第 10 帧～第 20 帧中的任意帧，单击鼠标右键，❷在弹出的快捷菜单中，选择【创建传统补间】菜单项，如图 5-96 所示。

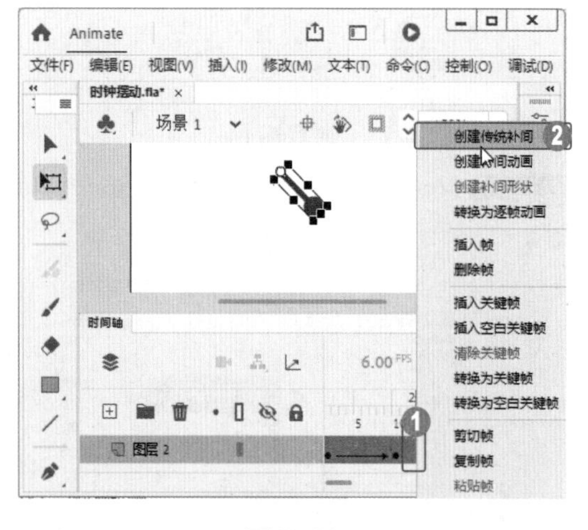

图 5-96

第10步 选中【图层 1】图层的第 20 帧，在键盘上按 F6 键插入关键帧，使其与图层 2 对齐，如图 5-97 所示。

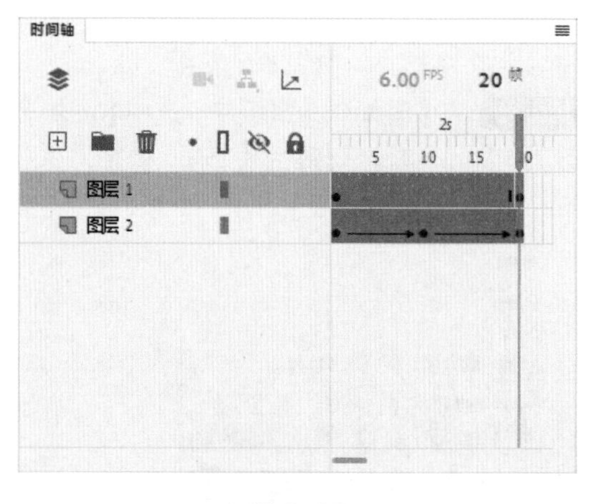

图 5-97

第11步 按 Enter 键测试影片效果，这样即可完成制作时钟摆动动画的操作，如图 5-98 所示。

图 5-98

5.5 实战课堂——制作合并动画

在 Animate 中，用户可以将两个补间范围动画合并为一个动画，还可以将合并的补间范围转换为逐帧动画。本例详细介绍制作合并动画的操作方法。

<< 扫码获取配套视频课程，本视频课程播放时长约为 1 分 40 秒。

操作步骤 Step by Step

第 1 步 新建一个空白文档，在工具箱中单击【文字工具】按钮 T，打开【属性】面板，设置字体、大小、颜色等属性后，在舞台中单击鼠标左键，在出现的文字输入框中输入数字“3”，如图 5-99 所示。

图 5-99

第 2 步 在【时间轴】面板中，❶选择第 10 帧，在键盘上按 F6 键插入关键帧，❷将文本框中的文本更改为“2”，如图 5-100 所示。

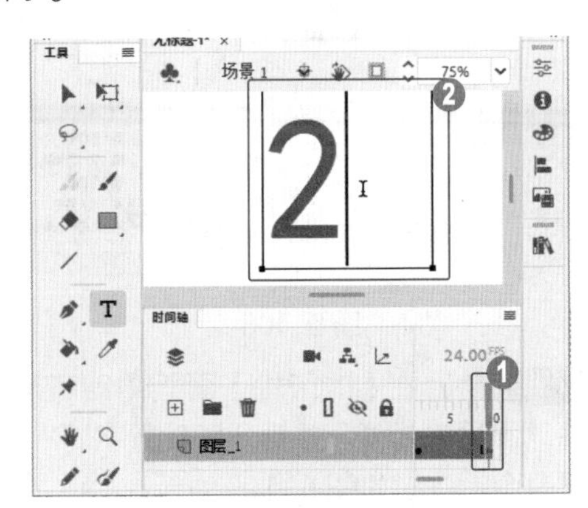

图 5-100

第 3 步 在【时间轴】面板中，❶选择第 20 帧，在键盘上按 F6 键插入关键帧，❷将文本框中的文本更改为“1”，如图 5-101 所示。

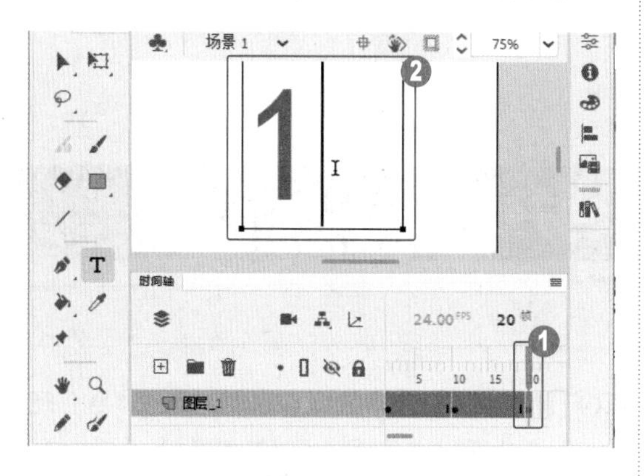

图 5-101

第 4 步 在【时间轴】面板中，❶选中第 1 帧～第 10 帧中的任意帧，单击鼠标右键，❷在弹出的快捷菜单中，选择【创建补间动画】菜单项，如图 5-102 所示。

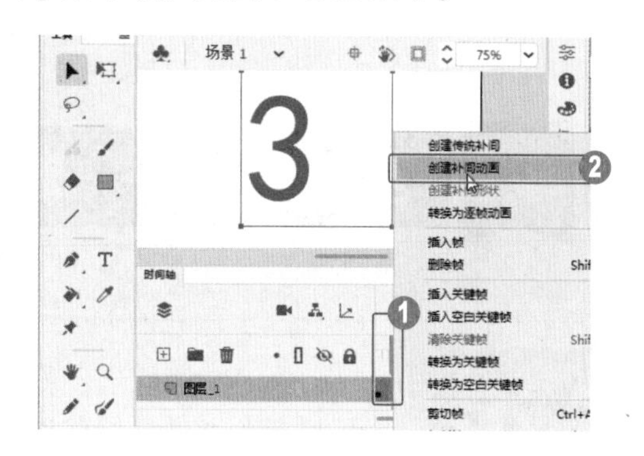

图 5-102

第 5 步 在【时间轴】面板中，❶选中第 10 帧～第 15 帧中的任意帧，单击鼠标右键，❷在弹出的快捷菜单中，选择【创建补间动画】菜单项，如图 5-103 所示。

图 5-103

第 6 步 在【时间轴】面板中，❶选中连续的两个补间范围，单击鼠标右键，❷在弹出的快捷菜单中，选择【合并动画】菜单项，如图 5-104 所示。

图 5-104

第 7 步 此时在【时间轴】面板中即可看到合并动画后的效果，并且会发现数字“2”的效果也会消失，如图 5-105 所示。

第 8 步 在【时间轴】面板中，选中第 1 帧～第 15 帧中的任意帧，单击鼠标右键，在弹出的快捷菜单中，依次选择【转换为逐帧动画】→【每帧设为关键帧】菜单项，如图 5-106 所示。

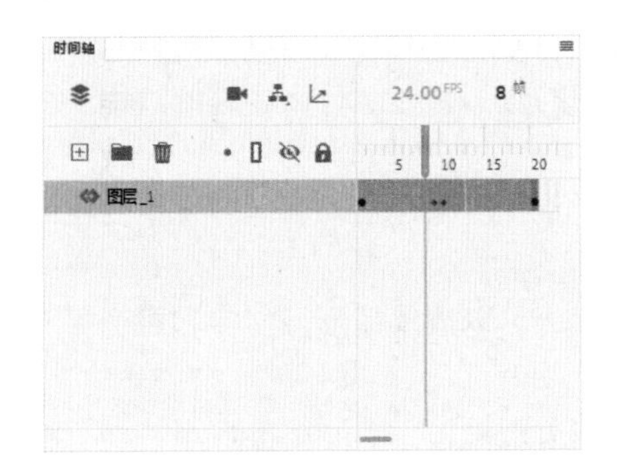

图 5-105

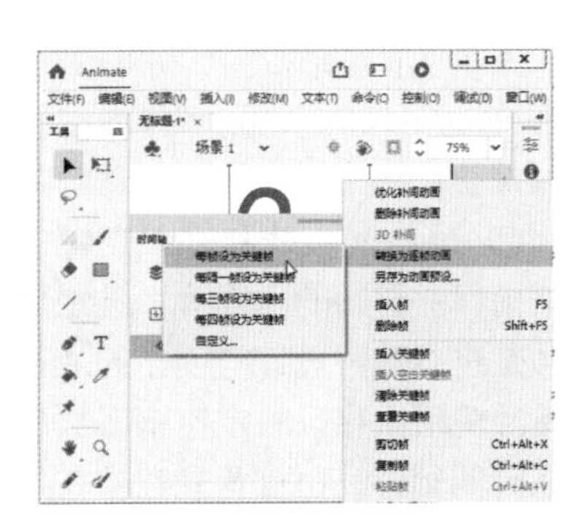

图 5-106

第 9 步 此时，在【时间轴】面板中可以看到已经将补间动画转换为逐帧动画，如图 5-107 所示。

第10步 按 Ctrl+Enter 组合键测试影片效果，这样即可完成制作合并动画的操作，如图 5-108 所示。

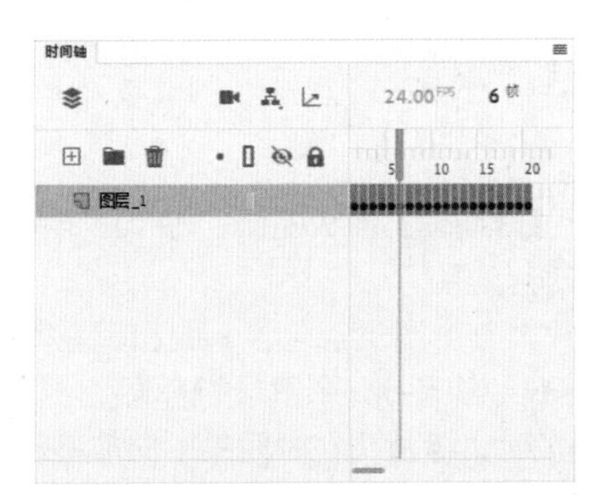

图 5-107

图 5-108

5.6 思考与练习

通过本章的学习，读者可以掌握制作基本动画的基本知识以及一些常见的操作方法。本节将针对本章知识点，有目的地进行相关知识测试，以达到巩固与提高的目的。

一、填空题

1. 在 Animate 中，________ 主要用于组织和控制一定时间内在图层和帧中的内容。

2. 【时间轴】面板是创建与设计动画的基本面板，时间轴中的每一个方格称为一个帧，________ 是 Animate 中计算时间的基本单位。

3. 图层按它们互相重叠的顺序堆叠在一起，使得位于【时间轴】面板下方图层上的对象在舞台上显示时将出现在 ________。

4. 在【时间轴】面板的上方显示帧的编号和时间，________ 指示出当前舞台中显示的帧。

5. 在 Animate 中，动画制作的过程就是决定动画的每一帧显示什么内容的过程。用户可以像绘制传统动画一样自己绘制动画的每一帧，即 ________。

6. 因为 Animate 只支持在关键帧中绘画或插入对象，所以，当动画内容发生变化而又不希望延续前面关键帧的内容时，就需要插入 ________。

7. 帧是进行动画设计与创作的最基本的单位，帧上可以放置图形、文字和声音等对象，多个帧按照先后次序以一定速率播放形成 ________。

8. 在时间轴中，白色背景且带有黑圈的帧为空白关键帧。

9. 在时间轴中，若帧上出现 ________，则表示是未完成或中断了的补间动画，虚线表示不能够生成补间帧。

10. ________ 是一种使用元件的动画，可以对元件进行位移、大小、旋转、透明和颜色等方面的动画设置。

11. ________ 适用于设置图层中元件的各种属性，包括元件的位置、大小、旋转角度和改变色彩等，可为这些属性建立一个变化的运动关系。

二、判断题

1. 图层就像堆叠在一起的多张幻灯片一样，位于【时间轴】面板左侧，每个图层都有自己的时间轴，位于图层的右侧，包含了该图层动画的所有帧。（ ）

2. 可以把图层看作堆叠在彼此上面的多个幻灯片，每个图层都包含一幅出现在舞台上的不同图像，可以在一个图层上绘制和编辑对象，而不会影响另一个图层的对象。（ ）

3. Animate 文档以秒为单位度量时间，在影片播放时，播放头在时间轴中向前移动。在帧区域中，顶部的数字是帧的编号，播放头指示了舞台中当前显示的帧。（ ）

4. 在【时间轴】面板底部，Animate 会显示所选的帧编号、当前帧频以及当前在影片中所流逝的时间。（ ）

5. 医学证明，人类具有视觉暂留的特点，即在人眼看到物体或画面后，物体或画面的成像在 1/24 秒内不会消失。（ ）

6. 每秒显示的帧数叫帧率，如果帧率太慢就会给人造成视觉上不流畅的感觉。所以，按照人的视觉原理，一般将动画的帧率设为 26 帧 / 秒。（ ）

7. 关键帧用于描绘动画的起始帧和结束帧。当动画内容发生变化时必须插入关键帧，但是逐帧动画不需要为每个画面创建关键帧。（ ）

8. 在 Animate 软件中制作每一个关键帧中的内容，从而创建逐帧动画，逐帧动画的特点是具有很好的灵活性，可以制作出比较逼真的细腻的人物或动物的行为动作。（ ）

三、简答题

1. 如何创建逐帧动画？

2. 如何创建简单形状补间动画？

第6章

图层与高级动画

- 图层的操作
- 引导层动画
- 遮罩层动画
- 骨骼动画
- 场景动画

本章主要介绍图层的操作、引导层动画、遮罩层动画、骨骼动画方面的知识与技巧，在本章的最后还针对实际工作需求，讲解制作场景动画的方法。通过本章的学习，读者可以掌握图层与高级动画方面的知识，为深入学习Animate 2022动画设计与制作知识奠定基础。

6.1 图层的操作

图层是设计与创建动画的基础，在动画设计与创作中，图层的作用和卡通片制作中透明纸的作用相似，通过在不同的图层放置相应的元件，再将它们重叠在一起，可以获得层次丰富、变化多样的动画效果。本节将详细介绍图层的相关知识及操作方法。

6.1.1 图层的原理与类型

在 Animate 中，可以将图层看作重叠在一起的多张透明胶片。当图层上没有任何对象时，可以透过上面的图层看到下面图层上的内容，在不同的图层上可以编辑不同的元件。新建一个文档后，系统会自动生成一个图层，默认状态下为“图层 1”。对于图层的操作主要是在图层控制区进行，图层控制区位于时间轴左侧，如图 6-1 所示。在图层控制区中可实现增加图层、删除图层、隐藏图层以及锁定图层等操作。

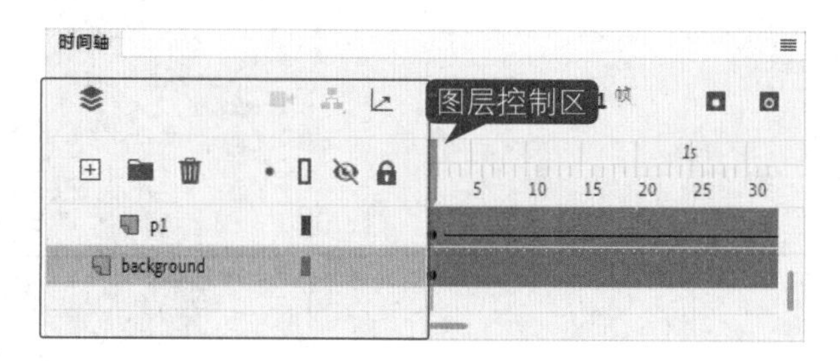

图 6-1

在 Animate 中，每一个图层都是相互独立的，都有自己的时间轴，包含自己独立的多个帧，当修改某一个图层时，另一个图层上的对象不会受到影响。图层的类型主要有普通层、引导层和遮罩层等多种类型。

1. 普通层

打开 Animate 2022 软件，新建一个文档，系统默认状态下的图层即为普通层，如图 6-2 所示。

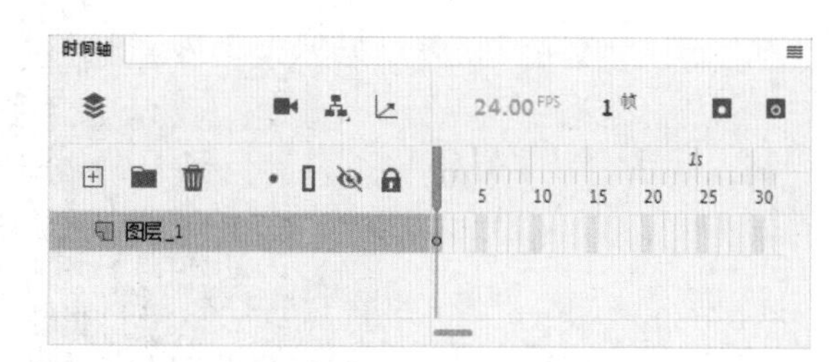

图 6-2

2. 引导层

在 Animate 2022 中，新建文档，在【图层 _1】图层中创建一个传统补间动画，选中【图层 _1】图层，然后右击，在弹出的快捷菜单中选择【添加传统运动引导层】菜单项。此时，【图层 _1】图层上方会出现引导层，引图层的图标为，在它下面的图层中的对象将被引导，如图 6-3 所示。

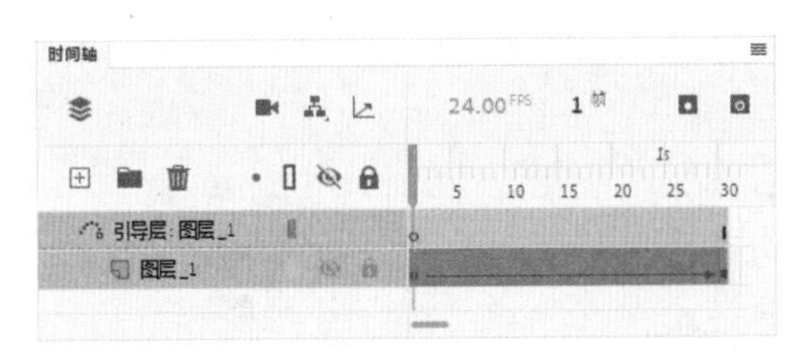

图 6-3

3. 遮罩层

在 Animate 2022 中，新建文档，在【图层 _1】图层中创建一个传统补间动画，单击【新建图层】按钮，新建一个“图层 _2”。在【图层 _2】图层中创建一个图形对象或文本，右击【图层 _2】图层，在弹出的快捷菜单中选择【遮罩层】菜单项。遮罩层的图标为，被遮罩的图层图标为。创建完成的遮罩层如图 6-4 所示。

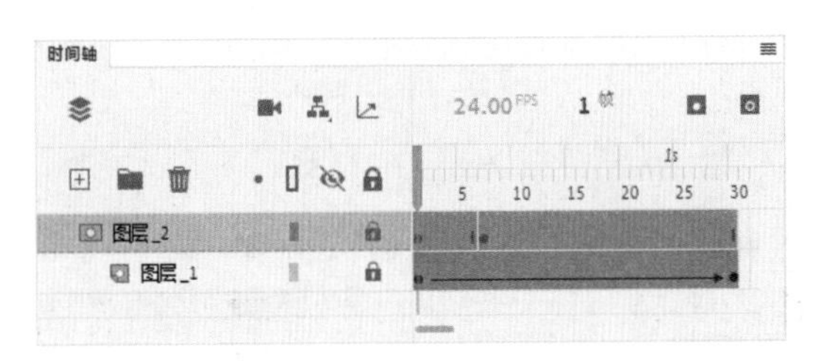

图 6-4

6.1.2 图层的基本操作

在 Animate 中，图层的基本操作在制作动画的过程中是必不可少的，用户可以对图层进行新建与选择图层、重命名图层、调整图层排列顺序、复制图层、删除图层等操作。下面将详细介绍这些图层的基本操作。

1. 新建与选择图层

在使用图层之前，用户需要先创建或选择图层才能进行其他操作，下面详细介绍新建与选择图层的操作方法。

操作步骤

Step by Step

第 1 步 新建一个空白文档，在【时间轴】面板中单击【新建图层】按钮⊞，如图 6-5 所示。

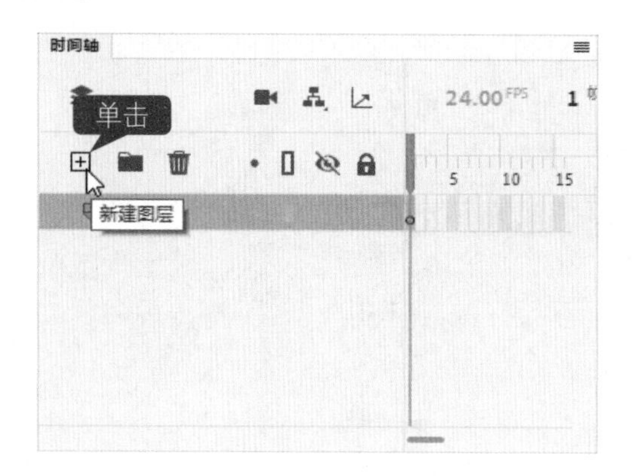

图 6-5

第 2 步 名为“图层 _2”的新图层出现在面板中，这样即可完成新建图层的操作，如图 6-6 所示。

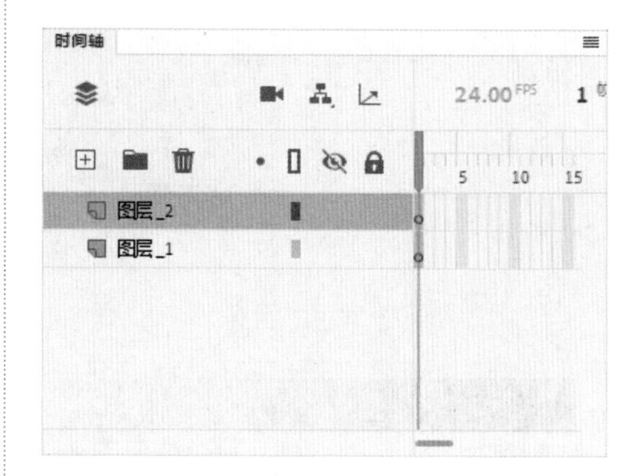

图 6-6

第 3 步 在【时间轴】面板中，在要选择的图层名称上单击鼠标左键，即可完成选择图层的操作，如图 6-7 所示。

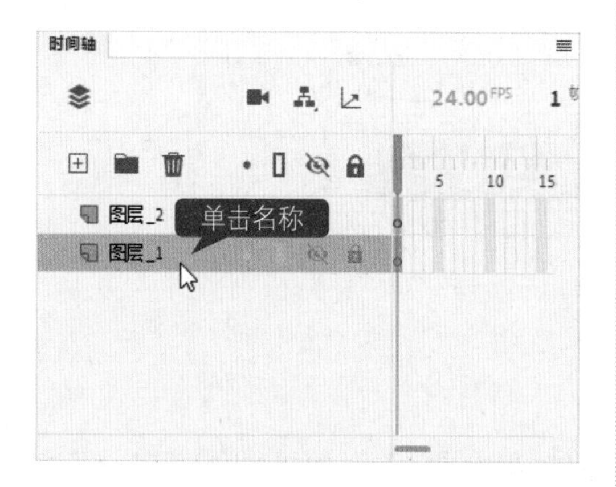

图 6-7

第 4 步 在【时间轴】面板中，在要选择的图层的任意帧上单击鼠标左键，也可以完成选择图层的操作，如图 6-8 所示。

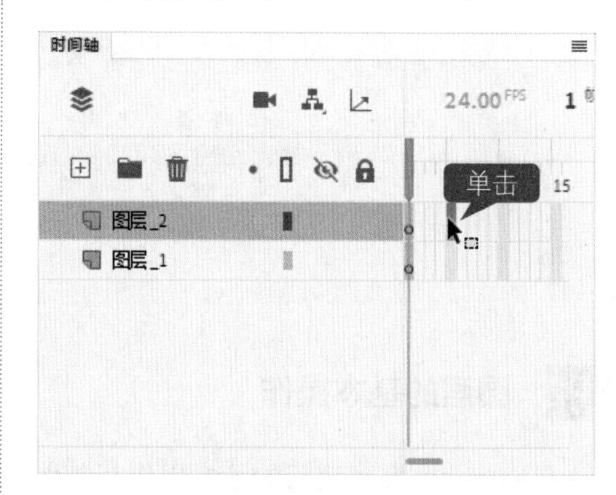

图 6-8

知识拓展：通过菜单栏创建图层

在 Animate 中，除了在【时间轴】面板中单击【新建图层】按钮⊞创建图层外，还可以在菜单栏中选择【插入】菜单，在弹出的下拉菜单中选择【时间轴】→【图层】菜单项来创建图层。

2. 重命名图层

在动画设计与创作中，时间轴中的图层会越来越多，查找某个具体的图层比较烦琐。为了便于查找需要的图层，可以对图层进行重命名。下面详细介绍重命名图层的操作方法。

操作步骤 Step by Step

第 1 步 在【时间轴】面板中，❶选择准备重命名的图层并单击鼠标右键，❷在弹出的快捷菜单中选择【属性】菜单项，如图 6-9 所示。

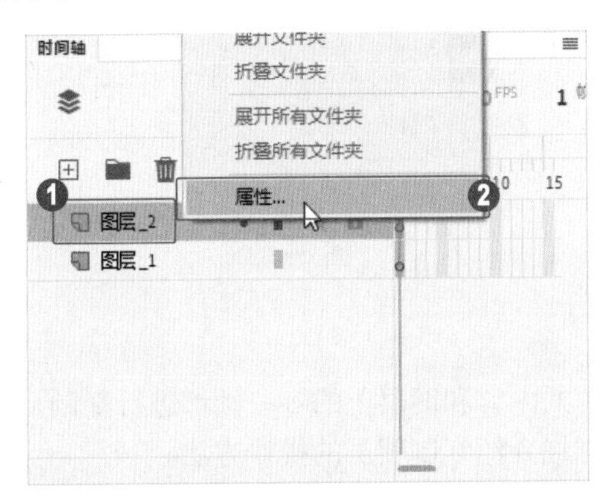

图 6-9

第 2 步 弹出【图层属性】对话框，❶在【名称】文本框中输入新的图层名称，❷单击【确定】按钮，如图 6-10 所示。

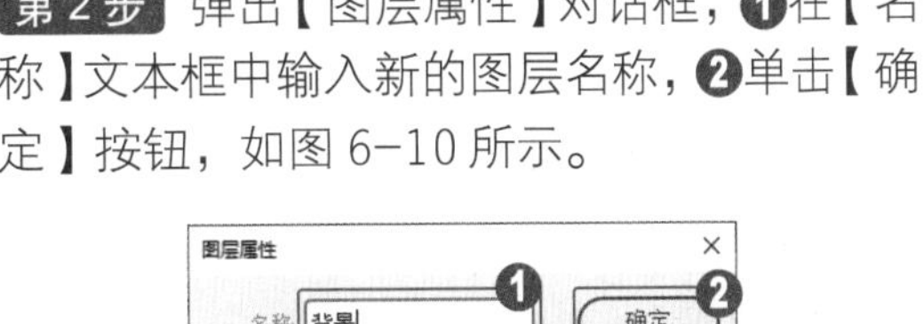

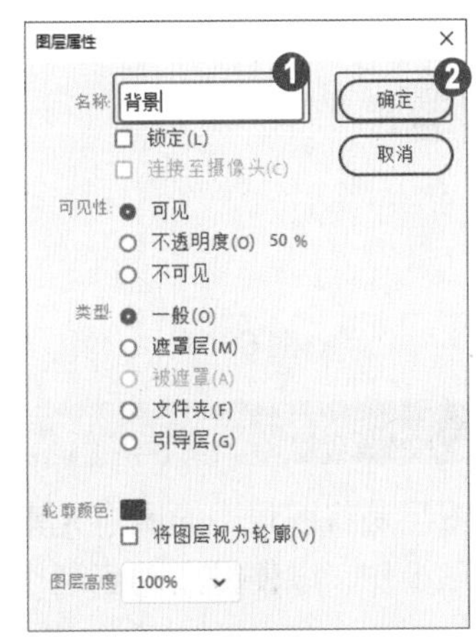

图 6-10

第 3 步 返回到【时间轴】面板中，可以看到已经将图层重命名为“背景”，这样即可完成重命名图层的操作，如图 6-11 所示。

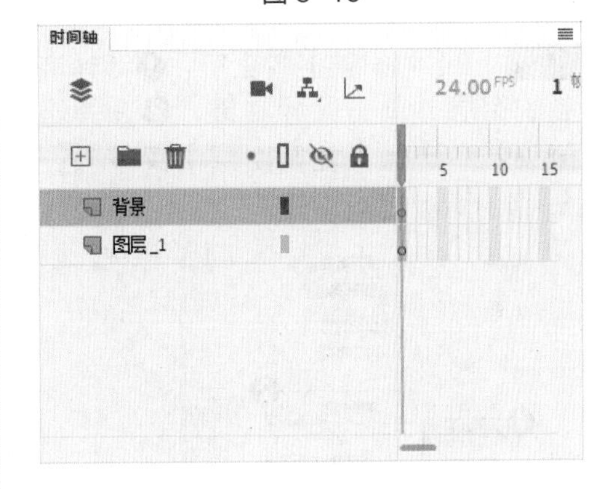

图 6-11

■ 指点迷津

用户还可以使用鼠标双击要重命名的图层名称，在出现的文本框中，直接输入新的图层名称，按 Enter 键即可重命名图层。

3. 调整图层排列顺序

在动画设计与创作中，为了使动画达到理想的效果，有时会用到图层顺序的调整操作。

下面详细介绍调整图层顺序的操作方法。

操作步骤 Step by Step

第 1 步 在【时间轴】面板中，单击鼠标左键选中图层，并拖曳至要放置的位置处释放鼠标左键，如图 6-12 所示。

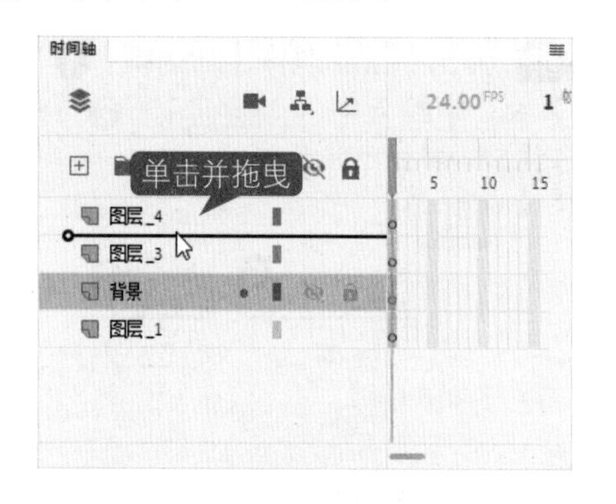

图 6-12

第 2 步 此时【时间轴】面板中的图层顺序发生改变，这样即可完成调整图层排列顺序的操作，如图 6-13 所示。

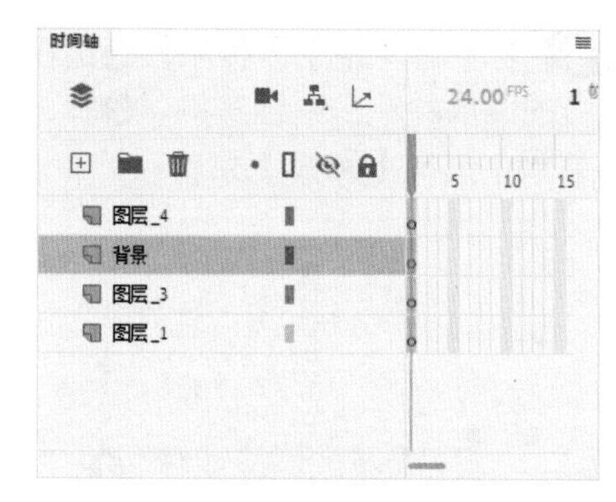

图 6-13

4. 复制图层

复制图层是将图层中的所有元素，包括舞台中的内容和图层上的每一帧都进行复制，然后执行粘贴操作，以便提高动画制作效率，下面详细介绍复制图层的操作方法。

操作步骤 Step by Step

第 1 步 在【时间轴】面板中，❶选择准备复制的图层并单击鼠标右键，❷在弹出的快捷菜单中选择【复制图层】菜单项，如图 6-14 所示。

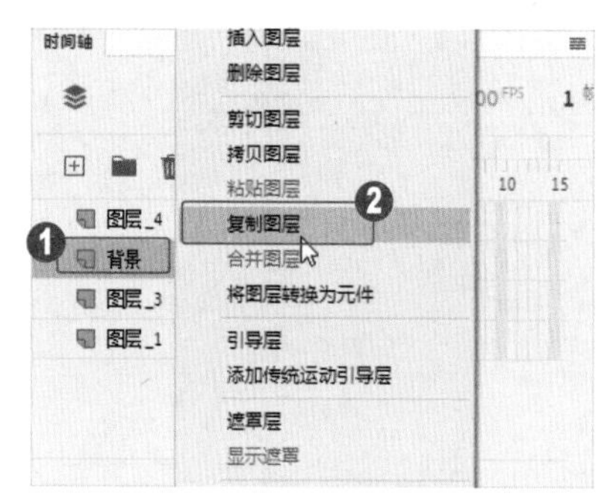

图 6-14

第 2 步 此时可以看到复制的图层在所选图层的正上方，这样即可完成复制图层的操作，如图 6-15 所示。

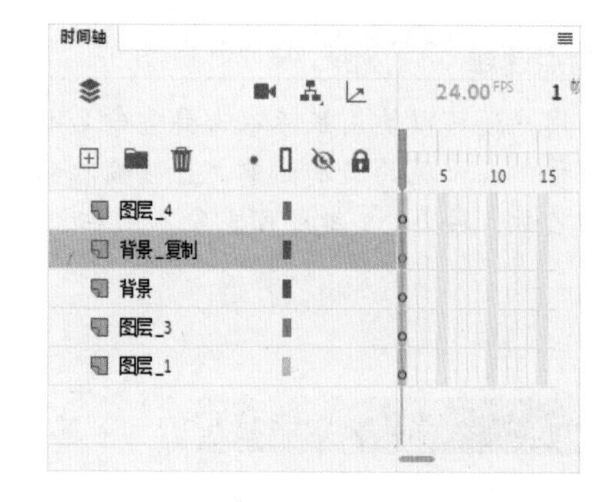

图 6-15

知识拓展：复制与剪切图层

在 Animate 中，如果要拷贝与剪切图层，可以选中图层，在菜单栏中选择【编辑】菜单，在弹出的下拉菜单中选择【时间轴】→【拷贝图层】或【剪切图层】菜单项，或者右击图层，在弹出的快捷菜单中选择【拷贝图层】或【剪切图层】菜单项即可。

5. 删除图层

删除图层主要有 3 种方法，分别为利用【删除】按钮删除图层、利用右键快捷菜单删除图层和拖动法删除图层。

1）利用【删除】按钮删除图层

选中要删除的图层，单击图层下方的【删除】按钮，即可完成图层的删除，如图 6-16 所示。

2）利用右键快捷菜单删除图层

右击要删除的图层，在弹出的快捷菜单中选择【删除图层】菜单项，即可将选中的图层删除，如图 6-17 所示。

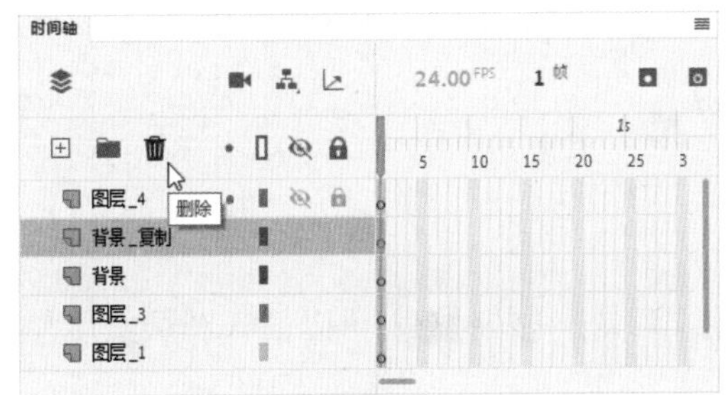

图 6-16

图 6-17

3）拖动法删除图层

选中要删除的图层，按住鼠标左键不放，将选中的图层拖曳至按钮上再释放鼠标，即可完成图层的删除，如图 6-18 所示。

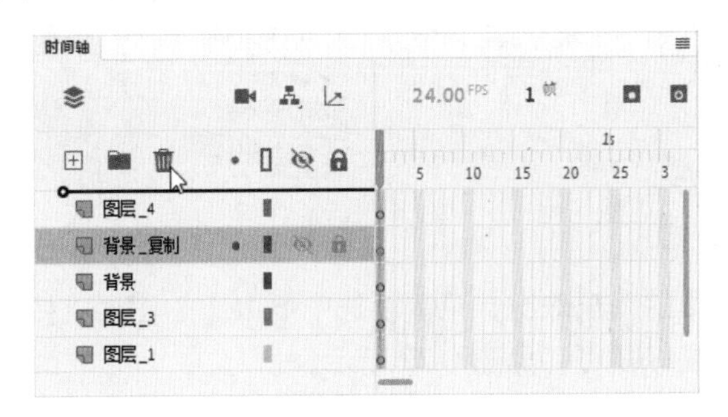

图 6-18

6. 图层属性设置

图层的名称、可见性、类型、轮廓颜色以及图层高度等都可以在【图层属性】对话框中进行设置。右击图层，在弹出的快捷菜单中选择【属性】菜单项，即可打开【图层属性】对话框，在该对话框中调整相关选项即可改变图层属性，如图 6-19 所示。

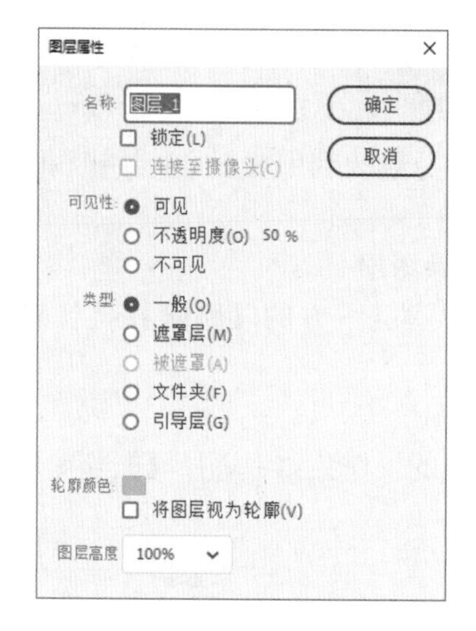

图 6-19

6.1.3 组织图层文件夹

在 Animate 2022 中，单击图层上方的【新建文件夹】按钮■，可以插入图层文件夹，如图 6-20 所示。

选中要放入到文件夹 1 中的所有图层，将其拖曳放至文件夹 1，即可实现图层放置到图层文件夹的操作，如图 6-21 所示。

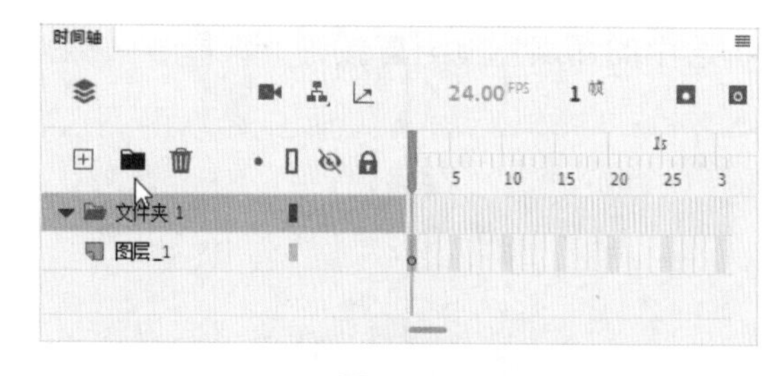

图 6-20

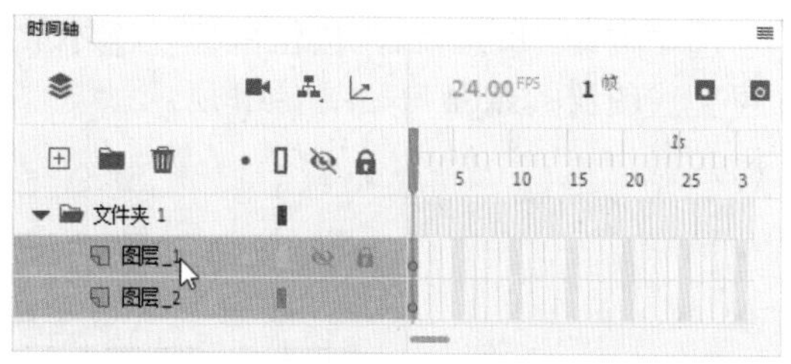

图 6-21

要想将图层文件夹中的图层取出，只需要选中要取出的图层，按住鼠标左键不放，拖曳至文件夹 1 上方后释放鼠标即可，如图 6-22 所示。

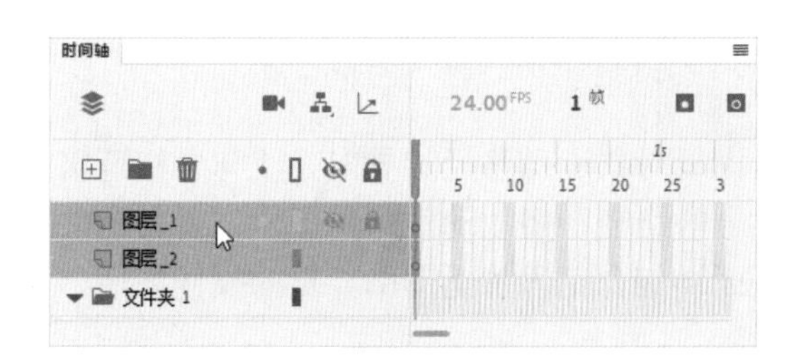

图 6-22

6.2 引导层动画

引导层主要有两大用途：一是作为参考图层，当需要将某个对象作为参照物而不需要在最终发布的文件中呈现的时候，可以将其放置在引导层中，如描摹时参考的图、绘制时的辅助线等，这种引导层可称为“普通引导层”，它不需要被引导层；二是引导其他对象沿设计好的轨迹线做传统补间运动，这种引导层可称为“运动引导层”，它与被引导层构成了引导关系，它的内容一般是用于运动路径的线条，称为引导线。本节将详细介绍引导层动画的相关知识及操作方法。

6.2.1 普通引导层

普通引导层主要用于为其他图层提供辅助绘图和绘图定位功能，引导层中的图形在影片播放时不会显示。下面详细介绍创建普通引导层的操作方法。

操作步骤 Step by Step

第 1 步 在【时间轴】面板中，❶右击【图层 _2】图层，❷在弹出的快捷菜单中选择【引导层】菜单项，如图 6-23 所示。

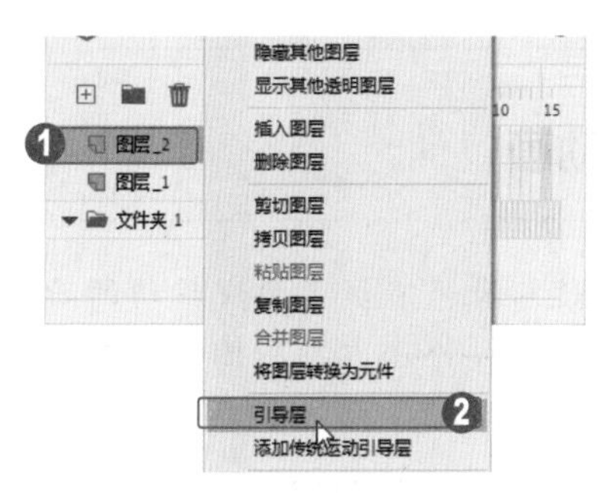

图 6-23

第 2 步 此时【图层 _2】图层已经转换为引导层，图层图标变成![icon]，这样即可完成创建引导层的操作，如图 6-24 所示。

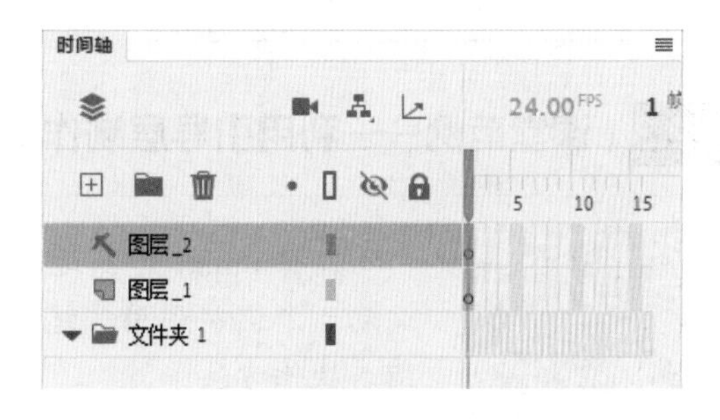

图 6-24

6.2.2 运动引导层

运动引导层的作用是设置对象运动路径的导向，使与之相链接的被引导层中的对象沿着该路径运动。运动引导层上的路径在播放动画时不显示，要创建按照任意轨迹运动的动画就需要添加运动引导层。下面详细介绍添加运动引导层的操作方法。

操作步骤 Step by Step

第 1 步 在【时间轴】面板中，❶右击【图层_2】图层，❷在弹出的快捷菜单中选择【添加传统运动引导层】菜单项，如图 6-25 所示。

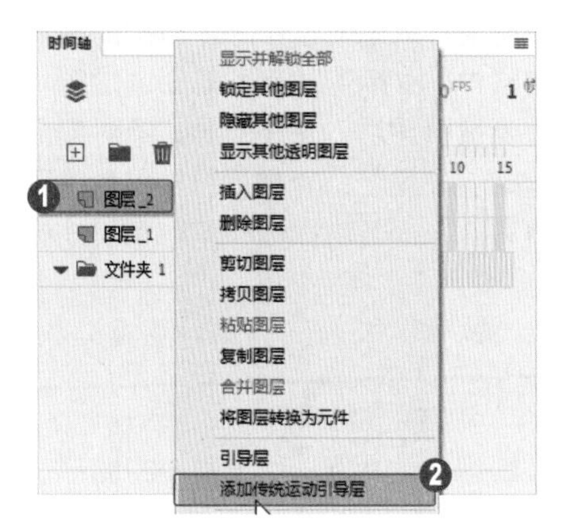

图 6-25

第 2 步 此时在【图层_2】图层的上方会出现一个引导层，这样即可完成添加运动引导层的操作，如图 6-26 所示。

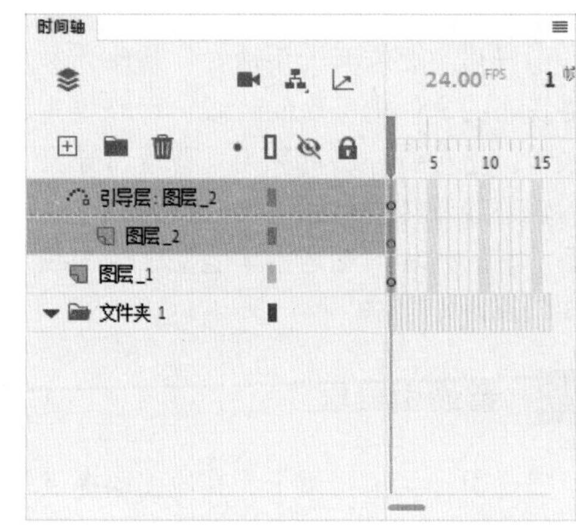

图 6-26

专家解读

一个引导层可以引导多个图层上的对象按其运动路径运动。如果要将多个图层变成某一个运动引导层的被引导层，只需在【时间轴】面板中将要变成被引导层的图层拖曳至引导层下方即可。

6.2.3 课堂范例——利用引导层制作小鸟飞行动画

在 Animate 中，运动动画是指使对象沿直线或曲线移动的动画形式运动。本例将利用传统运动引导层制作一个小鸟飞行动画，下面详细介绍其操作方法。

<< 扫码获取配套视频课程，本视频课程播放时长约为 1 分 16 秒。

配套素材路径：配套素材/第6章

素材文件名称：小鸟.fla

操作步骤 Step by Step

第 1 步 打开本例的素材文件“小鸟 .fla”，在【时间轴】面板中选中第 15 帧，在键盘上按 F6 键插入一个关键帧，如图 6-27 所示。

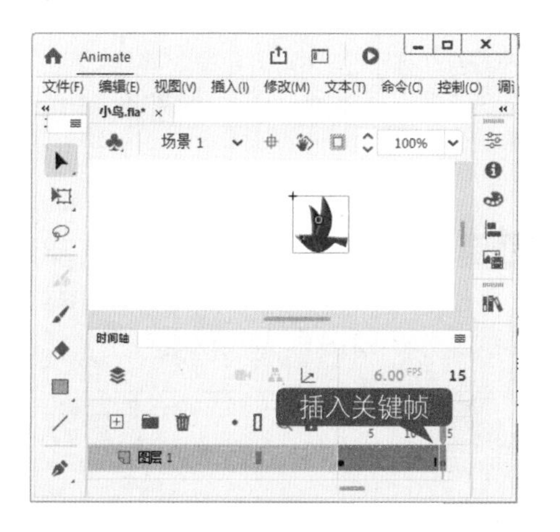

图 6-27

第 2 步 ❶右击第 1 帧～第 15 帧之间的任意帧，❷在弹出的快捷菜单中选择【创建传统补间】菜单项，如图 6-28 所示。

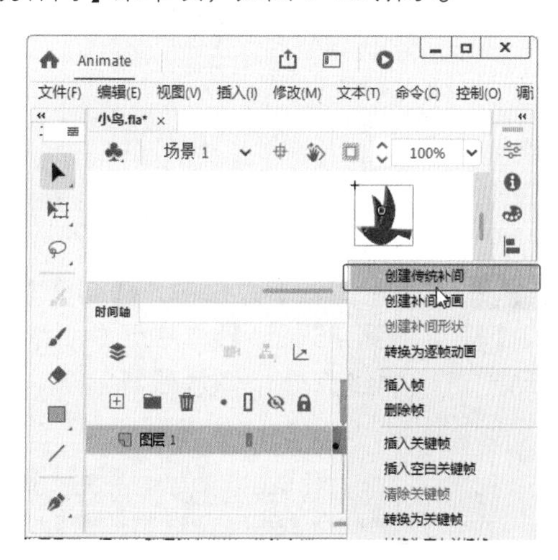

图 6-28

第 3 步 在【时间轴】面板中，❶右击【图层_1】图层，❷在弹出的快捷菜单中选择【添加传统运动引导层】菜单项，如图 6-29 所示。

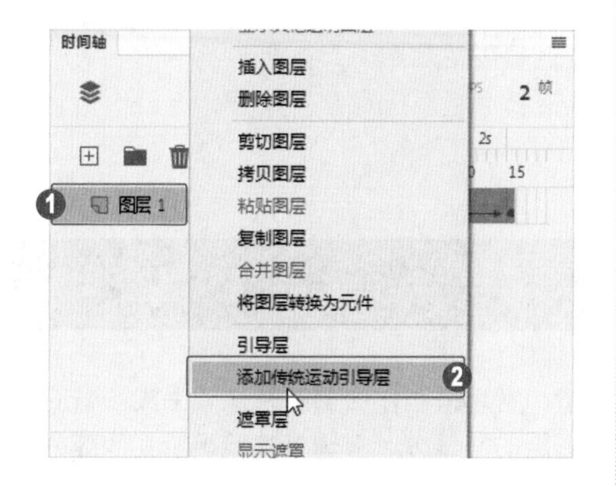

图 6-29

第 4 步 选中【引导层：图层 1】图层的第 1 帧，❶在【工具】面板中单击【铅笔工具】按钮，❷在舞台中绘制一条曲线，如图 6-30 所示。

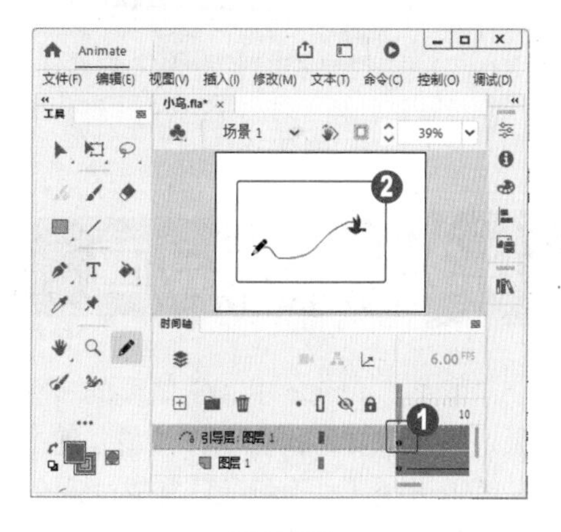

图 6-30

第 5 步 在【时间轴】面板中选中【引导层：图层 1】图层的第 15 帧，在键盘上按 F6 键，插入关键帧，如图 6-31 所示。

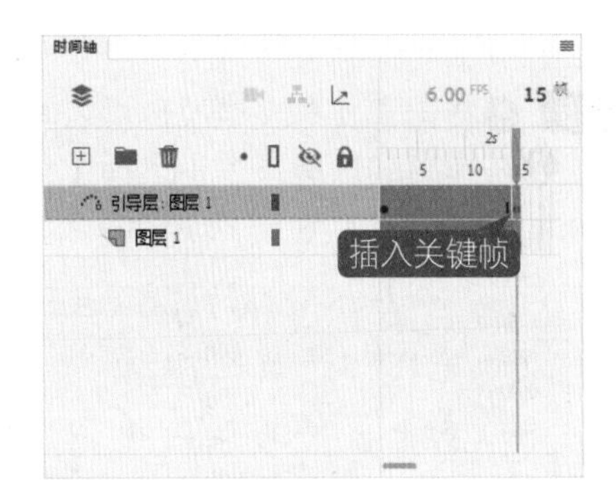

图 6-31

第 6 步 返回到工具箱中，❶单击【选择工具】按钮 ▶，❷选中元件，将其移动至路径的起始点，释放鼠标左键，如图 6-32 所示。

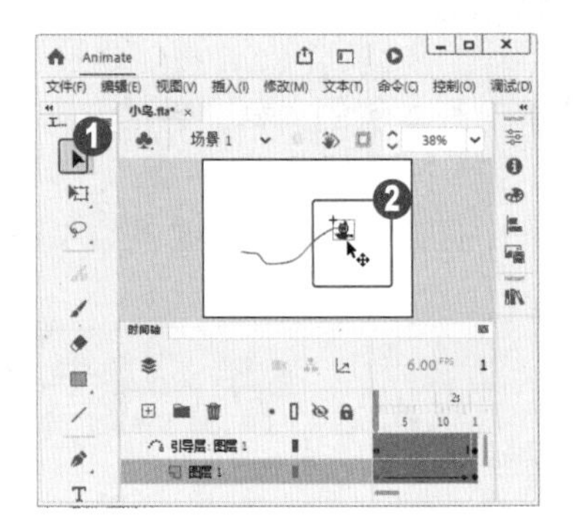

图 6-32

第 7 步 在【时间轴】面板中，❶选择【图层 1】图层的第 15 帧，❷选中元件并将其移动至路径的终点处，释放鼠标左键，如图 6-33 所示。

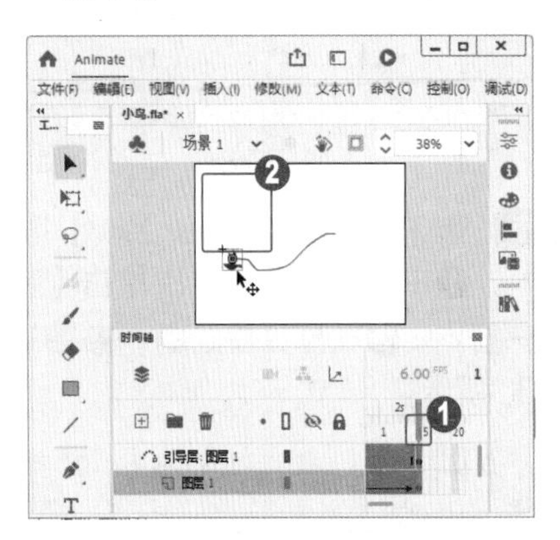

图 6-33

第 8 步 按 Ctrl+Enter 组合键测试动画效果，这样即可完成利用引导层制作小鸟飞行动画的操作，如图 6-34 所示。

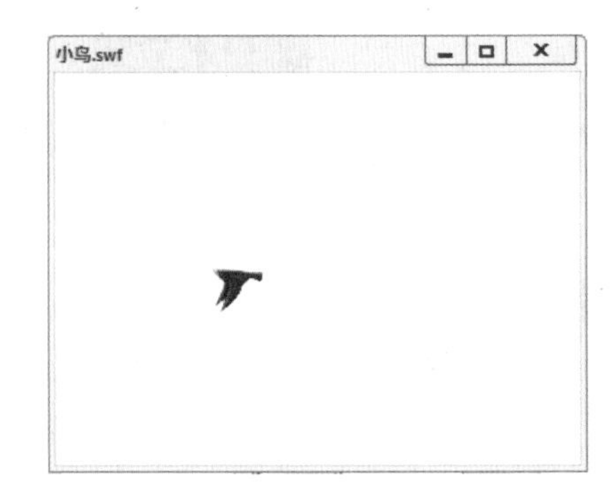

图 6-34

6.3 遮罩层动画

遮罩层是 Animate 中非常重要的一种图层类型，常用来制作图层的特殊效果或场景的过渡效果。顾名思义，其基本作用就是遮盖住下方图层的某部分，有选择性地显示其他部分，就像在纸板上挖了一个孔，只有透过这个孔才可以看到下方的图层，而其他区域是被遮住的。因为不管是遮罩对象还是被遮罩对象，它们都可以做任何形式的动画，所以两者结合起来就可以完成一些非常有趣和炫酷的动画效果。本节将详细介绍遮罩层动画的相关知识及操作。

6.3.1 创建遮罩层与转换普通层

要创建遮罩动画首先要创建遮罩层，并且创建后的遮罩层还可以转换为普通层。下面将详细介绍创建遮罩层与将遮罩转换为普通层的操作方法。

1. 创建遮罩层

在【时间轴】面板中，右击要转换为遮罩层的图层，在弹出的快捷菜单中选择【遮罩层】菜单项，如图 6-35 所示。该图层将转换为遮罩层，其下方的图层自动转换为被遮罩层，并且它们都自动被锁定，如图 6-36 所示。

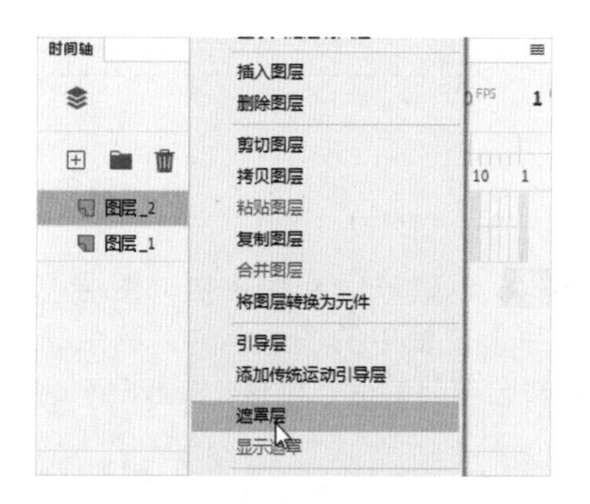

图 6-35

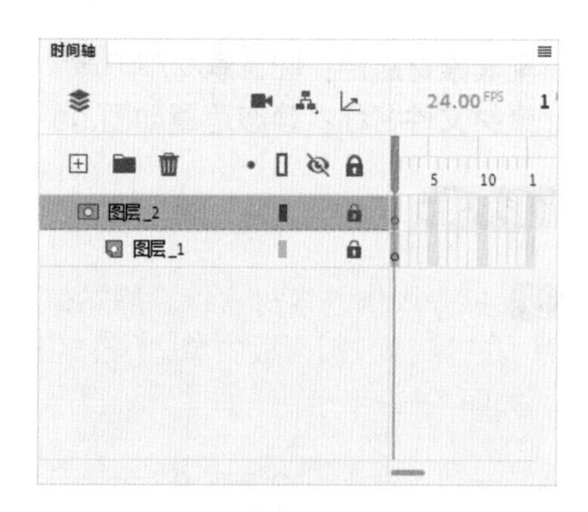

图 6-36

2. 将遮罩层转换为普通图层

在【时间轴】面板中，右击要转换的遮罩层，在弹出的快捷菜单中选择【遮罩层】菜单项，如图 6-37 所示，遮罩层即可转换为普通图层，如图 6-38 所示。

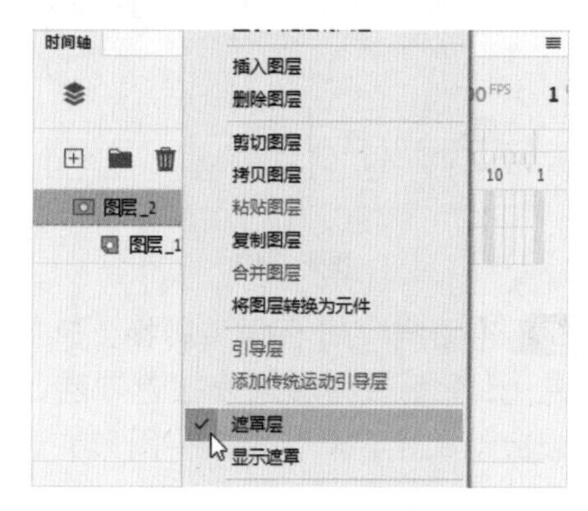

图 6-37

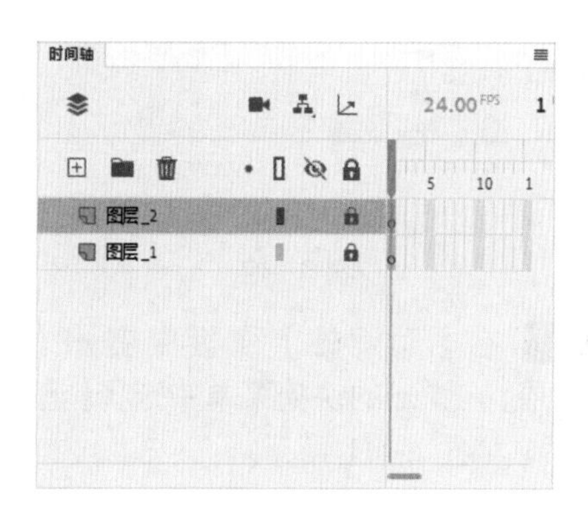

图 6-38

知识拓展

如果想解除遮罩，只需单击【时间轴】面板中遮罩层或被遮罩层上的🔒图标即可。遮罩层中的对象可以是图形、文字、元件的实例等，但不显示位图、渐变色、透明色和线条。一个遮罩层可以作为多个图层的遮罩层，如果要将一个普通图层变为某个遮罩层的被遮罩层，只需将此图层拖曳至遮罩层下方即可。

6.3.2 静态遮罩动画

比起单独的纯画面，静态遮罩动画就要生动得多。为了增强画面的表现力，用户可以创建静态遮罩，下面详细介绍创建静态遮罩动画的操作方法。

配套素材路径：配套素材/第6章

素材文件名称：静态遮罩动画.fla

操作步骤 Step by Step

第 1 步 打开本例的素材文件“静态遮罩动画.fla”，在【时间轴】面板中单击【新建图层】按钮，如图 6-39 所示。

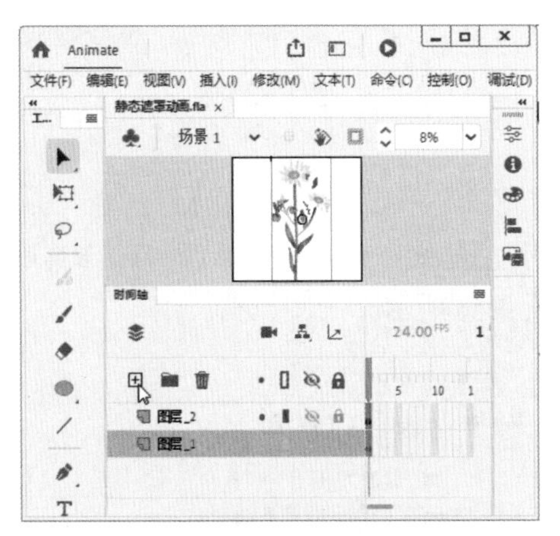

图 6-39

第 2 步 创建一个新的图层“图层 _3”，将【库】面板中的图形元件“花朵.ai”拖曳到舞台窗口的适当位置，如图 6-40 所示。

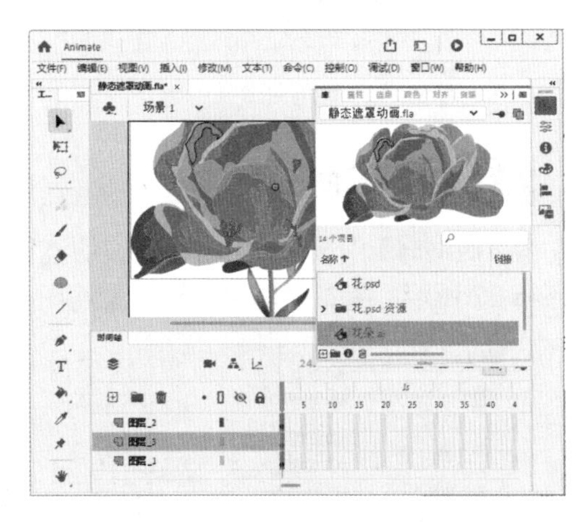

图 6-40

第 3 步 在【时间轴】面板中右击【图层_3】图层，在弹出的快捷菜单中选择【遮罩层】菜单项，如图 6-41 所示。

第 4 步 【图层 _3】图层将转换为遮罩层，【图层 _1】图层将转换为被遮罩层，两个图层被自动锁定，舞台窗口中图形的遮罩效果如图 6-42 所示。

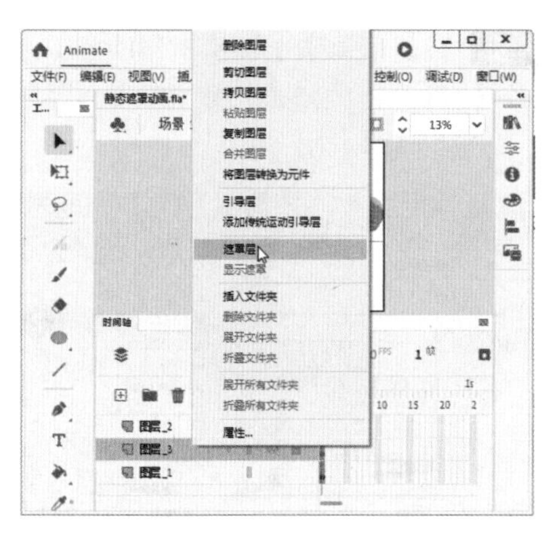

图 6-41

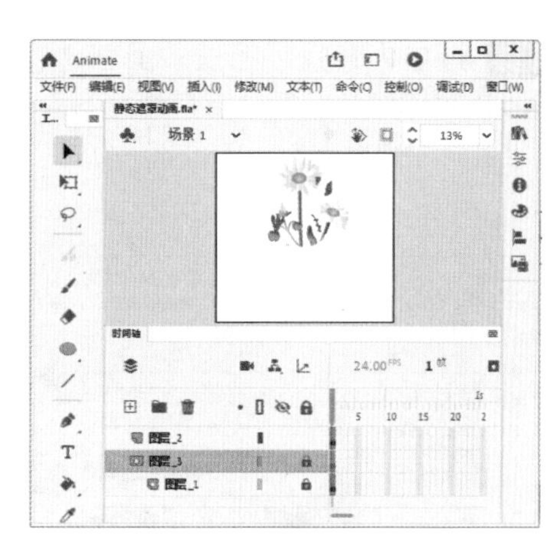

图 6-42

6.3.3 动态遮罩动画

相比静态遮罩动画的制作，动态遮罩动画的制作要稍微复杂一点，因为静态的遮罩不动，难度只是在遮罩视频或图片的制作上；而动态遮罩则需要添加一系列关键帧对遮罩层进行动画控制。下面详细介绍动态遮罩动画的制作方法。

配套素材路径：配套素材/第6章

素材文件名称：诗画卷轴.fla

操作步骤 Step by Step

第 1 步 打开本例的素材文件“诗画卷轴.fla”，选中【图层_1】图层的第 20 帧，按 F5 键插入普通帧，如图 6-43 所示。

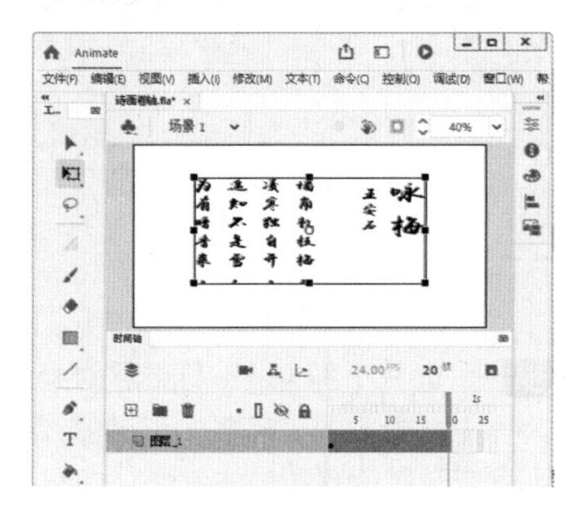

图 6-43

第 2 步 在【时间轴】面板中创建新图层并将其命名为“背景”。将【库】面板中的图形元件“背景”拖曳到舞台窗口中，并放置在适当的位置，如图 6-44 所示。

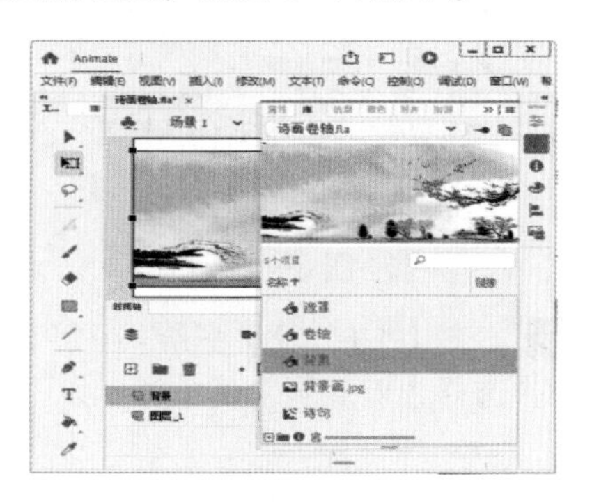

图 6-44

第 3 步 选中【背景】图层的第 20 帧，按 F6 键插入关键帧。在舞台窗口中将“背景”实例水平向左拖曳到适当的位置，如图 6-45 所示。

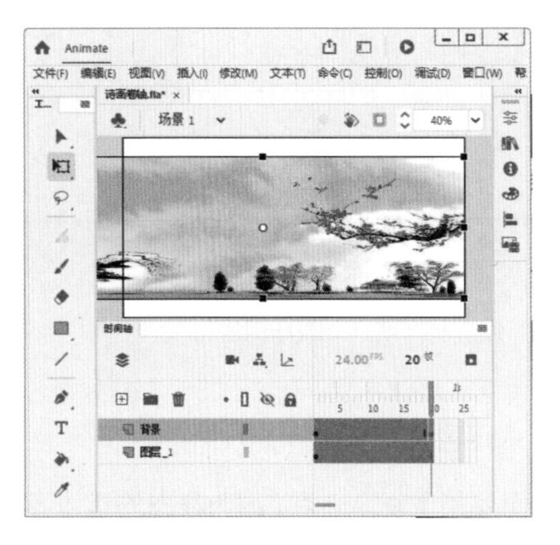

图 6-45

第 4 步 右击【背景】图层的第 1 帧，在弹出的快捷菜单中选择【创建传统补间】菜单项，如图 6-46 所示。

图 6-46

第 5 步 即可生成传统补间动画，效果如图 6-47 所示。

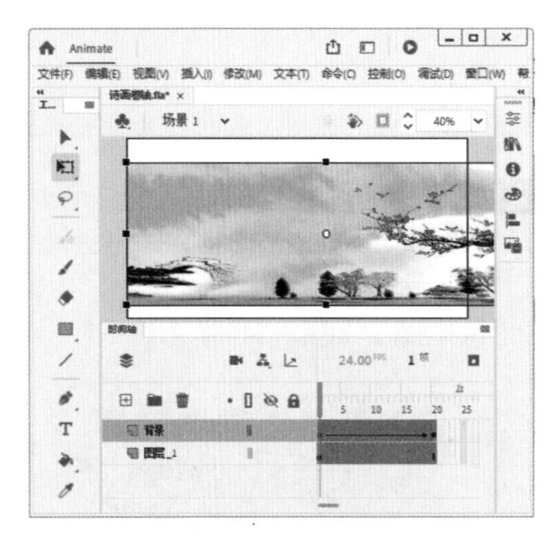

图 6-47

第 6 步 将【背景】图层拖曳到【图层 1】图层的下方，效果如图 6-48 所示。

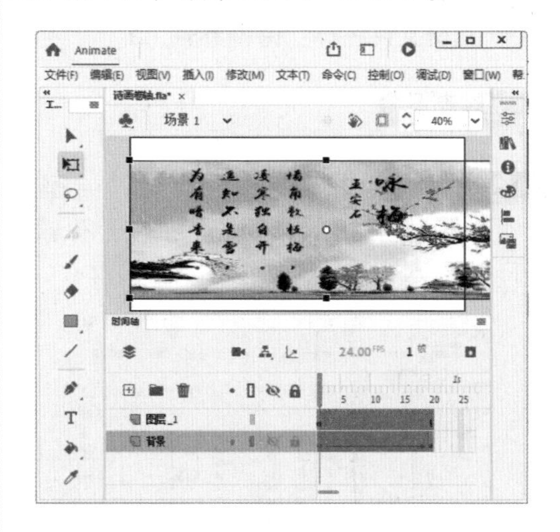

图 6-48

第 7 步 右击【图层 _1】图层，在弹出的快捷菜单中选择【遮罩层】菜单项，如图 6-49 所示。

第 8 步 即可将【图层 _1】图层转换为遮罩层，将【背景】图层转换为被遮罩层，这样即可完成动态遮罩动画的制作，如图 6-50 所示。

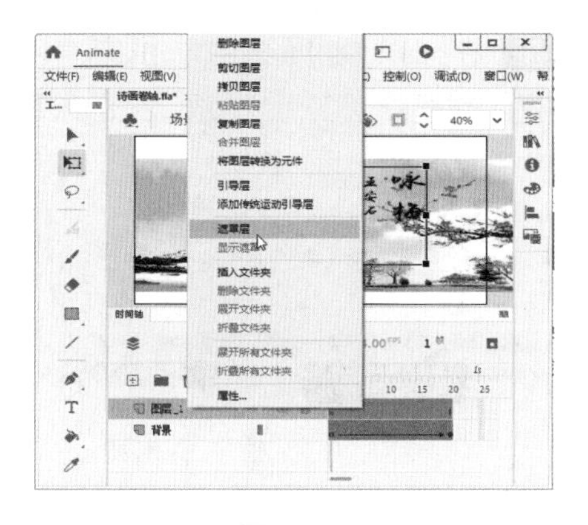

图 6-49

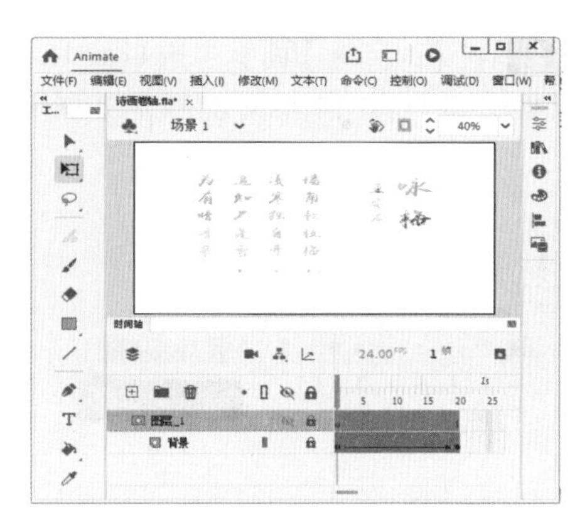

图 6-50

6.3.4 课堂范例——制作人物剪影动画

在 Animate 中，为了更好地实现动画的视觉效果，用户可以创建遮罩动画。本例将利用遮罩动画原理制作一个人物剪影动画，下面介绍具体的操作方法。

<< 扫码获取配套视频课程，本视频课程播放时长约为 1 分 37 秒。

配套素材路径：配套素材/第6章

素材文件名称：剪影.jpg

操作步骤

Step by Step

第 1 步 新建一个空白文档，在菜单栏中选择【文件】→【导入】→【导入到舞台】菜单项，如图 6-51 所示。

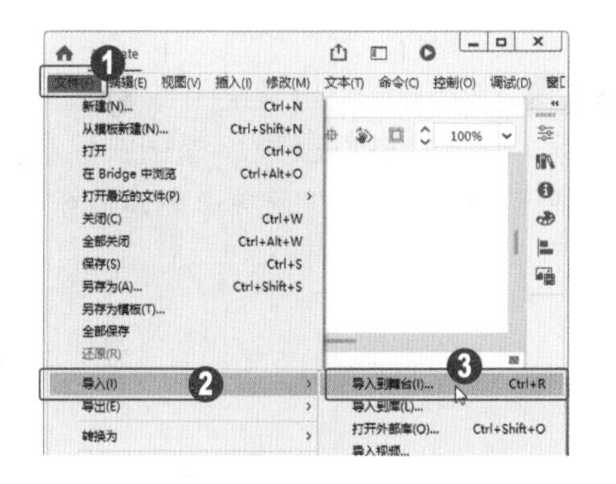

图 6-51

第 2 步 弹出【导入】对话框，❶选择要导入的文件，❷单击【打开】按钮，如图 6-52 所示，导入图片文件。

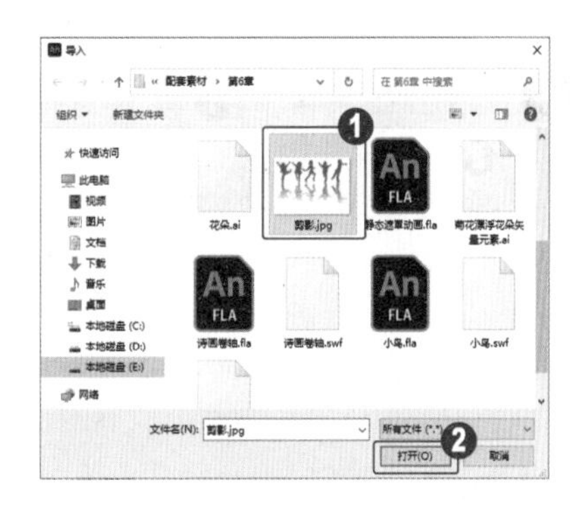

图 6-52

第 3 步 在【时间轴】面板中选中第 15 帧，在键盘上按 F6 键插入关键帧，如图 6-53 所示。

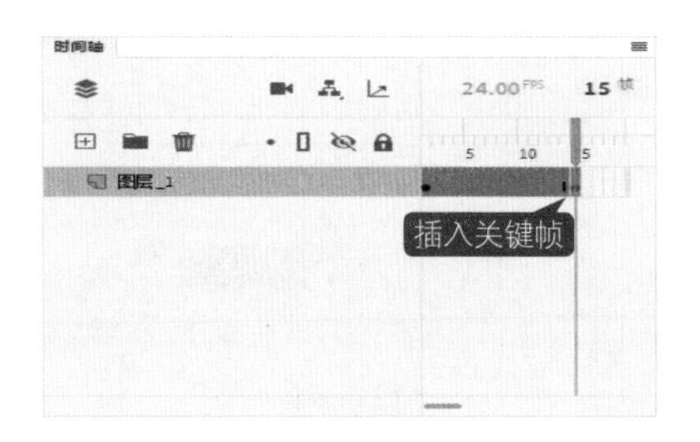

图 6-53

第 4 步 在【时间轴】面板中单击【新建图层】按钮 ⊞，新建一个名为 "图层 _2" 的新图层，如图 6-54 所示。

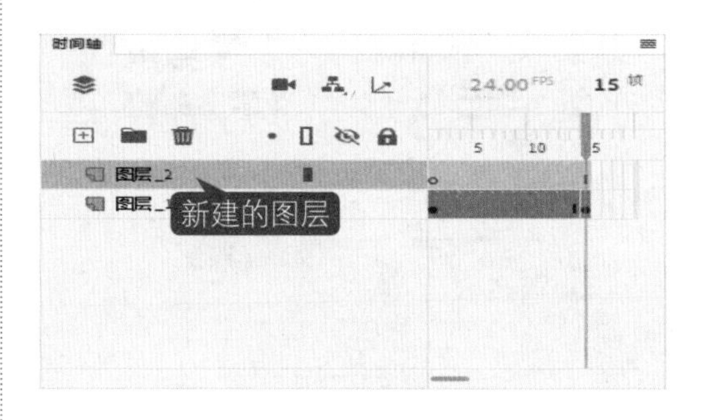

图 6-54

第 5 步 选中【图层 _2】图层的第 1 帧，❶在工具箱中单击【椭圆工具】按钮，❷在舞台的合适位置绘制椭圆形，如图 6-55 所示。

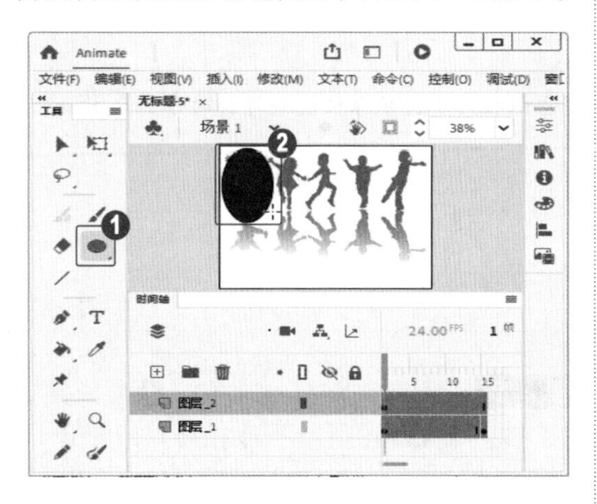

图 6-55

第 6 步 在【时间轴】面板中选中【图层 _2】图层的第 15 帧，在键盘上按 F6 键插入关键帧，如图 6-56 所示。

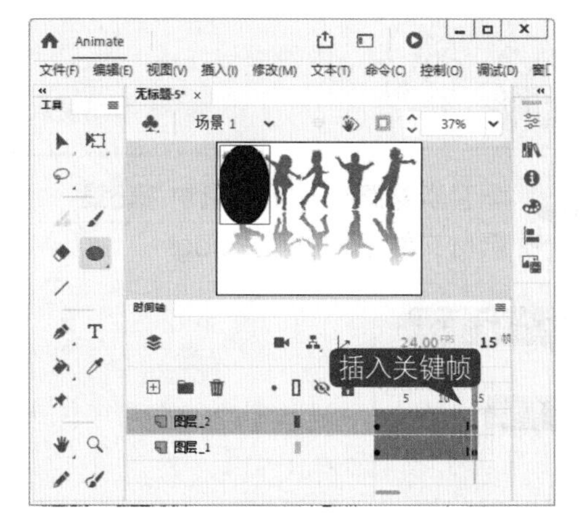

图 6-56

第 7 步 返回到工具箱中，❶单击【选择工具】按钮，❷选中舞台中的图形，将其移动至图片的终点处，如图 6-57 所示。

第 8 步 在【图层 _2】图层中，❶选中第 1 帧～第 15 帧之间的任意帧，单击鼠标右键，❷在弹出的快捷菜单中选择【创建传统补间】菜单项，如图 6-58 所示。

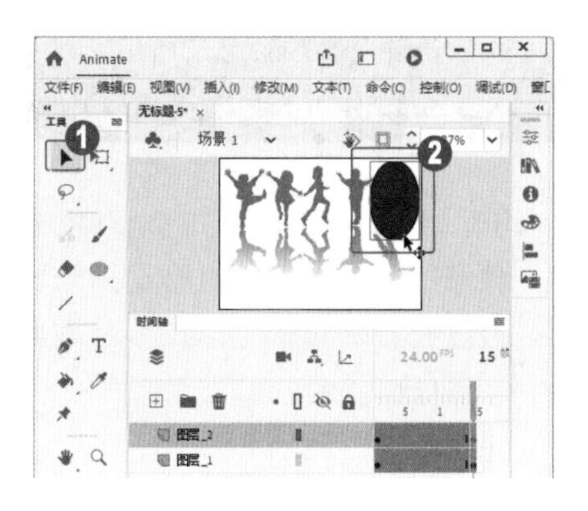

图 6-57

第 9 步 弹出【将所选的内容转换为元件以进行补间】对话框，单击【确定】按钮，如图 6-59 所示。

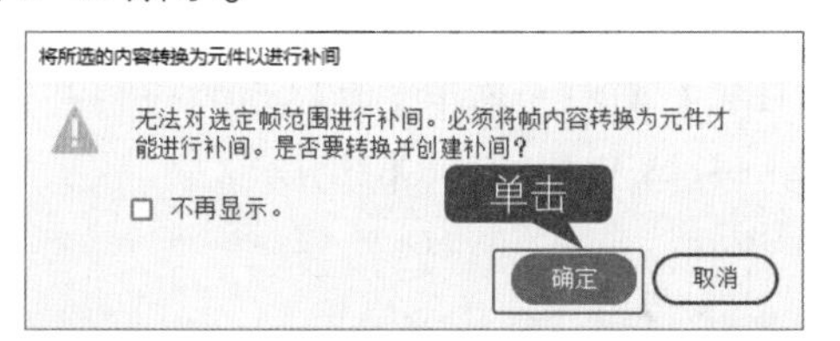

图 6-59

第11步 即可将【图层 _2】图层转换为遮罩层，将【图层 1】图层转换为被遮罩层，如图 6-61 所示。

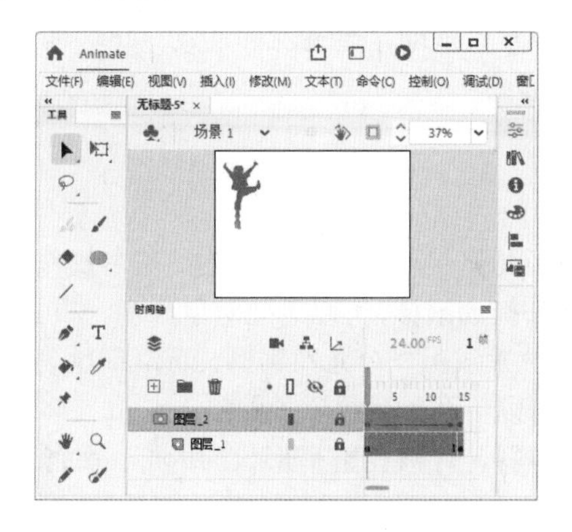

图 6-61

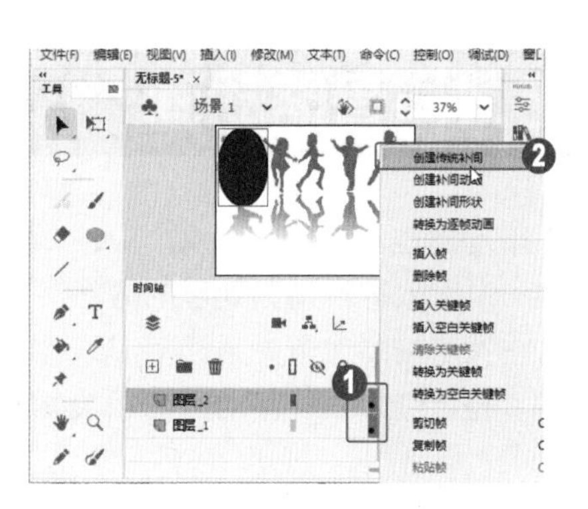

图 6-58

第10步 在【时间轴】面板中，❶选中【图层 _2】图层，并右击，❷在弹出的快捷菜单中选择【遮罩层】菜单项，如图 6-60 所示。

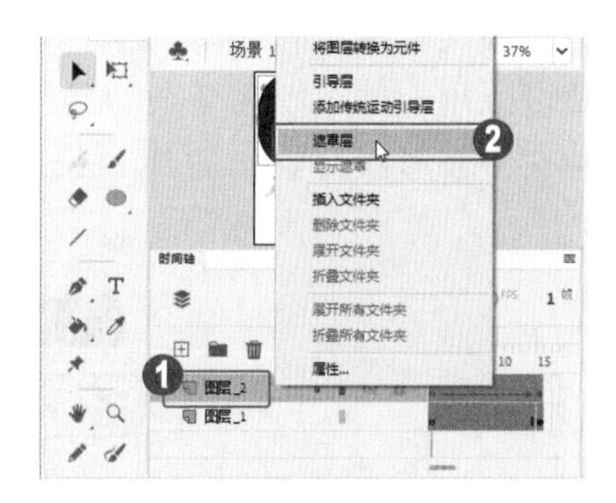

图 6-60

第12步 按 Ctrl+Enter 组合键测试影片，这样即可完成创建遮罩动画的操作，如图 9-62 所示。

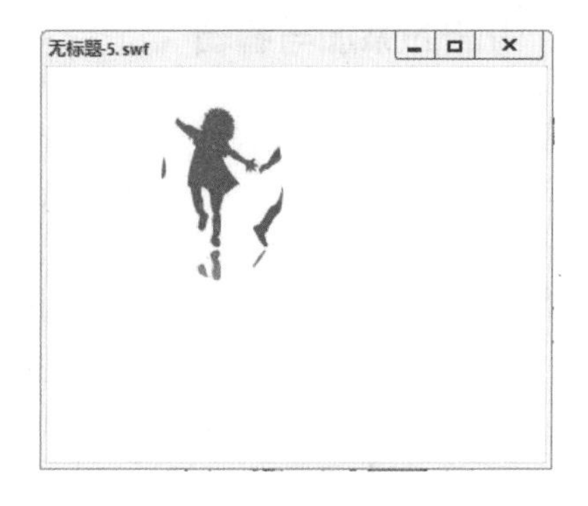

图 6-62

6.4 骨骼动画

骨骼动画也称为反向运动（IK）动画，是一种使用骨骼的关节结构对一个对象或彼此相关的一组对象进行动画处理的方法。在 Animate 中，骨骼是一种对对象进行动画处理的方式，这些骨骼按照父子关系连接成线性或枝状的骨架，通过将骨骼连接可以很容易地形成动画。本节将详细介绍骨骼动画的相关知识及操作方法。

6.4.1 认识骨骼动画

骨骼动画是 Animate 中的一种特殊的动画形式，它利用反向运动 IK（Inverse Kinematics，反向动力学，即根据末端子关节的位置移动计算得出每个父关节的旋转）的原理，先给对象绑定骨骼，然后这些骨骼按父子关系连接成线性或枝状的骨架。当一根骨骼移动时，与其连接的骨骼也会发生相应的移动。因此，骨骼动画适合于制作肢体动作、机械运动等动画效果。骨骼工具可以用于创建较为复杂的动画。打开【工具箱】面板，利用工具箱中的骨骼工具可以向元件实例和形状对象添加 IK（反向运动）骨骼。骨骼工具如图 6-63 所示。

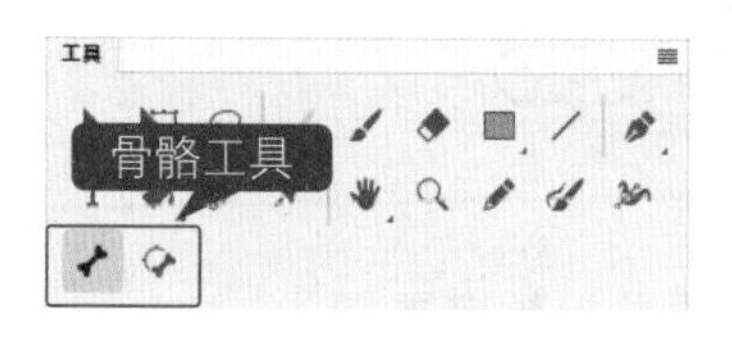

图 6-63

创建骨骼动画的对象分为两种：一种为元件实例对象，另一种为图形形状。使用骨骼工具后，元件实例或形状对象可以按照复杂而自然的方式移动，通过反向运动（IK）可以轻松地创建人物动画，如胳膊、腿和面部表情的自然运动。

6.4.2 骨骼的添加与编辑

在 Animate 中给对象添加骨骼，需要使用骨骼工具，其快捷键为 M 键，基本操作方法是：在对象（形状或元件实例）上按住鼠标左键不放并拖动鼠标，可以为此对象添加一根骨骼，从一根骨骼的尾部继续拖动鼠标到形状内的另一个位置或另一个元件实例，可以创建第二根骨骼，它将成为上一根骨骼的子级。Animate 允许给以下两种对象添加骨骼。

- 给形状添加骨骼：用形状作为多根骨骼的容器，骨骼在整个形状的内部，如给一个猴子尾巴的形状添加骨骼，以使其自然卷动。
- 给元件实例添加骨骼：通过骨骼将多个元件实例连接起来，如将躯干、手臂、前臂和手的影片剪辑连接起来，以使其彼此协调而逼真地移动。每个实例都只有一根骨骼。在这种方式下，骨骼是在元件实例之间的。

1. 给形状添加骨骼

用户可以将骨骼添加到同一个图层的单个形状或一组形状中。下面详细介绍给形状添加骨骼的操作方法。

操作步骤 Step by Step

第 1 步 准备好需要添加骨骼的形状，该形状可以包含颜色和笔触，并且尽量将形状调整为最终形式，避免添加骨骼后做更多调整，如图 6-64 所示。

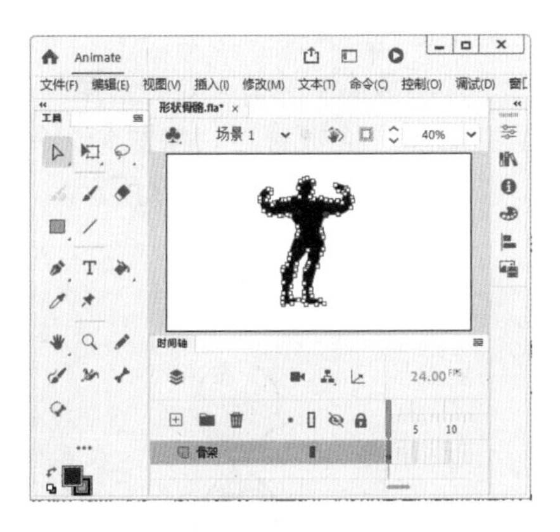

图 6-64

第 3 步 继续添加其他骨骼，将鼠标从第一根骨骼的尾部拖动到形状内的其他位置。第二根骨骼将成为上一根骨骼的子级。按照要创建的父子关系的顺序，将形状的各区域与骨骼连接在一起，如图 6-66 所示。

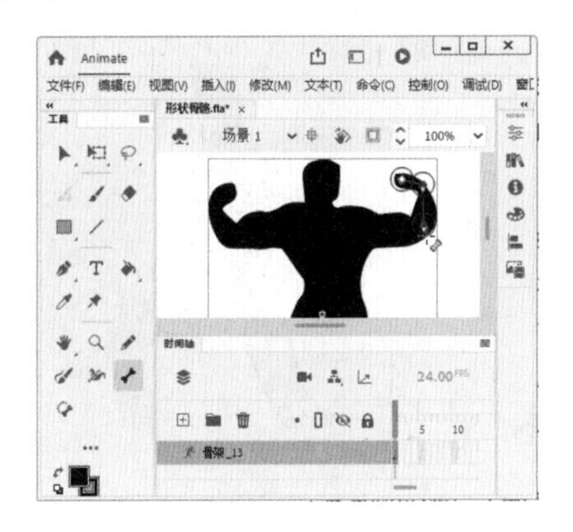

图 6-66

第 2 步 选择整个形状，使用【骨骼工具】，添加第一根骨骼。添加骨骼之后，Animate 会将所有形状和骨骼转换为一个 IK 形状对象，并将该对象移至一个新的姿势图层中，图 6-65 所示。

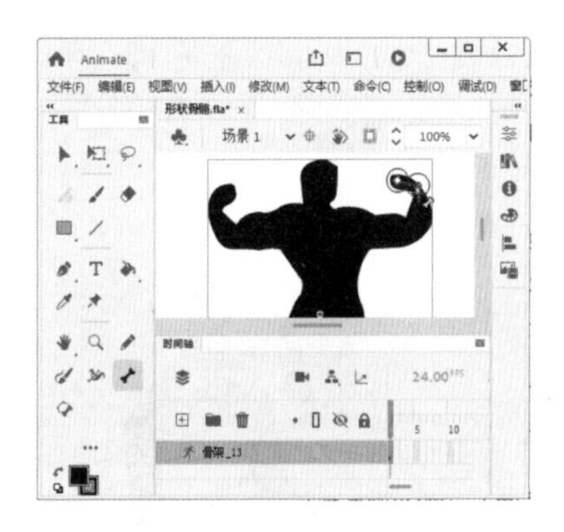

图 6-65

第 4 步 如果要创建骨架的分支，可以单击分支开始位置骨骼的头部，然后拖动鼠标以创建新分支的第一根骨骼，图 6-67 所示。

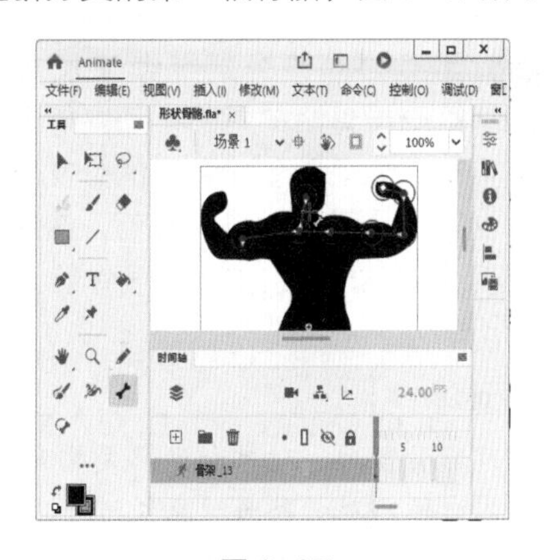

图 6-67

2. 给元件添加骨骼

给元件实例添加骨骼，是指用关节连接一系列的元件实例。例如，用一组影片剪辑分别表示人体的不同部分，通过骨骼将躯干、上臂、下臂和手连接在一起，可以创建逼真移动的胳膊。下面详细介绍给元件添加骨骼的操作方法。

操作步骤 Step by Step

第 1 步 在舞台上准备好需要添加骨骼的元件实例，并且将这些实例组合成最终需要呈现的造型，考虑好要创建的骨骼结构，如图 6-68 所示。

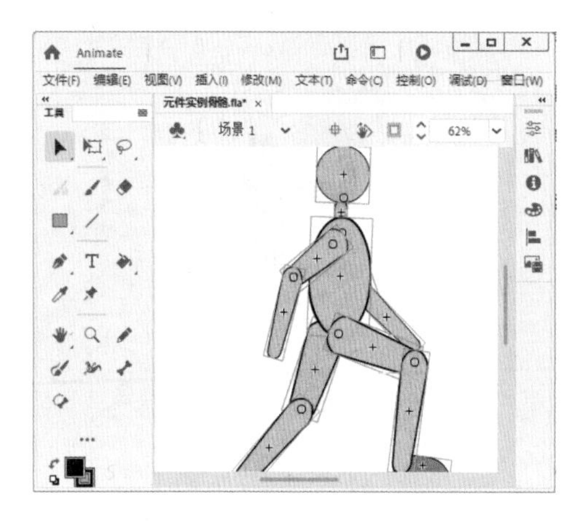

图 6-68

第 2 步 使用【骨骼工具】，单击想要设置为骨架根骨的元件实例，所单击的位置将会是骨骼的节点（相当于关节），然后按住鼠标左键不放，将其拖曳到另一个元件实例，在下一个骨骼节点（关节）处松开鼠标左键。这样至少添加了一根骨骼，将两个实例连接起来，形成了骨架，如图 6-69 所示。

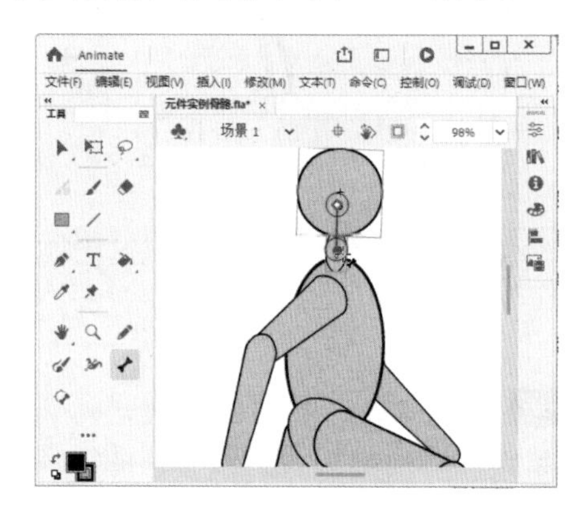

图 6-69

第 3 步 如果要向该骨架继续添加其他骨骼，则从第一根骨骼的尾部拖动鼠标至下一个元件实例。如果要创建骨架的分支，可以单击分支开始位置的骨骼的头部，然后拖动鼠标即可创建新分支的第一根骨骼，如图 6-70 所示。

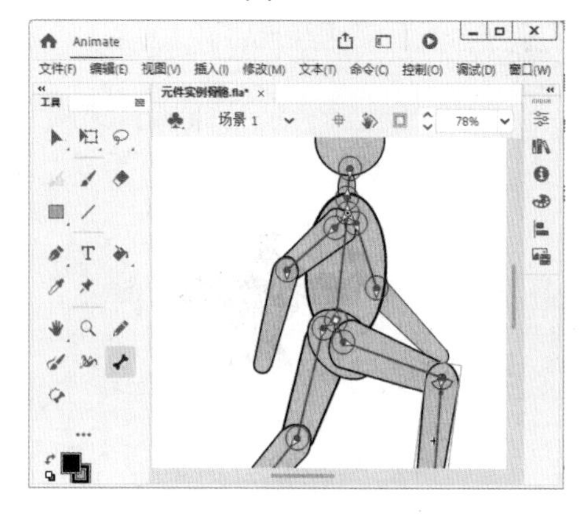

图 6-70

■ 指点迷津

创建好骨骼后，对象和骨骼是绑定在一起的，用户可以对骨骼或对象做进一步的编辑和调整。骨骼绑定后，移动其中一个骨骼会带动相邻的骨骼进行运动。

3. 骨骼的编辑与调整

添加骨骼后，通常还需要修改，以符合设计需要。下面详细介绍一些骨骼的编辑与调整的操作。

- 骨骼的选择：使用选择工具在骨骼上单击，可以选中一根骨骼；按住 Shift 键并单击，可选择多根骨骼；双击可以选择骨架上的所有骨骼。
- 骨骼的拖动：使用选择工具在骨骼上单击并拖动，可以拖动和旋转骨骼，但因为连接到了其他骨骼，所以拖动和旋转的范围是受到牵制的。默认情况下，对当前骨骼的拖动，会使所有子级的骨骼完全跟着联动，而父级的骨骼也会根据拖动的方向和位置自动调整，如图 6-71 所示。另外，因为对象和骨骼是绑定在一起的，所以拖动骨骼，对象会一起跟着动。
- 骨骼节点的调整：使用部分选择工具单击并拖动骨骼节点时，可以改变节点的位置，如图 6-72 所示。注意，这只针对形状上的骨架。

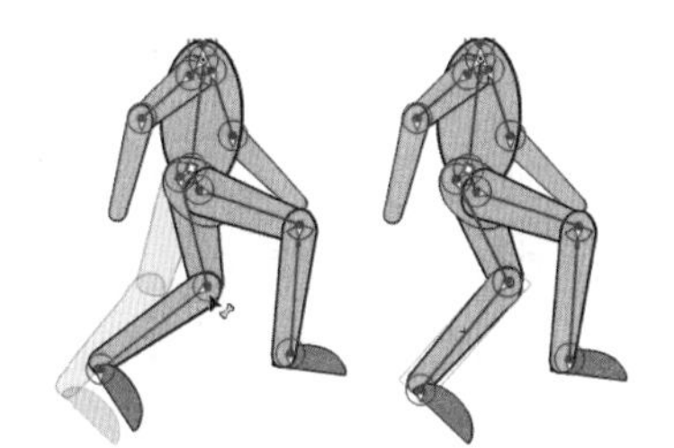

图 6-71

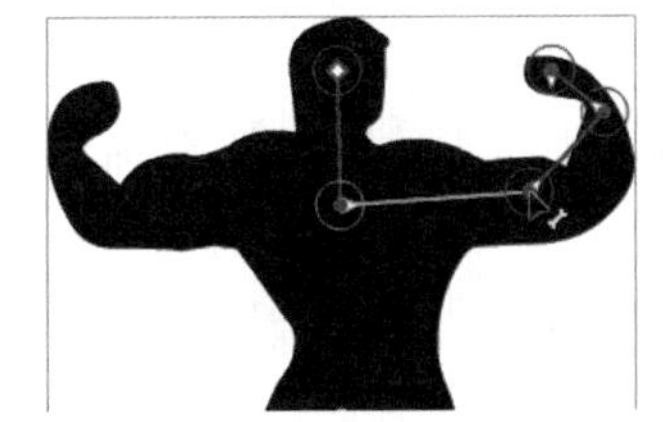

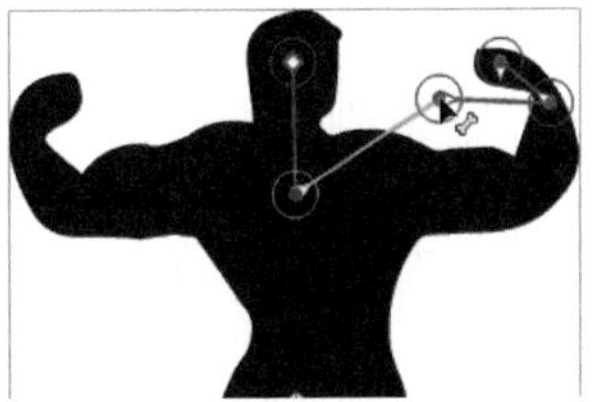

图 6-72

- 对象的移动与旋转：如果要单独调整对象的位置和角度从而摆脱骨骼的牵制，可以使用任意变形工具，如图 6-73 所示。对象的移动会带动对象上的骨骼节点一起动，而对象的旋转则不会影响骨骼的方向。

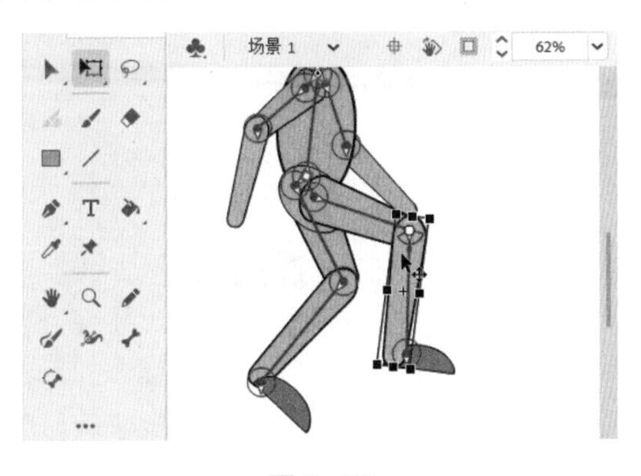

图 6-73

- 骨骼的删除：选择某一根骨骼后按 Delete 键，可将当前骨骼及其子级的骨骼全部删除。

4. 骨骼属性的设置

在为对象添加了骨骼后，还可以对骨骼的属性进行设置，使创建出的骨骼动画效果更加逼真，符合自然的运动情况。选中一根骨骼后打开【属性】面板，可以设置当前骨骼的一些参数，如图 6-74 所示。

图 6-74

该面板中主要包括以下几个选项。

- 速度：即操作骨骼时的反应速度，相当于给骨骼加了负重，默认 100% 表示没有限制。
- 固定：即将当前骨骼的位置固定，使其无法拖动与旋转。将鼠标指针移至骨骼尾部单击也可以固定此骨骼。
- 运动约束：默认情况下，骨骼是可以任意旋转的，但其长度是固定的，因此无法任意平移。有时需要限制骨骼旋转的角度，如连接大腿和小腿的骨骼，就不能将小腿向上翘起。打开【启用】按钮，可以启动旋转和 X、Y 平移；选中【约束】复选框，则可以设置约束的角度和位置的偏移量。
- 弹簧：弹簧属性包括强度和阻尼两个参数，通过将动态物理集成到骨骼系统中，使骨骼体现真实的物理移动效果。

6.4.3 制作骨骼动画

给对象添加完骨架后就可以为其制作动画了，对骨架进行动画处理的方式与对其他对象进行动画处理的方式不同，对于骨架，只需向“姿势”图层添加帧并在舞台上重新定位骨架即可创建关键帧。下面详细介绍制作骨骼动画的操作方法。

操作步骤 Step by Step

第 1 步 将播放头放在准备添加姿势（即改变骨架形态）的帧上，然后在舞台上使用【选择工具】调整骨骼的位置和角度，重新定位骨架，此帧自动变成姿势（关键帧），如图 6-75 所示。

第 2 步 在其他需要定位姿势的帧上重复之前的步骤，并且可以随时在姿势帧中调整骨架的位置或添加新的姿势帧，直至制作完成最终的骨骼动画，如图 6-76 所示。

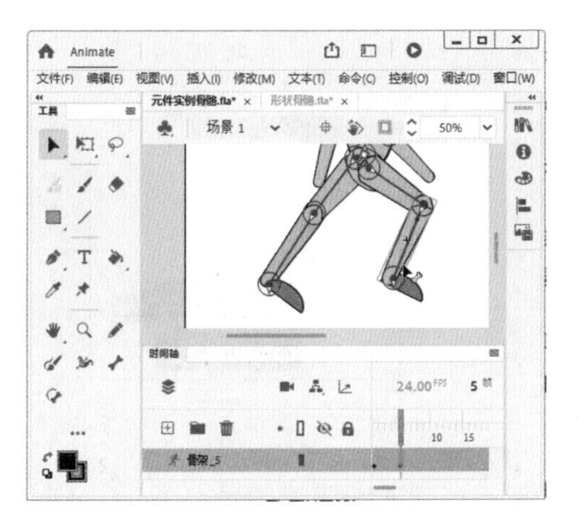

图 6-75

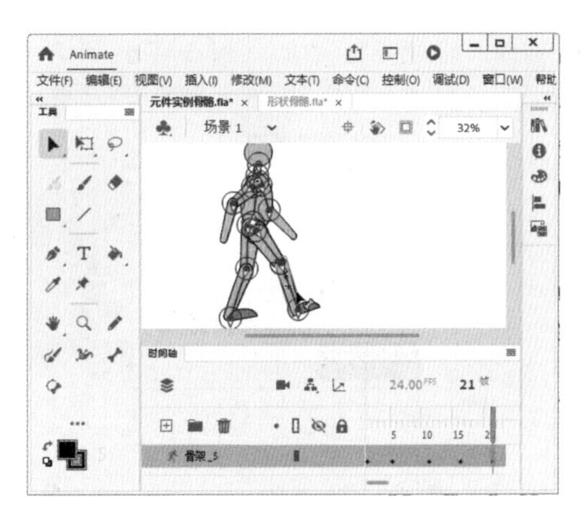

图 6-76

专家解读

类似于补间动画，可以将整段骨骼动画视为一个整体，如果要更改动画长度（速度），只需将鼠标指针悬停在骨架的最后一帧上，直到鼠标指针变成黑色双向箭头，然后将"姿势"图层的最后一帧拖曳到右侧或左侧以延长或缩短动画过程。

6.4.4 课堂范例——制作毛毛虫爬行动画

在默认情况下，形状控制点连接到离它们最近的骨骼，用户可以编辑单个骨骼和形状控制点之间的连接，这样就可以控制在每个骨骼移动时图形扭曲的方式，以获得更满意的效果。本例通过给形状添加骨骼的方式制作一个毛毛虫爬行的动画。

<< 扫码获取配套视频课程，本视频课程播放时长约为 1 分 48 秒。

配套素材路径：配套素材/第6章

素材文件名称：毛毛虫.fla

操作步骤 Step by Step

第 1 步 打开本例的素材文件"毛毛虫.fla"，可以看到已经创建了一个毛毛虫图形，双击该图形进入到元件编辑界面，如图 6-77 所示。

第 2 步 选择整个毛毛虫形状，使用【骨骼工具】，从毛毛虫头部开始，按住鼠标左键不放并拖动鼠标指针至下一节，这样就在毛毛虫形状里面建立了一根骨骼，图层变成骨架层。重复此操作多次，便可得到如图 6-78 所示的效果图。

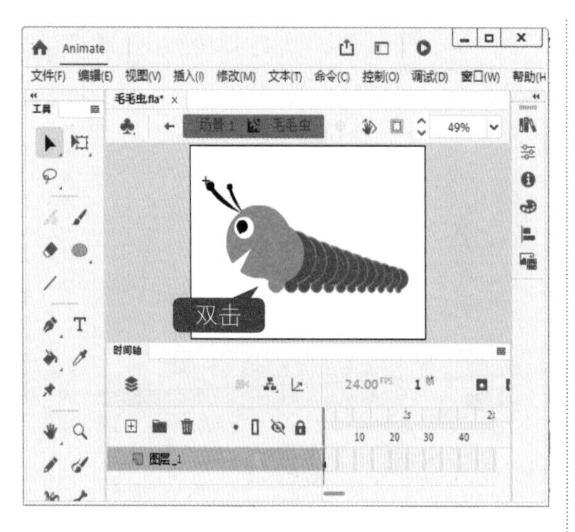

图 6-77

第 3 步 在【骨架 -1】图层的第 15 帧处单击鼠标右键，在弹出的快捷菜单中选择【插入姿势】菜单项，插入一个姿势，如图 6-79 所示。

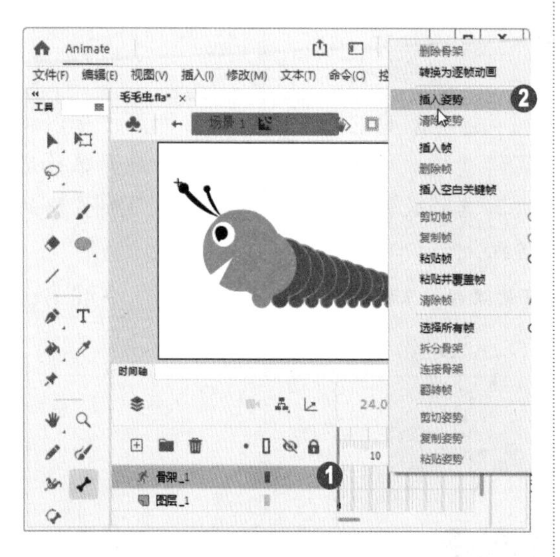

图 6-79

第 5 步 在第 25 帧处再插入一个姿势，将舞台上的毛毛虫的尾部向下拖曳，如图 6-81 所示。

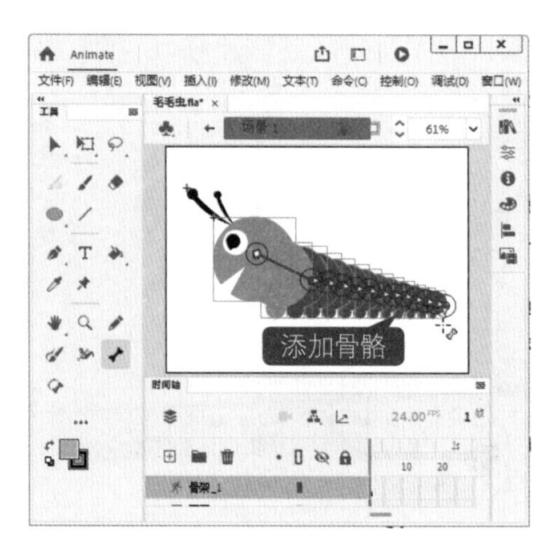

图 6-78

第 4 步 按住鼠标左键向上拖曳舞台上毛毛虫的尾部，如图 6-80 所示。

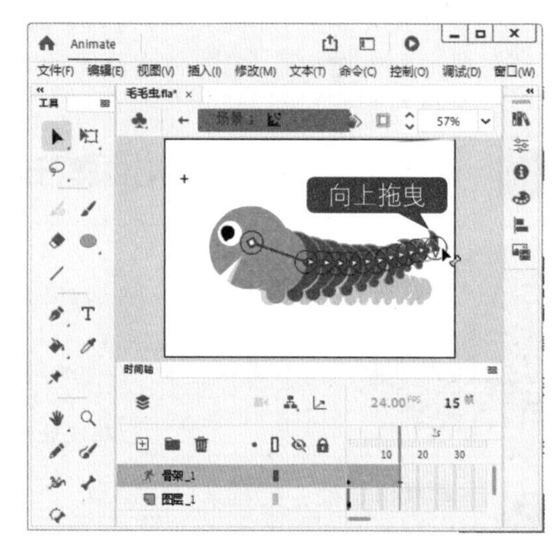

图 6-80

第 6 步 单击 ← 按钮，退出毛毛虫元件的编辑，返回到场景 1 中，根据舞台大小调整一下毛毛虫实例的大小，然后给毛毛虫实例做一段从舞台右侧向左侧移动的传统补间动画，如图 6-82 所示。

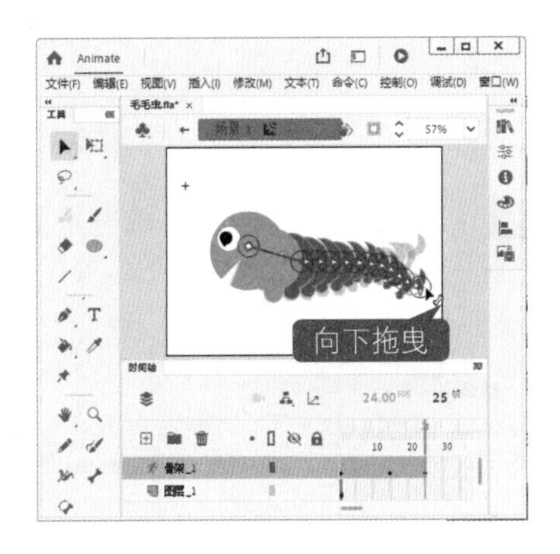

图 6-81

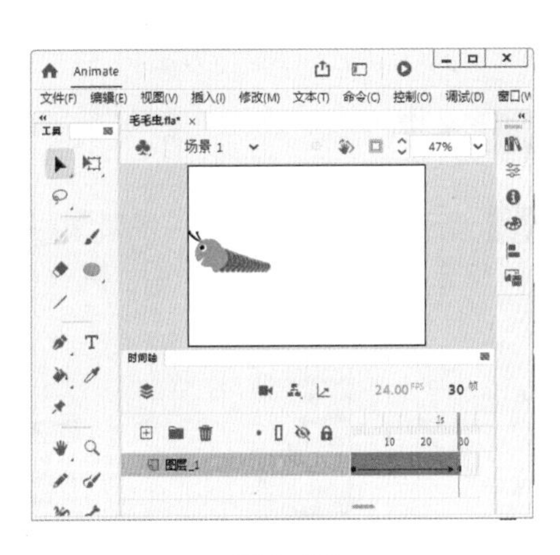

图 6-82

第 7 步 如果要给毛毛虫找一个伙伴，可以复制一个制作好的动画图层，稍微调整一下大小，放置在不同的位置，如图 6-83 所示。

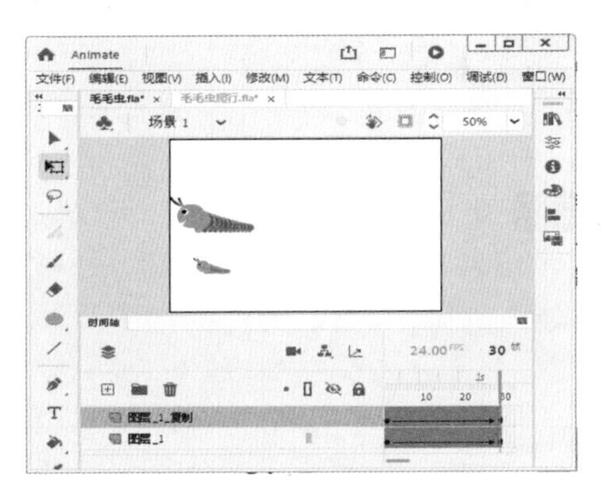

图 6-83

第 8 步 按 Ctrl+Enter 组合键测试影片，这样即可完成毛毛虫爬行动画的制作，如图 6-84 所示。

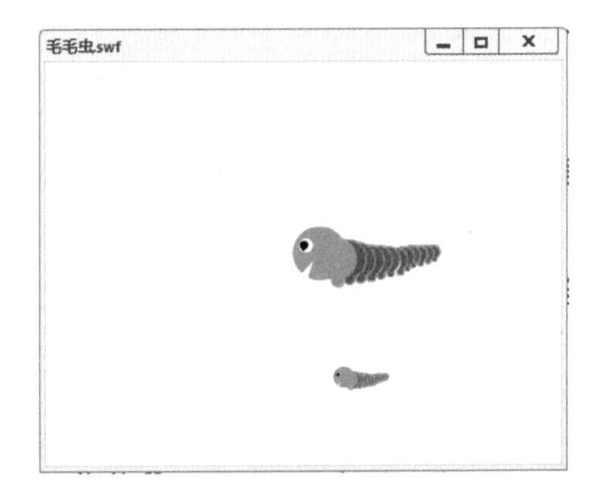

图 6-84

6.5 场景动画

在 Animate 中，场景是专门用来容纳图层里各种对象的地方，单独的场景可以用于简介、出现的消息以及片头片尾字幕等。除了默认的单场景外，用户还可以创建多个场景来编辑动画。多场景动画不同于其他动画，它是在不同的场景中放置不同的动画元素，然后通过场景间的切换将其串联成一个整体动画。本节将详细介绍场景动画的相关知识及操作方法。

6.5.1 添加与删除场景

当制作 Animate 动画时，用户可以根据需要添加场景，也可以将多余的场景删除。下面介绍添加与删除场景的操作方法。

操作步骤

Step by Step

第 1 步 新建一个空白文档，在菜单栏中选择【窗口】→【场景】菜单项，如图 6-85 所示。

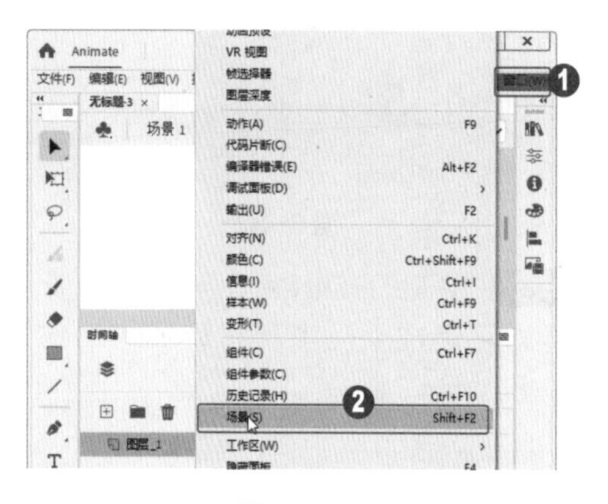

图 6-85

第 2 步 打开【场景】面板，单击【添加场景】按钮⊞，这样即可完成添加场景的操作，如图 6-86 所示。

图 6-86

第 3 步 在【场景】面板中，❶选择要删除的场景，❷单击【删除场景】按钮🗑，如图 6-87 所示。

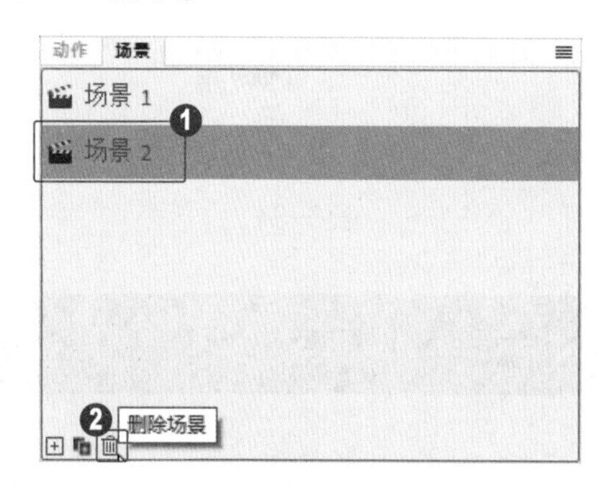

图 6-87

第 4 步 弹出“是否确实要删除所选场景”的提示信息，单击【确定】按钮，即可完成删除场景的操作，如图 6-88 所示。

图 6-88

知识拓展：添加场景的方式

在 Animate 中，除了在【场景】面板中添加场景外，还可以在菜单栏中选择【插入】菜单，在弹出的下拉菜单中选择【场景】菜单项来添加场景。需要注意的是，在删除场景时，当面板中只剩下一个场景时，系统将不允许删除该场景。

6.5.2 选择当前场景

在制作多场景动画时常常需要修改某场景中的动画，此时应该将该场景设置为当前场景。单击舞台窗口上方的【编辑场景】下拉按钮 ，在弹出的下拉列表中选择要编辑的场景，即可选择当前场景，如图 6-89 所示。

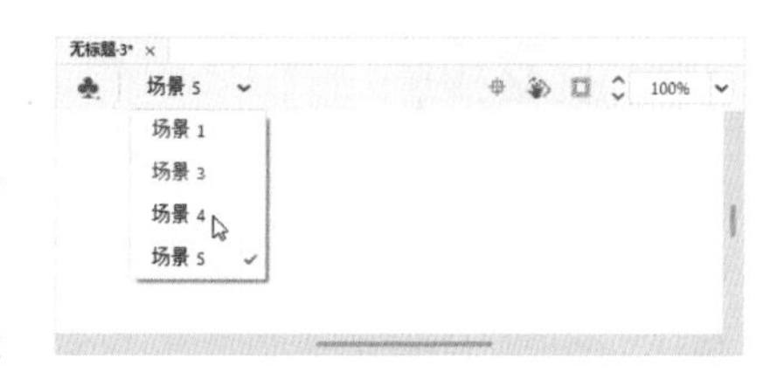

图 6-89

6.5.3 调整场景动画的播放次序

在 Animate 中，动画是按照【场景】面板中场景顺序播放的，用户可以根据需要来调整场景的顺序，以达到更好的播放效果。下面详细介绍调整场景动画的播放次序的方法。

操作步骤 Step by Step

第 1 步 打开【场景】面板，单击鼠标左键选中要进行调整顺序的场景名称，并将其拖动至指定位置，如图 6-90 所示。

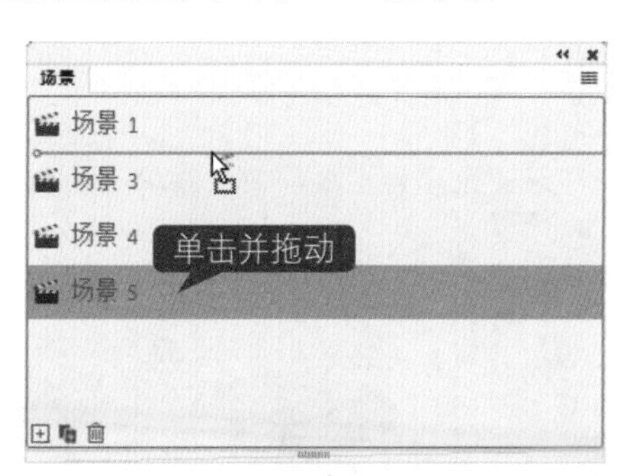

图 6-90

第 2 步 释放鼠标左键，此时可以看到调整顺序的场景名称，即可完成调整场景动画的播放次序，如图 6-91 所示。

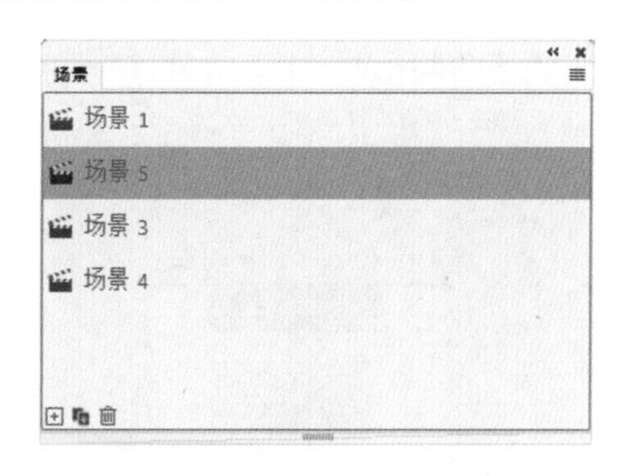

图 6-91

6.5.4 课堂范例——制作多场景动画

在 Animate 中，用户可以制作两个或两个以上的场景动画，以满足动画制作要求。本例以两个场景制作动画为例，详细介绍制作多场景动画的操作方法。

<< 扫码获取配套视频课程，本视频课程播放时长约为 1 分 32 秒。

操作步骤

Step by Step

第 1 步 新建一个空白文档，❶在工具箱中单击【矩形工具】按钮，❷在舞台中绘制矩形，如图 6-92 所示。

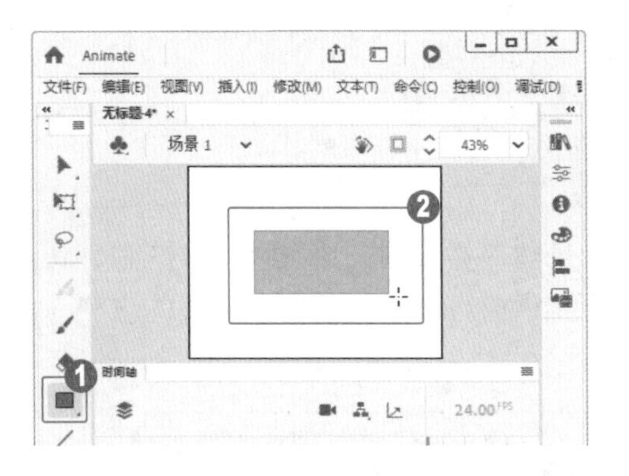

图 6-92

第 2 步 在【时间轴】面板中选中第 15 帧，在键盘上按 F6 键，插入关键帧，如图 6-93 所示。

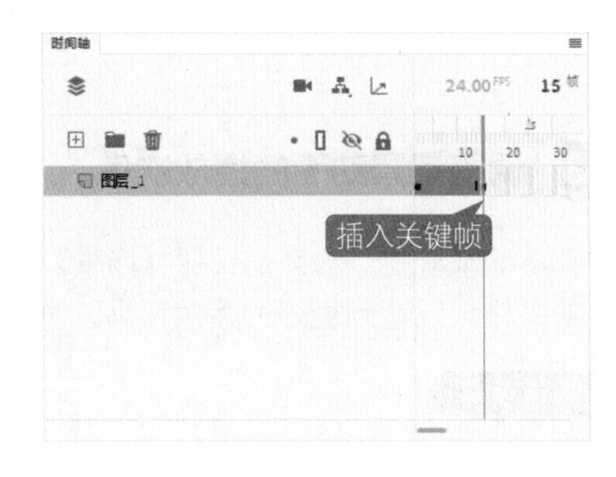

图 6-93

第 3 步 返回到工具箱中，单击【选择工具】按钮，在舞台中选中图形，按 Delete 键删除，如图 6-94 所示。

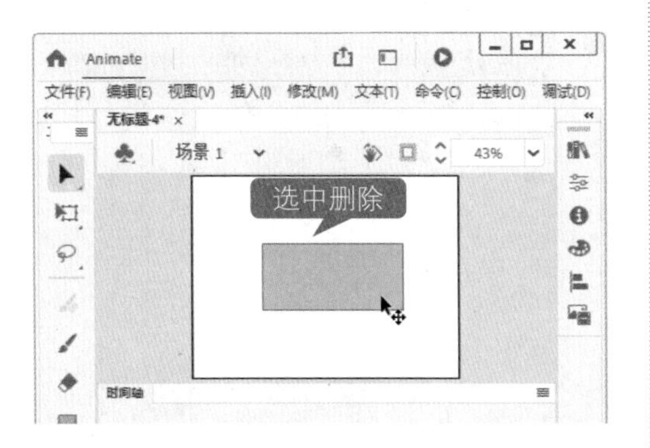

图 6-94

第 4 步 在工具箱中，❶单击【椭圆工具】按钮，❷在舞台中绘制椭圆形，如图 6-95 所示。

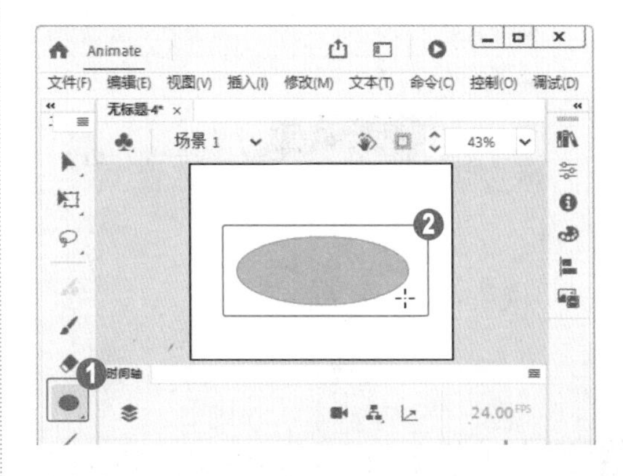

图 6-95

第 5 步 在【时间轴】面板中，❶选中第 1 帧～第 15 帧之间的任意帧，右击，❷在弹出的快捷菜单中选择【创建补间形状】菜单项，如图 6-96 所示。

第 6 步 打开【场景】面板，单击【添加场景】按钮，创建一个名为“场景 2”的场景，如图 6-97 所示。

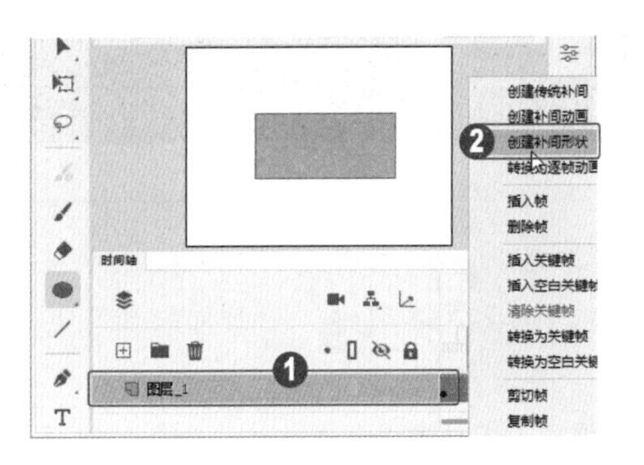

图 6-96

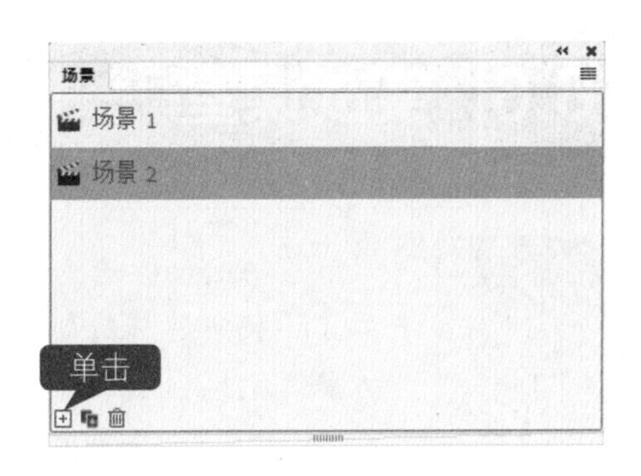

图 6-97

第 7 步 切换到“场景 2”的舞台中，❶在工具箱中单击【文字工具】按钮 T，❷在舞台中输入文字“5”，如图 6-98 所示。

第 8 步 在【时间轴】面板中，❶选中第 15 帧，在键盘上按 F6 键插入关键帧，❷修改舞台中的文字为“4”，如图 6-99 所示。

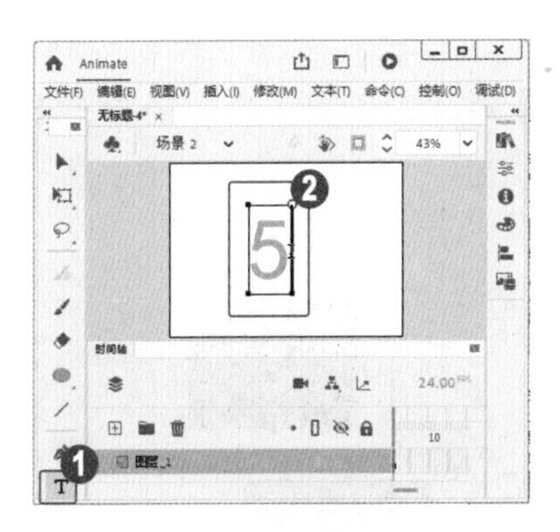

图 6-98

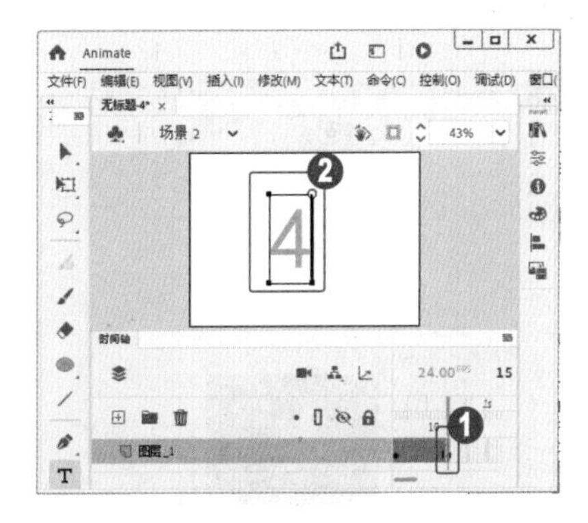

图 6-99

第 9 步 在【时间轴】面板中，❶选中第 1 帧～第 15 帧之间的任意帧，右击，❷在弹出的快捷菜单中选择【创建传统补间】菜单项，如图 6-100 所示。

第10步 按 Ctrl+Enter 组合键测试影片，这样即可完成制作多场景动画的操作，如图 6-101 所示。

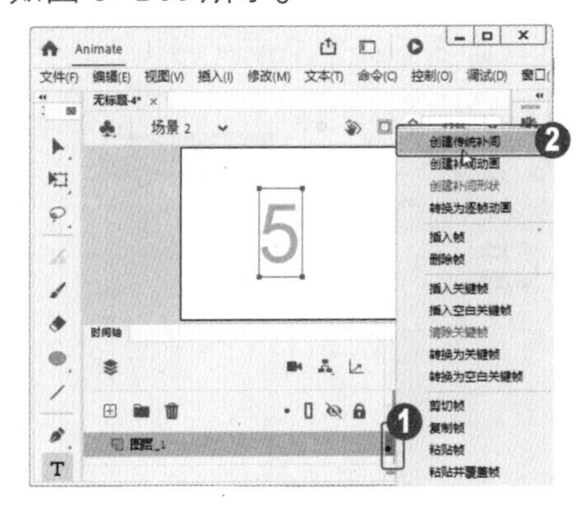

图 6-100

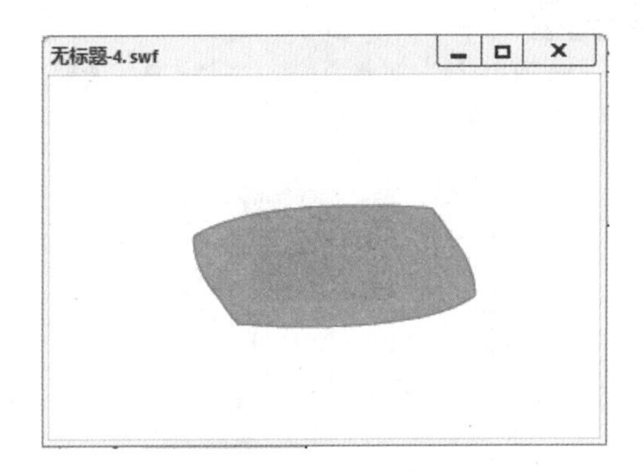

图 6-101

6.6 实战课堂——制作雪花飘落

在Animate动画制作中，遮罩层的应用最广泛。本例根据本章所学知识，使用遮罩层制作一个精美的雪花飘落动画。下面详细介绍其操作方法。

<< 扫码获取配套视频课程，本视频课程播放时长约为1分15秒。

配套素材路径：配套素材/第6章

素材文件名称：雪花.fla

操作步骤

Step by Step

第1步 打开“雪花.fla”素材文件，在【时间轴】面板中选中【图层2】图层的第15帧，在键盘上按F6键插入关键帧，如图6-102所示。

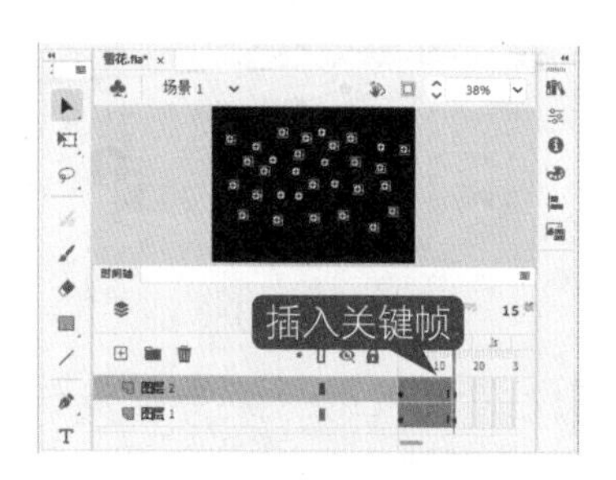

图6-102

第2步 在【时间轴】面板中单击【新建图层】按钮，新建一个名为“图层_3”的图层，如图6-103所示。

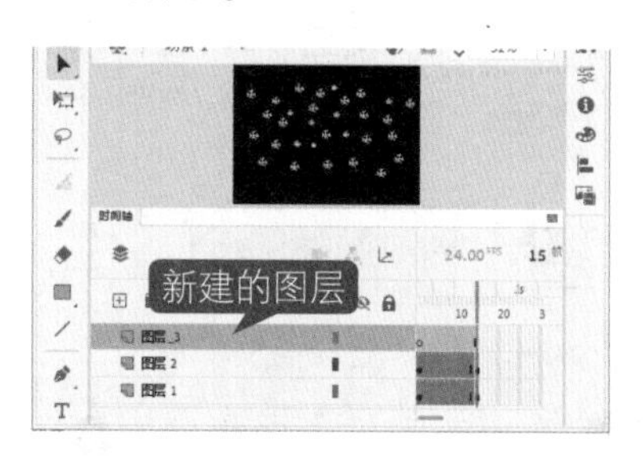

图6-103

第3步 选中【图层_3】图层的第1帧，❶在工具箱中单击【矩形工具】按钮，❷在舞台的合适位置绘制矩形，如图6-104所示。

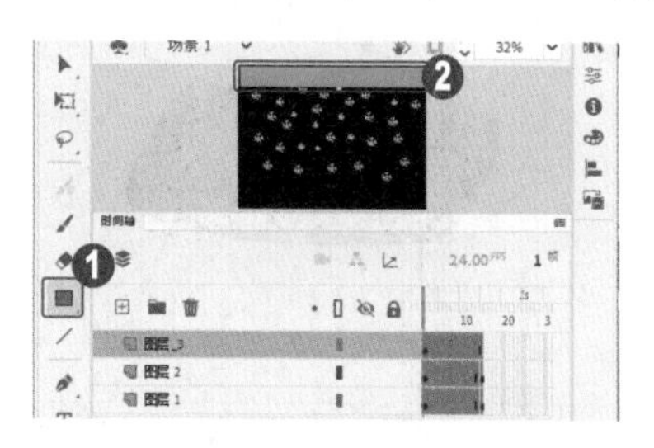

图6-104

第4步 在【时间轴】面板中选中【图层_3】图层的第15帧，在键盘上按F6键插入关键帧，如图6-105所示。

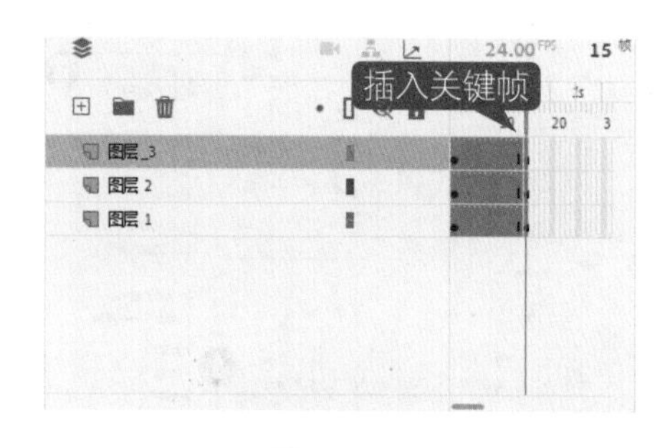

图6-105

第5步 返回到工具箱中，❶单击【选择工具】按钮▶，❷选中舞台中的图形，将其移动至图片的终点处，如图6-106所示。

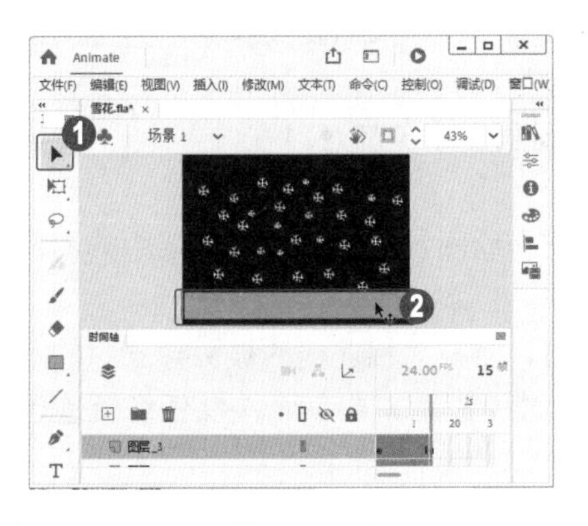

图6-106

第6步 在【图层_3】图层中，❶选中第1帧～第15帧之间的任意帧，右击，❷在弹出的快捷菜单中选择【创建传统补间】菜单项，如图6-107所示。

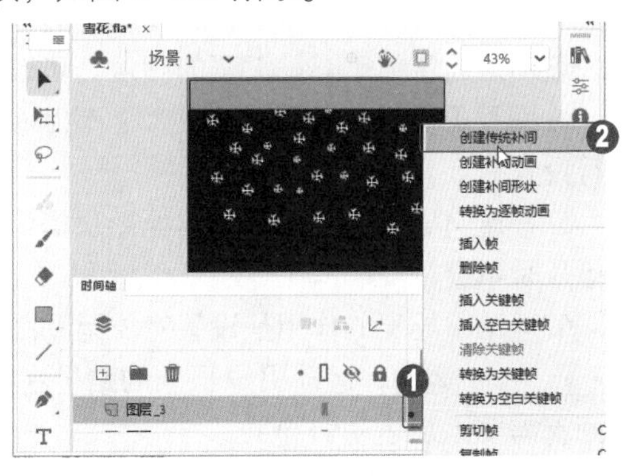

图6-107

第7步 在【时间轴】面板中，❶选中【图层3】图层，右击，❷在弹出的快捷菜单中选择【遮罩层】菜单项，如图6-108所示。

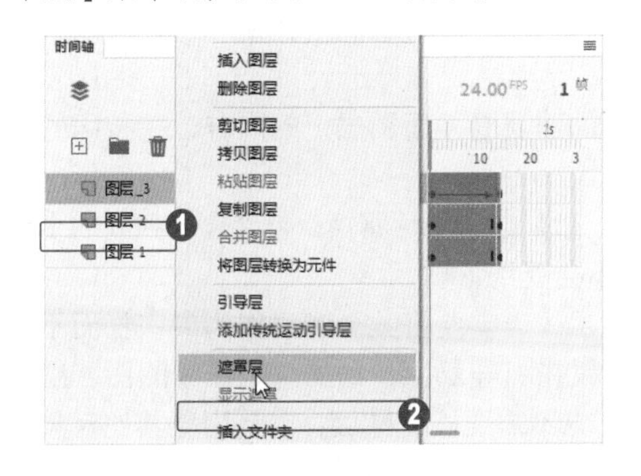

图6-108

第8步 按Ctrl+Enter组合键测试影片，这样即可完成制作雪花飘落的动画，如图6-109所示。

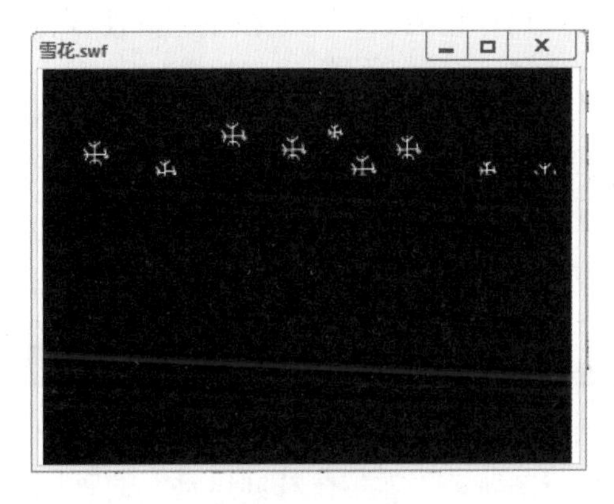

图6-109

6.7 思考与练习

通过本章的学习，读者可以掌握图层与高级动画的基本知识以及一些常用的操作方法。本节将针对本章知识点，有目的地进行相关知识测试，以达到巩固与提高的目的。

一、填空题

1. 新建一个文档后，系统会自动生成一个图层，默认状态下为“________”。

2. 打开 Animate 2022 软件，新建一个文档，系统默认状态下的图层，为 ________。

3. 在动画设计与创作中，时间轴中的图层会越来越多，如果需要查找某个具体的图层会比较烦琐。为了便于查找需要的图层，可以对图层进行 ________。

4. 图层的名称、可见性、类型、轮廓颜色以及图层高度等都可以在 ________ 对话框中进行设置。

5. 普通引导层主要用于为其他图层提供辅助绘图和绘图定位功能，引导层中的图形在影片播放时不会 ________。

6. 运动引导层的作用是设置对象运动路径的导向，使与之相连接的被引导层中的对象沿着 ________ 运动，运动引导层上的路径在播放动画时不显示，要创建按照任意轨迹运动的动画就需要添加运动引导层。

7. 在 Animate 中给对象添加骨骼，需要使用骨骼工具，其快捷键为 ________ 键。

二、判断题

1. 图层是设计与创建动画的基础，在动画设计与创作中，图层的作用和卡通片制作中透明纸的作用相似，通过在不同的图层放置相应的元件，再将它们重叠在一起，可以获得层次丰富、变化多样的动画效果。（　　）

2. 当图层上没有任何对象时，可以透过上面的图层看下面图层上的内容，在相同的图层上可以编辑不同的元件。（　　）

3. 在 Animate 中，每一个图层是相互独立的，都有自己的时间轴，包含自己独立的多个帧，当修改某一个图层时，另一个图层上的对象不会受到影响。（　　）

4. 引导层主要有两大用途：一是作为参考图层，当需要将某个对象作为参照物而不需要在最终发布的文件中呈现的时候，可以将其放置在引导层中，如描摹时参考的图、绘制的辅助线等，这种引导层可称为“普通引导层”，它不需要被引导层；二是引导其他对象沿设计好的轨迹线做传统补间运动，这种引导层可称为“运动引导层”，它与被引导层构成了引导关系，它的内容一般是用于运动路径的线条，称为引导线。（　　）

5. 骨骼动画比较适合于制作肢体动作、机械运动等动画效果。（　　）

三、简答题

1. 如何添加运动引导层？

2. 如何创建遮罩层？

第7章

导入和处理多媒体对象

- 导入与编辑图像素材
- 导入与编辑声音素材
- 导入与编辑视频素材
- 制作带有音效的播放按钮

本章主要介绍导入与编辑图像素材、声音素材和视频素材方面的知识与技巧，在本章的最后还针对实际工作需求，讲解制作带有音效的播放按钮的方法。通过本章的学习，读者可以掌握Animate动画制作快速入门方面的知识，为深入学习Animate 2022动画设计与制作知识奠定基础。

7.1 导入与编辑图像素材

在使用 Animate 制作动画的过程中，使用绘图工具绘制的图形不能完全满足对素材的需要，用户可以根据编辑的需要，导入各种格式的图片文件，以满足制作动画的要求。本节将详细介绍导入与编辑图像素材的相关知识及操作方法。

7.1.1 导入图像素材

Animate 影片是由一个个画面组成的，而每个画面又是由一张张图片构成的，Animate 可以识别多种不同的位图和矢量图的文件格式。下面详细介绍导入图像素材的相关知识及操作方法。

1. 导入到舞台

使用 Animate 用户可以将位图或矢量图等图像素材导入到舞台中。下面将分别予以详细介绍。

1）导入位图到舞台

当导入位图到舞台上时，舞台上将显示该位图，位图同时被保存在【库】面板中。

新建一个空白文档后，在菜单栏中选择【文件】→【导入】→【导入到舞台】菜单项，弹出【导入】对话框，选择本书的素材文件“配套素材 \ 第 7 章 \ 花 \01.jpg”，如图 7-1 所示；单击【打开】按钮，会弹出提示框，如图 7-2 所示。

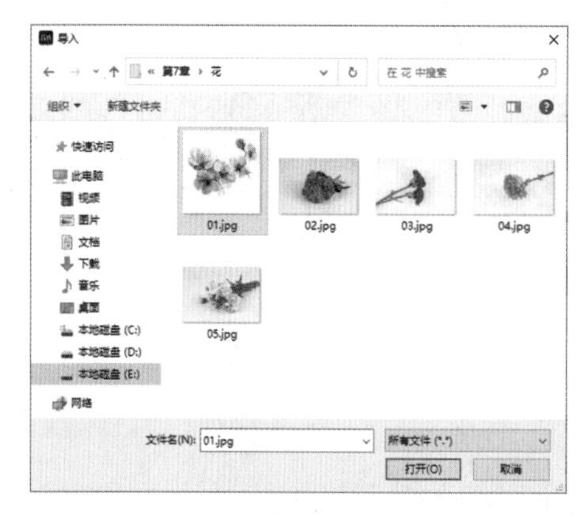

图 7-1

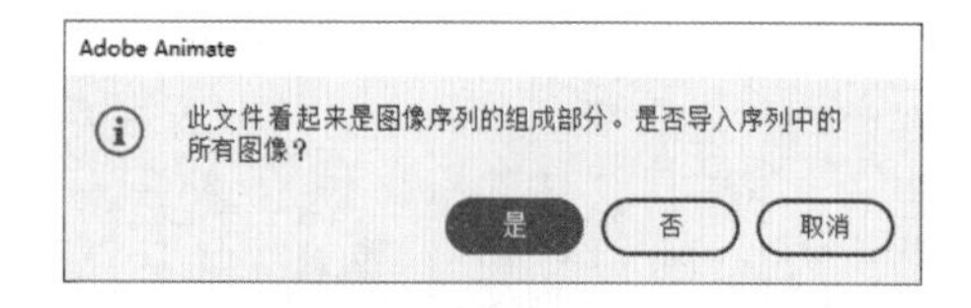

图 7-2

当单击【否】按钮时，所选择的位图图片“01.jpg”将被导入舞台，这时，舞台、【库】面板和【时间轴】面板所显示的效果如图 7-3 所示。当单击【是】按钮时，位图图片“01.jpg”～“05.jpg”全部被导入舞台，这时，舞台、【库】面板和【时间轴】面板所显示的效果如图 7-4 所示。

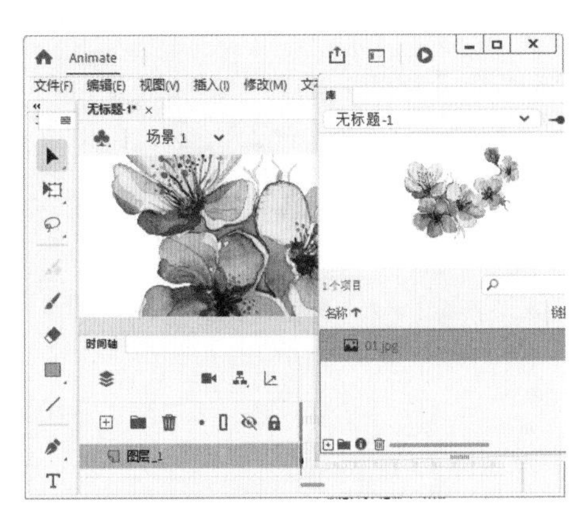

图 7-3

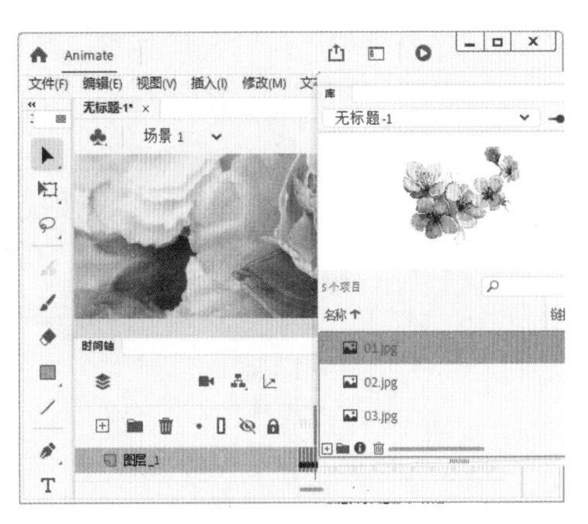

图 7-4

专家解读

用户可以对导入的位图应用压缩和消除锯齿功能，从而控制位图在 Animate 中的大小和外观，还可以将导入的位图作为填充应用于对象。

2）导入矢量图到舞台

当导入矢量图到舞台上时，舞台上将显示该矢量图，但矢量图并不会被保存到【库】面板中。

选择【文件】→【导入】→【导入到舞台】菜单项，弹出【导入】对话框，选择本书的素材文件“配套素材\第 7 章\折扇 .ai”，如图 7-5 所示；单击【打开】按钮，弹出【将“折扇 .ai”导入到舞台】对话框，如图 7-6 所示。

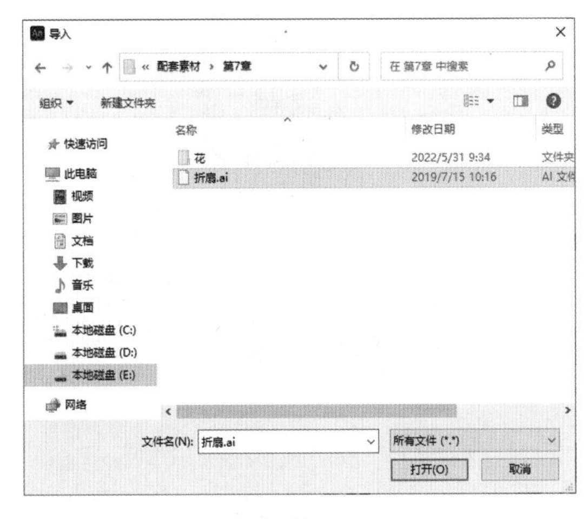

图 7-5

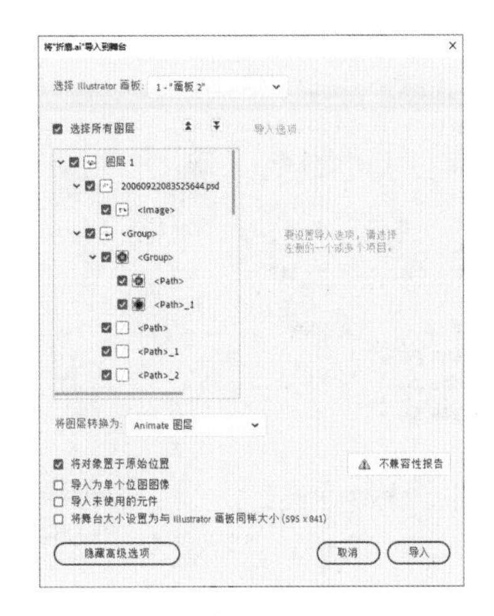

图 7-6

单击【导入】按钮，矢量图将被导入舞台中，如图 7-7 所示。此时，查看【库】面板可以发现，【库】面板中并没有保存该矢量图。

图 7-7

2. 导入到库

使用 Animate 用户可以将位图或矢量图等图像素材导入到库中。下面介绍具体的操作方法。

1）导入位图到库

当导入位图到【库】面板时，舞台上不显示该位图，只在【库】面板中显示。

在菜单栏中选择【文件】→【导入】→【导入到库】菜单项，弹出【导入到库】对话框，选择本书的素材文件“配套素材 \ 第 7 章 \ 花 \02.jpg”，如图 7-8 所示；单击【打开】按钮，位图将被导入到【库】面板中，如图 7-9 所示。

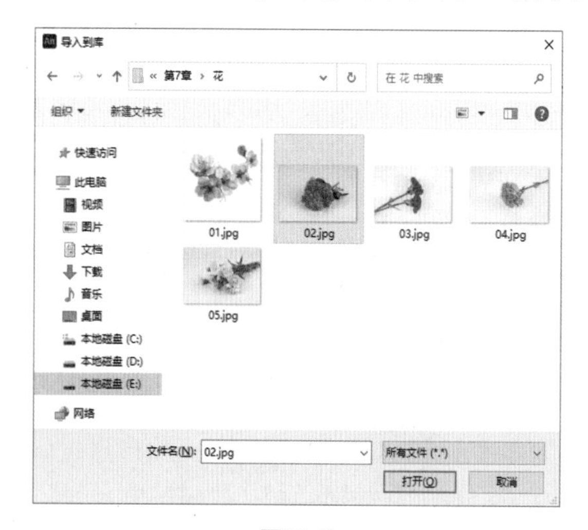

图 7-8

图 7-9

2）导入矢量图到库

当导入矢量图到【库】面板时，舞台上不显示该矢量图，只在【库】面板中显示。

在菜单栏中选择【文件】→【导入】→【导入到库】菜单项，弹出【导入到库】对话框，选择本书的素材文件“配套素材\第 7 章\折扇 .ai”，如图 7-10 所示；单击【打开】按钮，弹出【将“折扇 .ai”导入到库】对话框，如图 7-11 所示。

图 7-10

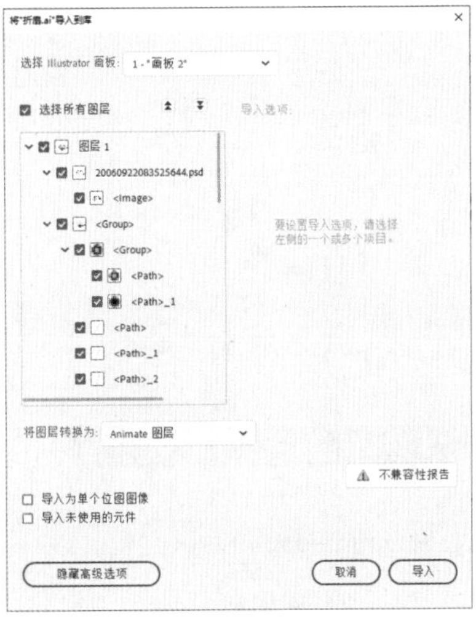

图 7-11

单击【导入】按钮，矢量图将被导入到【库】面板中，如图 7-12 所示。

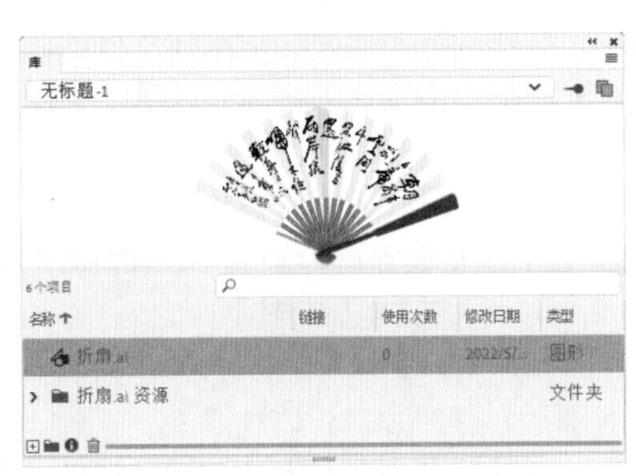

图 7-12

知识拓展：外部粘贴

用户也可以将其他程序或文档中的位图粘贴到 Animate 文档的舞台中。其方法为：在其他程序或文档中复制图像，选中 Animate 文档，按 Ctrl+V 组合键，即可粘贴被复制的图像，图像将出现在 Animate 文档的舞台中。

7.1.2 设置导入位图的属性

对于导入的位图，用户可以根据需要消除锯齿，从而使图像的边缘变得平滑，或选择压缩选项以减小位图文件的占用空间，以及格式化文件以便在 Web 上显示图像。这些变化都需要在【位图属性】对话框中进行设定。

在【库】面板中双击位图图标，如图 7-13 所示，系统会弹出【位图属性】对话框，如图 7-14 所示。

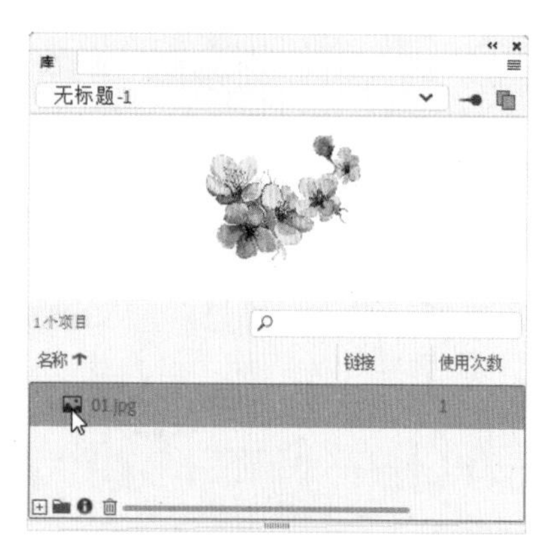

图 7-13

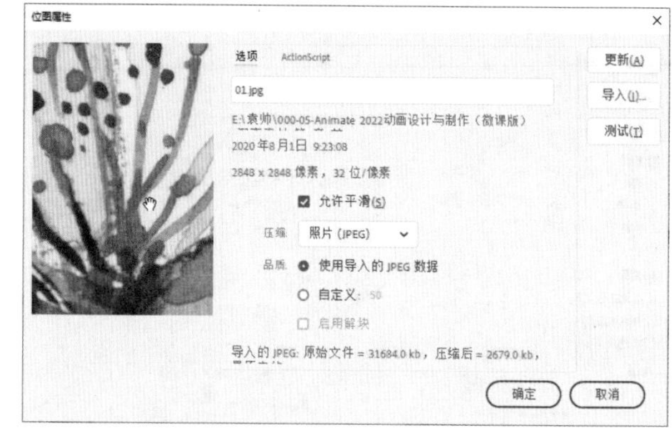

图 7-14

下面详细介绍【位图属性】对话框中的相关参数。

- 位图浏览区域：对话框的左侧为位图浏览区域，将鼠标指针放在此区域中时，鼠标指针变为手形“”，按住鼠标左键并拖动鼠标可移动区域中的位图。
- 位图名称编辑区域：对话框的上方为名称编辑区域，可以在此更换位图的名称。
- 位图基本情况区域：名称编辑区域下方为基本情况区域，该区域显示了位图的创建时间、文件大小、像素位数以及位图在计算机中的具体位置。
- 【允许平滑】复选框：选中该复选框后，即可利用消除锯齿功能使位图边缘变得平滑。
- 【压缩】选项：设置通过何种方式压缩图像，它包含两种方式，即【照片（JPEG）】和【无损（PNG/GIF）】，如图 7-15 所示。【照片（JPEG）】以 JPEG 格式压缩图像，可以调整图像的压缩比；【无损（PNG/GIF）】将使用无损压缩格式压缩图像，这样就不会丢失图像中的任何数据。

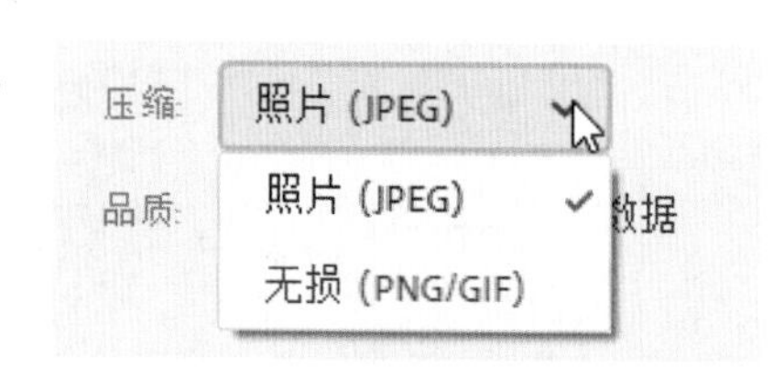

图 7-15

- 【品质】选项组：选中【使用导入的 JPEG 数据】单选按钮，则位图应用默认的压缩品质。选中【自定义】单选按钮，则可以在右侧的文本框中输入 1 ～ 100 之间的一个值，以指定新的压缩品质。输入的数值越大，保留的图像就越完整，但是产生的文件的占用空间也越大。选中【启用解块】复选框，则可以使图像显得更加平滑。

- 【更新】按钮：如果此位图在其他文件中被更改了，单击此按钮即可进行刷新。
- 【导入】按钮：可以导入新的位图替换原有的位图。单击此按钮，会弹出【导入位图】对话框，选中要进行替换的位图，如图 7-16 所示，单击【打开】按钮，原有的位图将被替换，如图 7-17 所示。

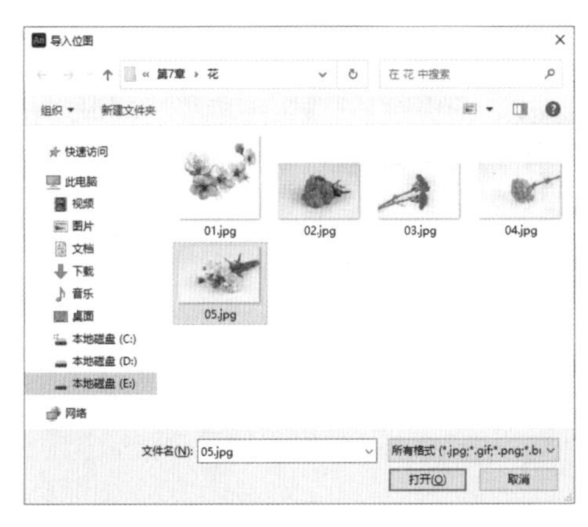

图 7-16

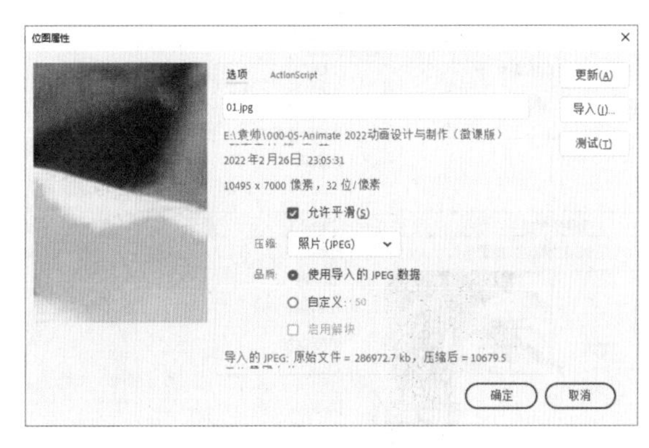

图 7-17

- 【测试】按钮：单击此按钮可以预览位图被压缩后的效果。

在【自定义】数值框中输入数值，如图 7-18 所示，单击【测试】按钮，在对话框左侧的位图浏览区域中可以观察压缩后的位图的质量效果，如图 7-19 所示。

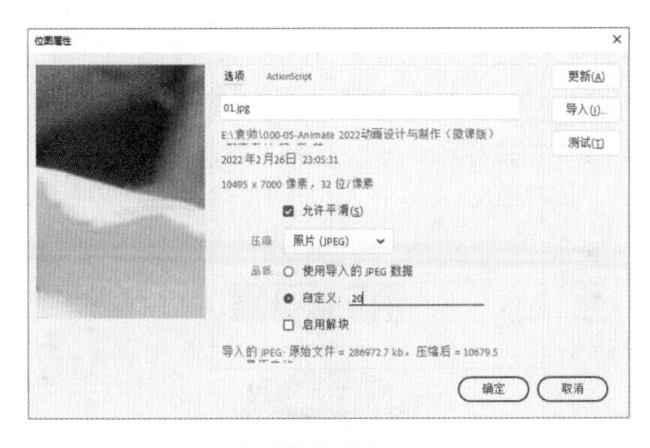

图 7-18

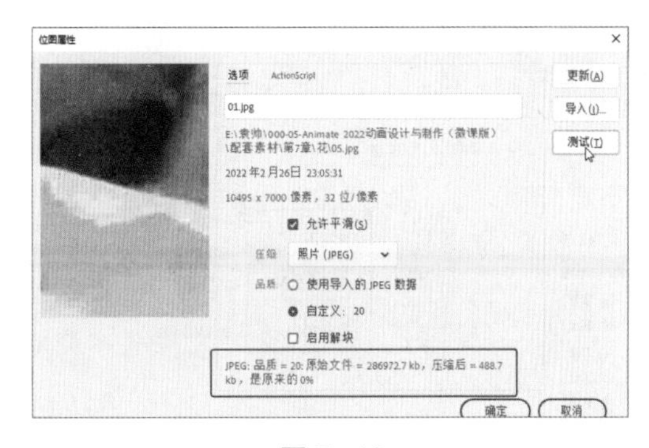

图 7-19

当【位图属性】对话框中的所有选项设置完成后，单击【确定】按钮即可完成设置导入位图的属性。

7.1.3 交换位图

【交换位图】命令可以把当前位图素材替换为其他位图。下面详细介绍交换位图的操作方法。

操作步骤

Step by Step

第 1 步 将位图导入到舞台中后，选中该位图，在菜单栏中选择【修改】→【位图】→【交换位图】菜单项，如图 7-20 所示。

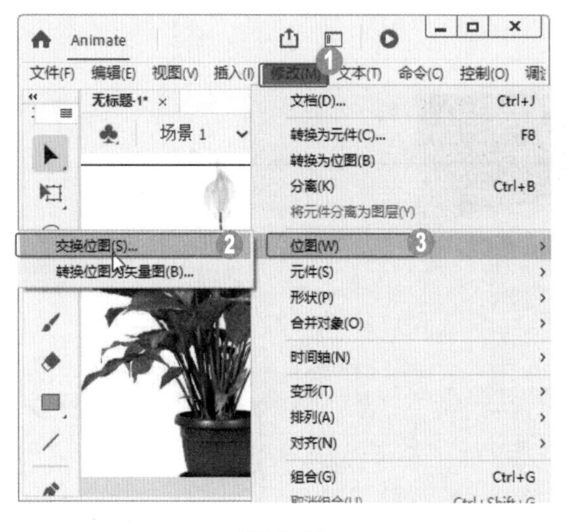

图 7-20

第 2 步 弹出【交换位图】对话框，显示当前舞台中应用的位图图像，单击【浏览】按钮，如图 7-21 所示。

图 7-21

第 3 步 弹出【导入位图】对话框，❶选择准备替换的位图素材，❷单击【打开】按钮，如图 7-22 所示。

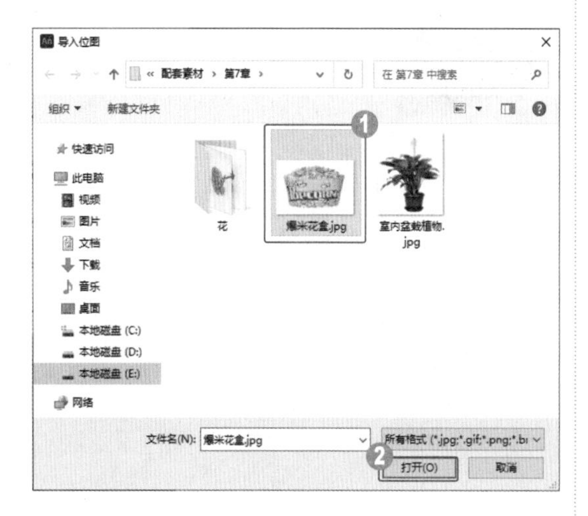

图 7-22

第 4 步 返回到舞台中，可以看到已经替换了所选择的位图素材，这样即可完成交换位图的操作，如图 7-23 所示。

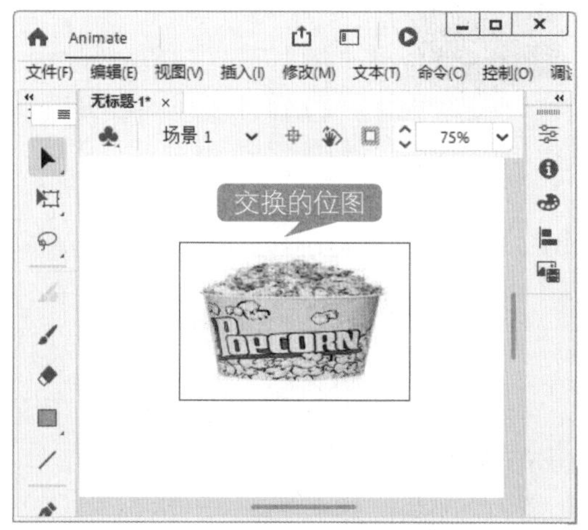

图 7-23

7.1.4 将位图转换为矢量图

在使用 Animate 进行动画设计的过程中，有时导入的位图素材是一张比较小的图片，当对该图片进行放大后会产生明显的失真，但将该位图图片转换为矢量图后便可解决由于图片放大而产生的失真问题。下面详细介绍将位图转换为矢量图的操作方法。

操作步骤 Step by Step

第 1 步 将位图导入到舞台中后，选中该位图，然后在菜单栏中选择【修改】→【位图】→【转换位图为矢量图】菜单项，如图 7-24 所示。

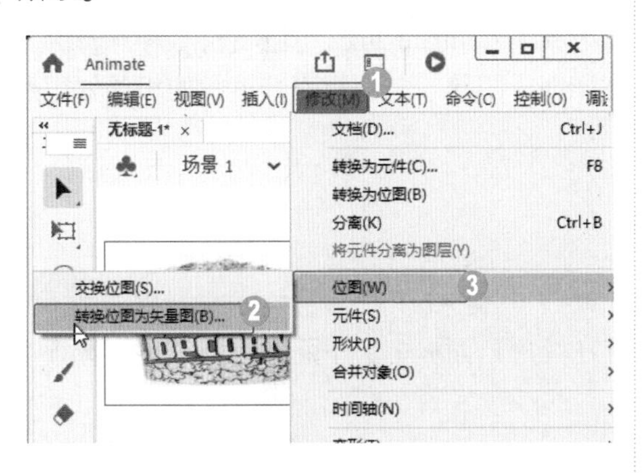

图 7-24

第 2 步 弹出【转换位图为矢量图】对话框，❶设置矢量图的颜色阈值、最小区域、角阈值和曲线拟合参数，❷单击【确定】按钮，如图 7-25 所示。

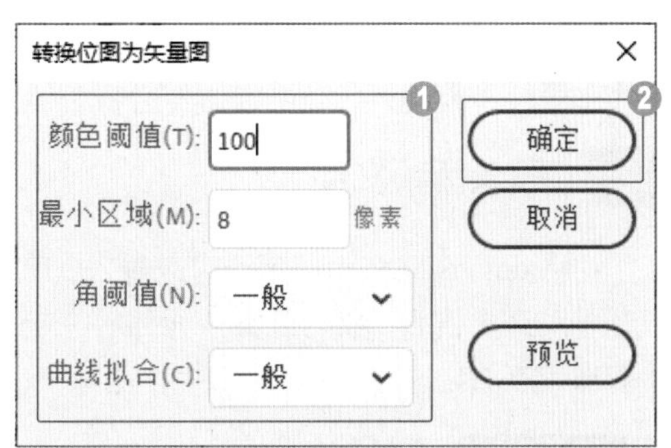

图 7-25

第 3 步 返回到舞台中，可以看到转换后的矢量图，这样即可完成将位图转换为矢量图的操作，如图 7-26 所示。

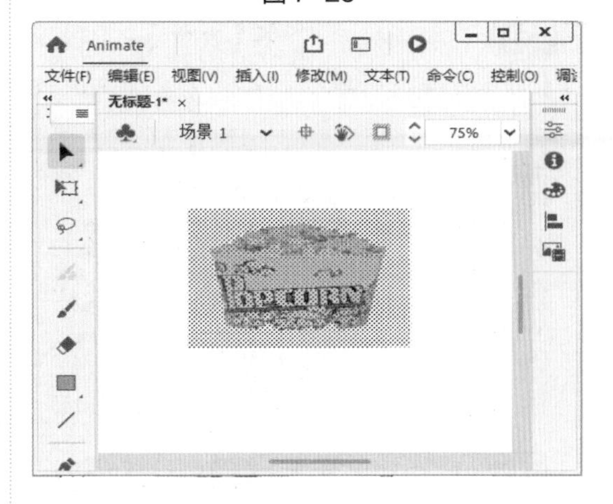

图 7-26

■ 指点迷津

在【转换位图为矢量图】对话框中，【颜色阈值】文本框中的数值越低，颜色转换越丰富；【最小区域】文本框中的数值越小，矢量图的精确度越高。在【曲线拟合】与【角阈值】下拉列表框中，可以设置曲线和图像上尖角转换的平滑度值。

知识拓展：将位图应用为填充

在 Animate 中，还可以将位图以填充的方式应用到动画制作中。其具体方法如下：打开【颜色】面板，单击【颜色类型】下拉按钮，在弹出的下拉列表框中选择【位图填充】选项。在工具箱中，单击【椭圆工具】按钮，然后在舞台中绘制一个椭圆形，可以看到位图填充的效果，这样即可完成将位图应用为填充的操作。

7.2 导入与编辑声音素材

一个好的动画作品离不开声音，合适的音效会给作品增色不少，声音是 Animate 动画的重要组成部分之一，直接关系到动画的表现力和效果。Animate 2022 可以支持多种声音的导入，可以使声音独立于时间轴连续播放。本节将详细介绍导入与编辑声音素材的相关知识及操作方法。

7.2.1 导入音频文件

在 Animate 2022 中，用户可以导入 MP3 和 WAV 以及 AIFF 等多种格式的声音素材，当声音导入到文档后，将与位图、元件等一起保存在【库】面板中。下面详细介绍导入音频文件的操作方法。

操作步骤 Step by Step

第 1 步 在菜单栏中，选择【文件】→【导入】→【导入到库】菜单项，如图 7-27 所示。

图 7-27

第 2 步 弹出【导入到库】对话框，❶选择准备导入的音频文件，❷单击【打开】按钮，如图 7-28 所示。

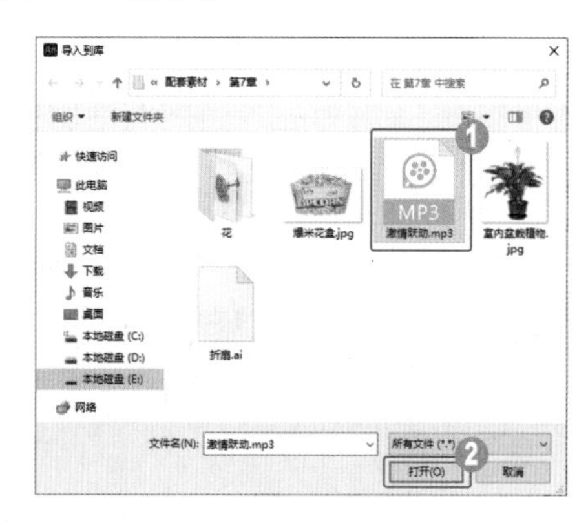

图 7-28

第 3 步 打开【库】面板，即可看到导入的声音文件，这样即可完成在 Animate 中导入音频文件的操作，如图 7-29 所示。

■ 指点迷津

用户也可以将声音文件由文件夹直接拖曳到 Animate 舞台上。不管使用哪种方式，导入的声音都会存放在【库】中。如果声音文件比特率太高，有可能会导入失败。

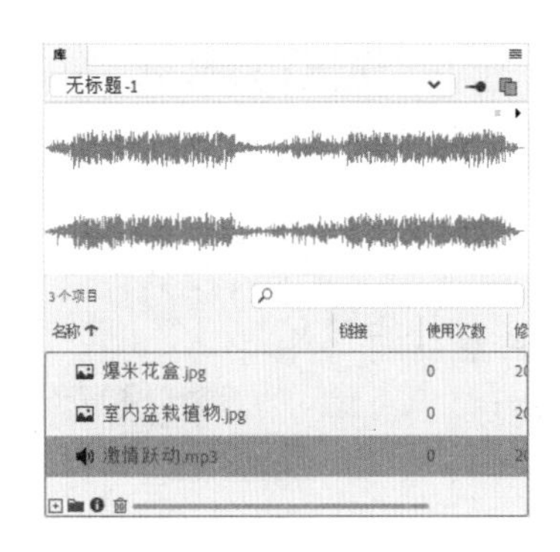

图 7-29

7.2.2 为影片添加与删除声音

制作动画时会经常使用影片剪辑，而在播放影片剪辑的同时若伴随着声音，则会让动画作品更生动形象。在 Animate 中，将声音添加到影片中，这个声音将贯穿整个动画。当添加的声音不适合动画播放要求时，可以将其删除。下面将详细介绍为影片添加声音与删除声音的操作方法。

配套素材路径：配套素材/第7章

素材文件名称：添加声音.fla

操作步骤 Step by Step

第 1 步 打开“添加声音 .fla”素材文件，打开【库】面板，可以看到已经有一个声音文件导入到【库】中。在【时间轴】面板中，在【图层 1】图层中，单击鼠标左键选中第 1 帧，在【库】面板中选中声音文件，并将其拖曳到舞台中，释放鼠标左键，如图 7-30 所示。

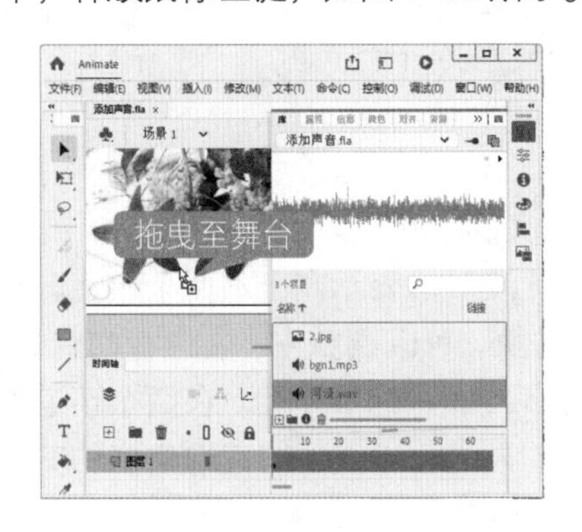

图 7-30

第 2 步 此时在【时间轴】面板中，可以看到【图层 1】图层中出现了声音的波形，这样即可完成为影片添加声音的操作，如图 7-31 所示。

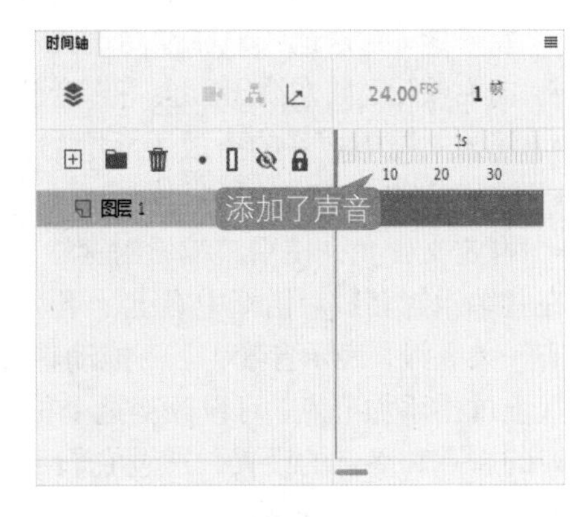

图 7-31

第 3 步 在【时间轴】面板中，单击鼠标左键选中包含声音的一个帧，如图 7-32 所示。

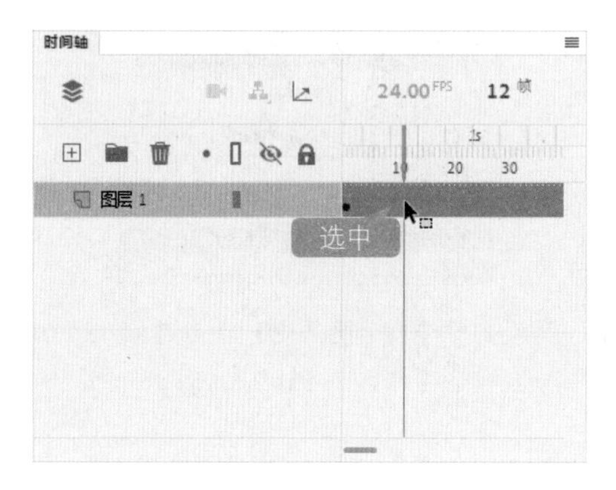

图 7-32

第 4 步 打开【属性】面板，在【声音】选项组的【名称】下拉列表框中，选择【无】选项，这样即可完成删除声音的操作，如图 7-33 所示。

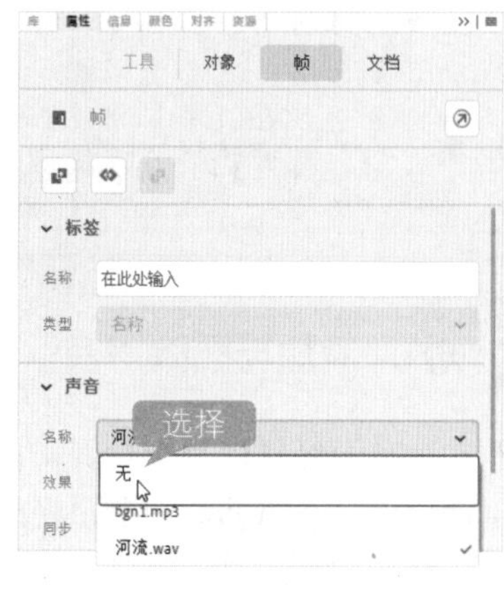

图 7-33

7.2.3 设置与编辑声音的效果

将声音文件添加到时间轴上后，用户可以对声音进行适当的设置或编辑，从而使其更符合影片的需要。

要编辑帧上的声音，首先选择该关键帧。在【属性】面板【声音】选项组中【效果】选项的右侧，有一个声音效果的下拉列表框，如图 7-34 所示。其中包括左声道、右声道和声音的淡入、淡出等基本效果。如果要手动设置这些效果，可以选择【自定义】选项或单击右侧的【编辑声音封套】按钮，弹出【编辑封套】对话框，如图 7-35 所示。

声音效果包括以下几种。

- 无：不对声音文件应用效果。选中此选项将删除以前应用的效果。
- 左声道 / 右声道：只在左声道或右声道中播放声音。
- 向右淡出 / 向左淡出：会将声音从一个声道切换到另一个声道。
- 淡入：随着声音的播放逐渐增加音量。
- 淡出：随着声音的播放逐渐减小音量。
- 自定义：允许使用“编辑封套”功能创建自定义的声音淡入点和淡出点。

在【编辑封套】对话框中有上、下两个完全一样的波形，表示左、右两个声道，声道上方各有一条直线，表示音量，上下拖动直线左侧的小方块，可以调整左、右声音的音量大小，在直线上单击添加节点，可以改变这个位置的音量大小，如图 7-36 所示。在两个声道中间，有声音的起点和终点的设置，通过它们可以截取声音的入点和出点，即截取声音的某一段用于时间轴，如图 7-37 所示。

图 7-34

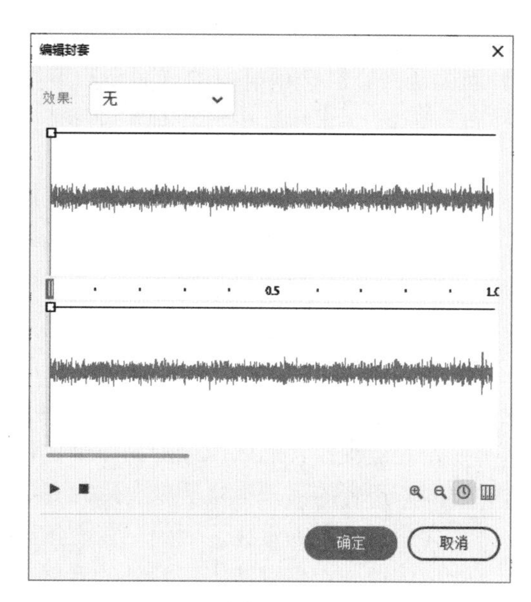

图 7-35

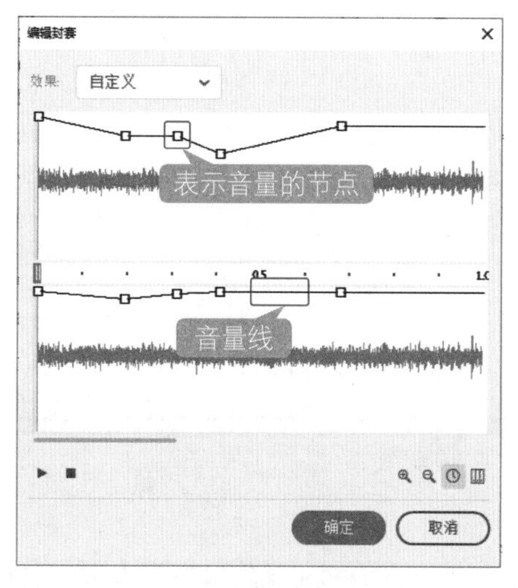

图 7-36

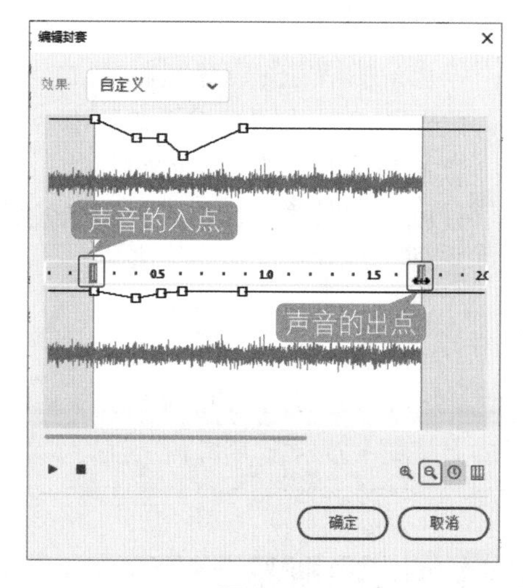

图 7-37

7.2.4 声音的同步方式

声音的同步方式是指按什么样的方式来触发时间轴上声音的播放。Animate 中有两种声音类型：事件声音和流声音（数据流）。事件声音必须完全下载后才能开始播放，除非明确停止，否则它将一直连续播放；流声音（数据流）在前几帧下载了足够的数据后就开始播放，它与时间轴是完全同步的。

要设置帧上声音的同步方式，可以选中关键帧后，在【属性】面板【声音】选项组中的【同步】下拉列表框中选择一种同步类型。Animate 中一共有 4 种同步类型，分别是事件、开始、停止和数据流，如图 7-38 所示。

图 7-38

- 事件：将声音和播放当前帧这个事件的发生过程同步起来。当事件声音所在的关键帧播放时，事件声音就播放，并且是完整播放，而不管播放头在时间轴上的位置如何，即使文件停止播放了，声音也会继续播放。如果事件声音正在播放时声音被再次实例化（如用户再次单击按钮或播放头通过声音的开始关键帧），那么声音的第一个实例继续播放，而同一声音的另一个实例也会同时开始播放，这样就会造成声音的重叠。因此，在使用较长的声音时要记住这一点，以防出现意外的音频效果。事件声音一般可用于循环播放，而无需与画面同步的背景声音或简短的音效。
- 开始：与【事件】选项的功能相近，但是如果声音已经正在播放，则新声音实例就不会播放。
- 停止：使指定的声音停止播放。
- 数据流：以流的方式播放声音，Animate 会强制动画和音频流同步，即帧播放则声音播放，帧停止则声音也停止。如果 Animate 绘制动画帧的速度不够快，它就会跳过帧。例如，影片中人物讲话或做动作时的音效，都需要让声音与画面同步，因此要使用数据流这种同步方式。

专家解读

此外，【属性】面板中对于声音的设置，还可以选择循环播放或重复播放的次数，当时间轴上帧的长度大于声音的长度时，声音将会被重复播放。

7.3 导入与编辑视频素材

在 Animate 2022 中，除了可以导入图像和音频素材外，还可以导入视频素材，主要支持的格式有 FLV、F4V 以及 MPEG 等。将视频直接作为动画元素出现在动画场景中的情况比较少见，一般在制作交互式多媒体作品时，将视频嵌入到时间轴中播放，或通过链接的方式调用外部视频使用组件进行播放。本节将详细介绍导入与编辑视频素材的相关知识。

7.3.1 导入与使用视频文件

Animate 支持当前主流的视频文件导入到文档中，这些视频格式包括 FLV、F4V、MP4、MOV 等（HTML5 Canvas 文档只支持 MP4），其他格式的影片则需要先转换为支持的格式，转换的方法建议使用 Adobe Media Encoder 应用程序，它可以将其他视频格式转换为 F4V、FLV 或 MP4。下面详细介绍导入与使用视频文件的操作方法。

要将视频导入到 Animate 文档中，可以在菜单栏中选择【文件】→【导入】→【导入视频】菜单项，弹出【导入视频】对话框。该对话框指引用户选择现有的视频文件，然后导入该文件，用于三种不同视频播放方案中的其中一种，如图 7-39 所示。

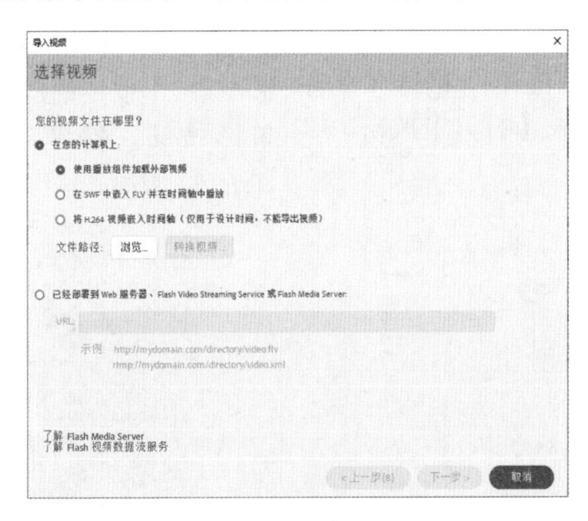

图 7-39

【导入视频】对话框提供了以下几种不同的在 Animate 中使用视频的方法。

1. 使用播放组件加载外部视频

这种方法并不是真的将视频文件导入到 Animate 文档中，而是使用内置的 FLVPlayback 组件或者编写 ActionScript 脚本在运行的 SWF 文件中加载并播放外部（本地计算机上）FLV 或 F4V 文件，导入视频只是 Animate 对视频文件的引用。这种方法可以让视频文件独立于 Animate 文件和生成的 SWF 文件，使 SWF 文件比较小。而且由于视频文件独立于其他 Animate 内容，因此更新视频内容相对容易，无需重新发布 SWF 文件。这是当前在 Animate 中使用视频最常见的方法。下面详细介绍使用该方法导入视频的具体操作。

操作步骤 Step by Step

第 1 步 新建一个空白文档，在菜单栏中选择【文件】→【导入】→【导入视频】菜单项，如图 7-40 所示。

第 2 步 弹出【导入视频】对话框，单击【浏览】按钮，如图 7-41 所示。

图 7-40

第 3 步 弹出【打开】对话框，❶选择准备导入的视频文件，❷单击【打开】按钮，如图 7-42 所示。

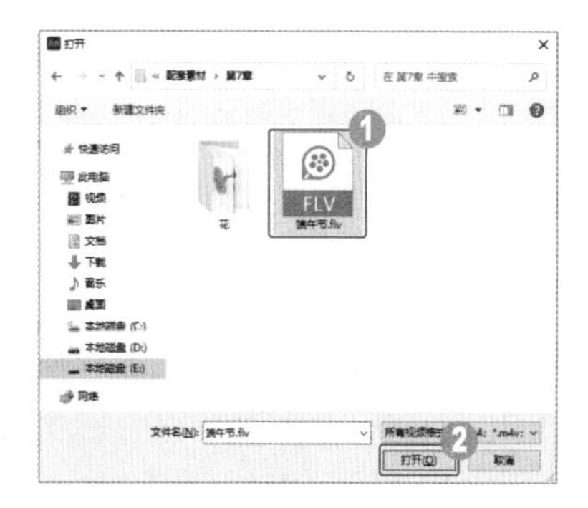

图 7-42

第 5 步 进入【设定外观】界面，❶在【外观】下拉列表框中选择需要的外观样式，❷单击【下一步】按钮，如图 7-44 所示。

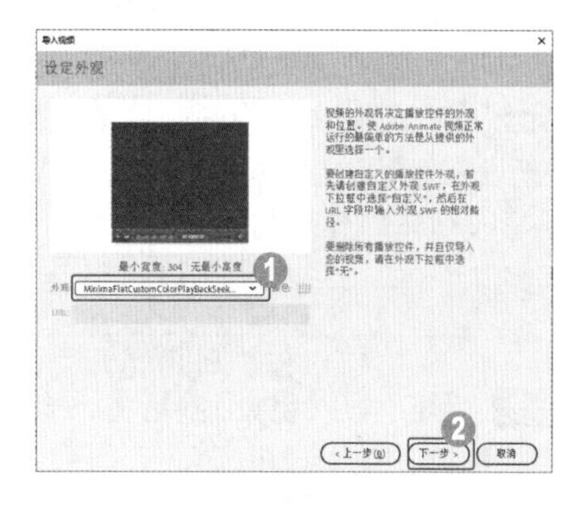

图 7-44

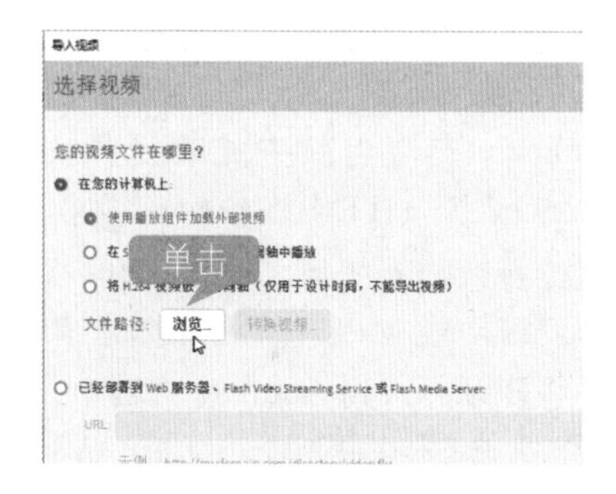

图 7-41

第 4 步 返回到【导入视频】对话框中，❶ 选中【使用播放器组件加载外部视频】单选按钮，❷单击【下一步】按钮，如图 7-43 所示。

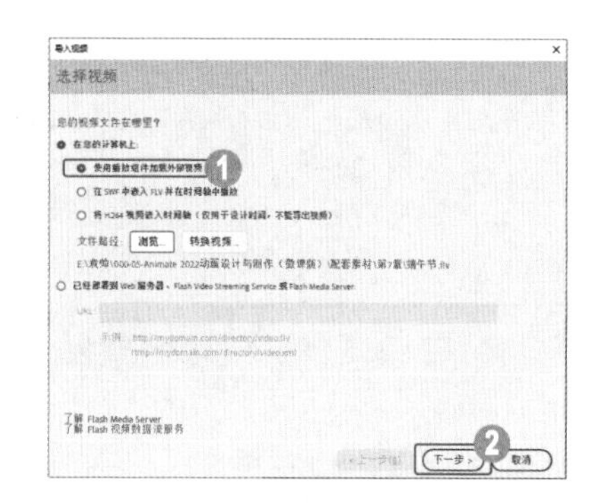

图 7-43

第 6 步 进入【完成视频导入】界面，可以看到视频位置等信息，单击【完成】按钮，如图 7-45 所示。

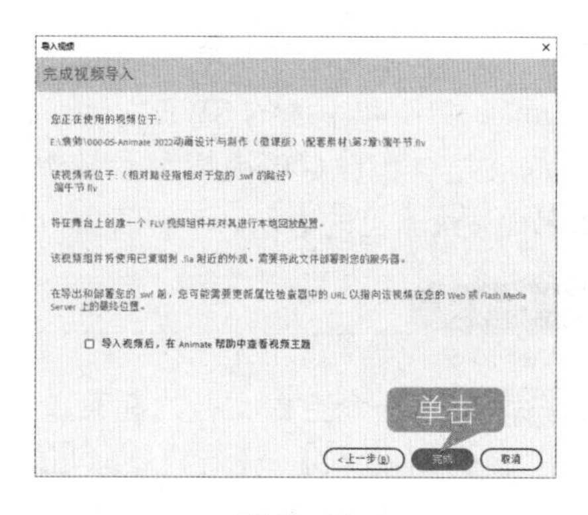

图 7-45

第 7 步 返回到舞台中，可以看到导入的视频动画，按组合键 Ctrl+Enter 测试影片，如图 7-46 所示。

图 7-46

第 8 步 此时可以看到导入的视频效果，这样即可完成导入视频的操作，如图 7-47 所示。

图 7-47

2. 直接在 Animate 文件中嵌入视频数据并在时间轴上播放

使用这种方式嵌入的视频被放置在时间轴中，视频会被分解为若干个视频帧，每个视频帧都由时间轴中的一帧表示。该方法因为会将所有视频文件数据都添加到 Animate 文件中，生成的 Animate 文件非常大，因此建议只用于小视频剪辑，如用于播放时间短于 10 秒的视频剪辑时效果最好。下面详细介绍使用该方法导入视频的操作方法。

操作步骤

Step by Step

第 1 步 打开【导入视频】对话框后，❶选中【在 SWF 中嵌入 FLV 并在时间轴中播放】或【将 H.264 视频嵌入时间轴】单选按钮，前一种支持 FLV，后一种支持 MP4，但后一种无法导出视频，这里选择前者，❷单击【浏览】按钮，如图 7-48 所示。

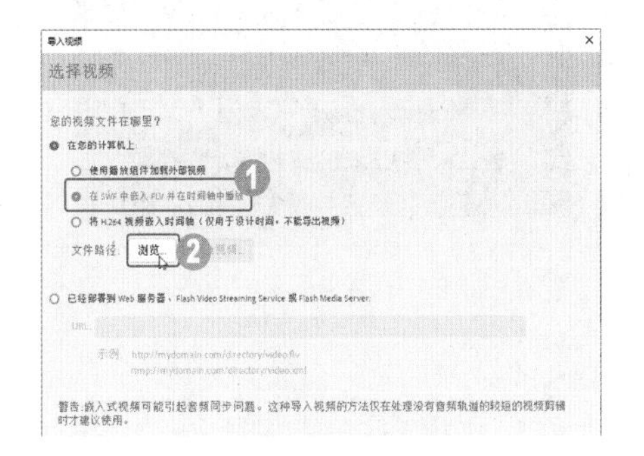

图 7-48

第 2 步 弹出【打开】对话框，❶选择准备嵌入的视频文件，❷单击【打开】按钮，如图 7-49 所示。

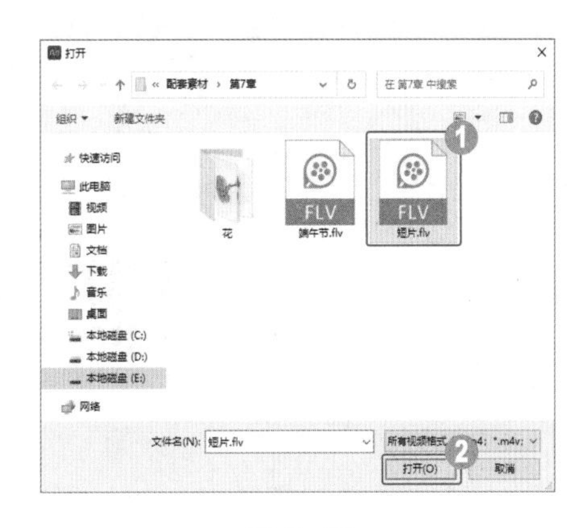

图 7-49

第 3 步 返回【导入视频】对话框，可以看到选择的视频文件路径，单击【下一步】按钮，如图 7-50 所示。

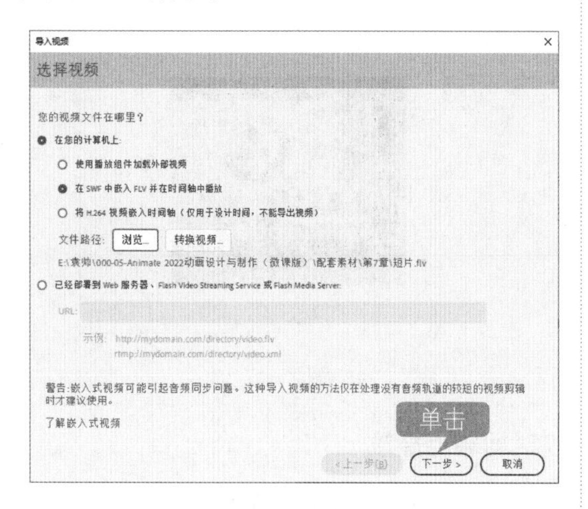

图 7-50

第 4 步 进入【嵌入】界面，❶在【符号类型】下拉列表框中选择【嵌入的视频】选项，❷单击【下一步】按钮，如图 7-51 所示。

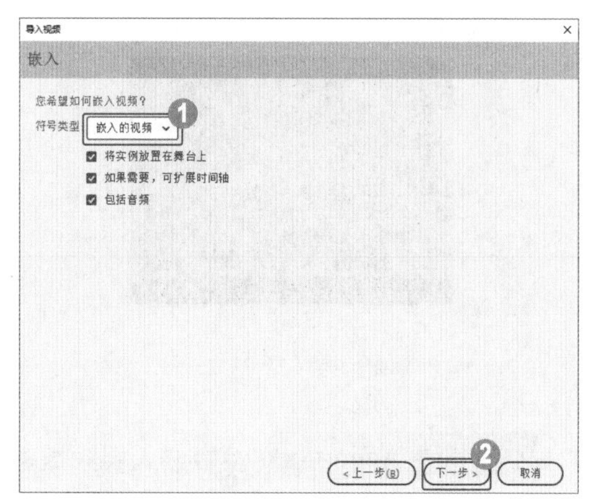

图 7-51

第 5 步 进入【完成视频导入】界面，可以看到视频位置等信息，单击【完成】按钮，如图 7-52 所示。

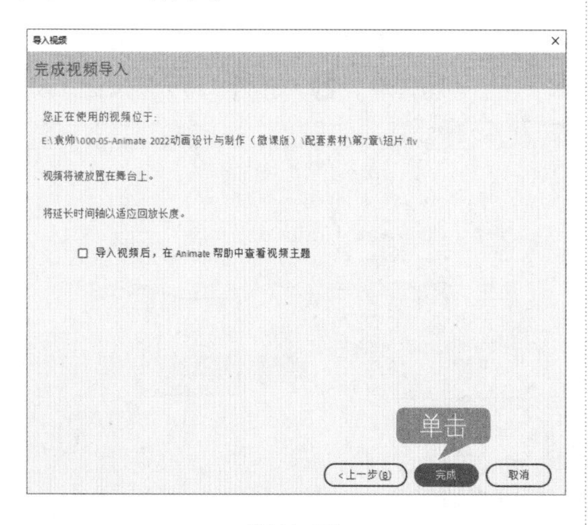

图 7-52

第 6 步 返回到舞台中，可以看到嵌入的视频实例，按组合键 Ctrl+Enter 测试影片，如图 7-53 所示。

图 7-53

第 7 步 此时可以看到导入的视频效果，这样即可完成嵌入视频的操作，如图 7-54 所示。

■ 指点迷津

在 Animate 中，嵌入的视频文件不宜过大，否则会因占用过多资源而导致视频无法播放，嵌入到舞台中的视频无法进行编辑与修改，只能重新导入视频文件。因此，导入的视频文件长度要低于 16 000 帧。

图 7-54

7.3.2 使用视频组件

除了使用导入的方式将视频文件嵌入或引入到 Animate 文件外，也可以使用 Animate 内置的视频组件来播放外部视频，这个组件就是 FLVPlayback 组件。通过 FLVPlayback 组件，可以使 Animate 应用程序中包含一个视频播放器，以便播放通过 HTTP 渐进式下载的视频（FLV 或 F4V）文件，或者播放来自 Adobe MediaServer（AMS）的 FLV 文件流。

要使用 FLVPlayback 组件，可以在菜单栏中选择【窗口】→【组件】菜单项，在弹出的组件列表中有 User Interface 和 Video 两类组件（ActionScript 3.0 文档和 HTMLCanvas 文档提供的组件不一样）。从 Video 类下选择 FLVPlayback 或 FLVPlayback 2.5 组件，将其拖曳至舞台上，如图 7-55 所示。

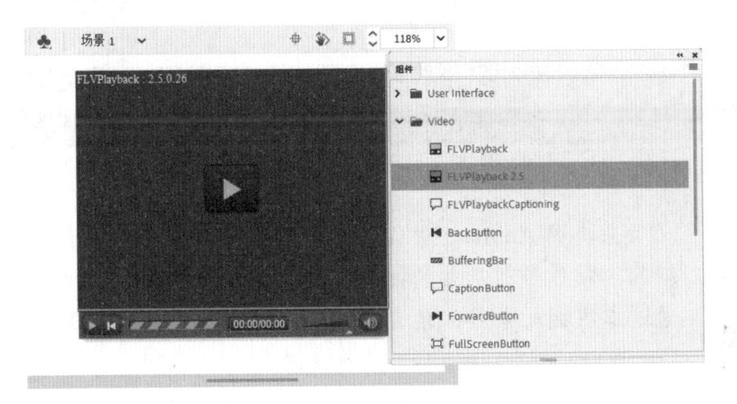

图 7-55

选择舞台上的 FLVPlayback 组件实例，然后单击【属性】面板中的【显示参数】按钮 或在菜单栏中选择【窗口】→【组件参数】菜单项，即可打开这个组件的参数面板，如图 7-56 所示。

图 7-56

其中的主要参数包括以下几个。

- autoPlay：即是否自动播放。其值如果设为 true，则视频在加载后立即播放；如果设为 false，则在加载第一帧后暂停。默认值为 true。
- Skin：即播放控制组件的外观。单击按钮可以打开【选择外观】对话框，从中选择组件的外观并设置其颜色。外观一般包括播放、停止、前进、后退、进度条、音量等常见的视频控制元素。
- Source：要导入的视频文件源的路径。
- Volume：一个介于 0 到 1 之间的数字，表示要设置的音量与最大音量的比值。

7.4 实战课堂——制作带有音效的播放按钮

在使用 Animate 制作动画时，经常会用到播放按钮，本例将详细介绍如何制作带有音效的播放按钮。当用户单击该按钮时，会伴随着音乐，通过本实例的学习，读者可以进一步掌握声音的添加方法。

<< 扫码获取配套视频课程，本视频课程播放时长约为 1 分 38 秒。

配套素材路径：配套素材/第7章

素材文件名称：播放按钮.fla

操作步骤

Step by Step

第 1 步 打开本例的“播放按钮 .fla”素材文件，在舞台中选中按钮图形，在菜单栏中选择【修改】→【转换为元件】菜单项，如图 7-57 所示。

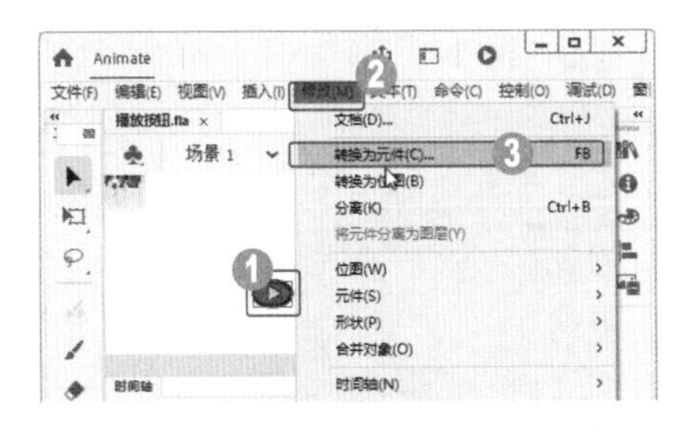

图 7-57

第 2 步 弹出【转换为元件】对话框，❶在【名称】文本框中输入元件名称，❷在【类型】下拉列表框中选择【按钮】选项，❸单击【确定】按钮，如图 7-58 所示。

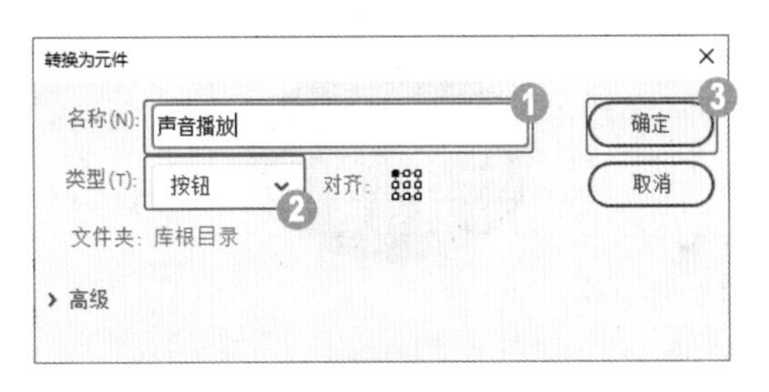

图 7-58

第 3 步 在【库】面板中，用鼠标双击该元件，如图 7-59 所示。

图 7-59

第 4 步 进入元件编辑窗口，在【时间轴】面板中选中【指针经过】帧，在键盘上按 F6 键插入关键帧，如图 7-60 所示。

图 7-60

第 5 步 在【属性】面板中，调整按钮的填充颜色为绿色，如图 7-61 所示。

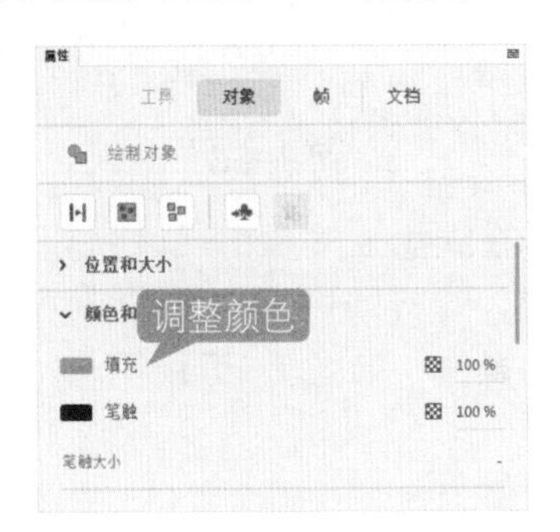

图 7-61

第 6 步 在【时间轴】面板中选中【按下】帧，在键盘上按 F6 键插入关键帧，如图 7-62 所示。

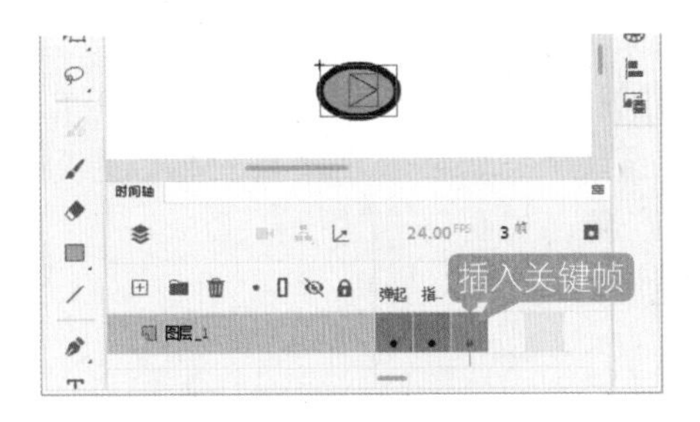

图 7-62

第 7 步 在舞台中，删除三角形，使用【矩形工具】绘制两个矩形，如图 7-63 所示。

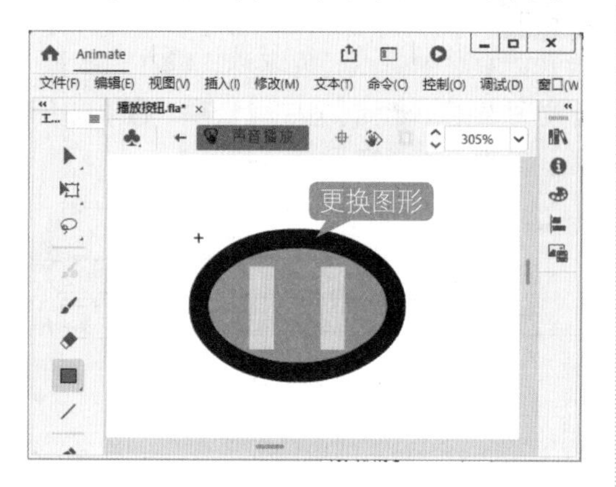

图 7-63

第 8 步 在【时间轴】面板中，❶单击【新建图层】按钮⊞，❷新建一个图层，如图 7-64 所示。

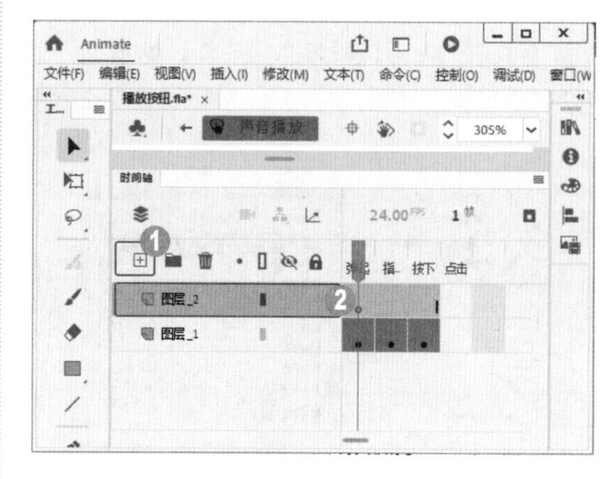

图 7-64

第 9 步 在【时间轴】面板中，选中【图层_2】图层的【按下】帧，在键盘上按 F6 键插入关键帧，如图 7-65 所示。

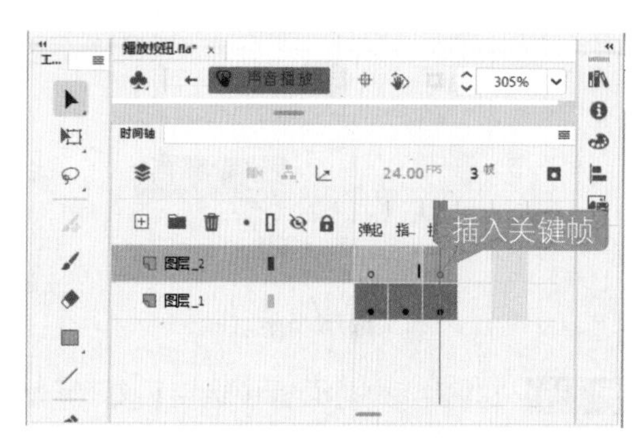

图 7-65

第10步 在【库】面板中选择声音文件，并将其拖曳到舞台中，如图 7-66 所示。

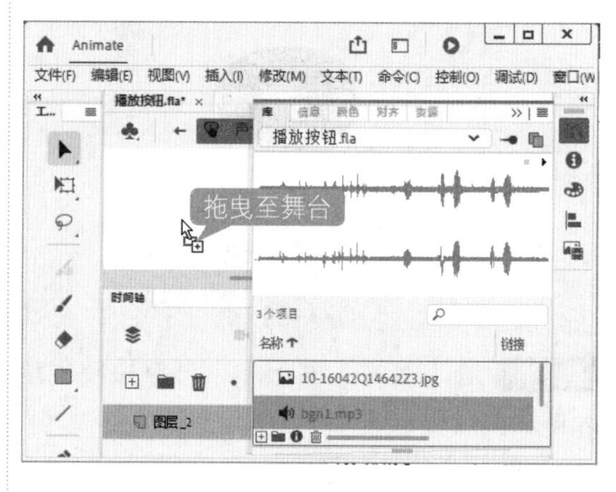

图 7-66

第11步 返回到舞台中，将【图层 1】图层调整至最上方，并分别调整图层中的图像大小和位置，如图 7-67 所示。

第12步 在键盘上按 Ctrl+Enter 组合键测试影片效果，这样即可完成制作带有音效的播放按钮的操作，如图 7-68 所示。

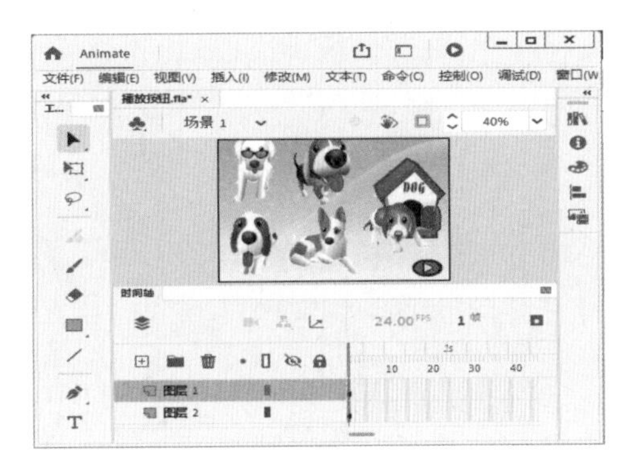

图 7-67

图 7-68

7.5 思考与练习

通过本章的学习，读者可以掌握导入和处理多媒体对象的基本知识以及一些常见的操作。本节将针对本章知识点，有目的地进行相关知识测试，以达到巩固与提高的目的。

一、填空题

1. 【________】命令可以将当前位图素材替换为其他位图。

2. 对于导入的位图，用户可以根据需要 ________，从而使图像的边缘变得平滑，或选择压缩选项以减小位图文件的占用空间，以及格式化文件以便在 Web 上显示图像。

二、判断题

1. 当导入矢量图到舞台上时，舞台上将显示该矢量图，并且矢量图会被保存到【库】面板中。（　）

2. 使用 Animate 进行动画设计的过程中，有时导入的位图素材是一张比较小图片，当对该图片进行放大后会产生明显的失真，但将该位图图片转换为矢量图后便可解决由于图片放大而产生的失真问题。（　）

三、简答题

1. 如何交换位图？

2. 如何将位图转换为矢量图？

第8章

动作脚本和交互动画

- ActionScript脚本基础
- 动作面板
- 代码片断
- 制作交互式动画
- 为动画添加链接

本章主要介绍了ActionScript脚本基础、动作面板、代码片断方面的知识与技巧，在本章的最后还针对实际工作需求，讲解了制作交互式动画的方法。通过本章的学习，读者可以掌握动作脚本和交互动画方面的知识，为深入学习Animate 2022动画设计与制作知识奠定基础。

8.1 ActionScript 脚本基础

ActionScript 是 Animate 2022 的动作脚本语言。动作脚本就是在动画运行过程中起控制和计算作用的程序代码。在动画中添加交互性动作，可在 Animate、FLEX 和 AIR 内容及应用程序中实现交互。在 Animate 2022 中，要想实现一些复杂多变的动画效果就要使用动作脚本，可以通过输入不同的动作脚本来实现高难度的动画制作。理解和掌握脚本的基础及应用是深入学习动画设计与创作的根本。

8.1.1 数据类型

数据类型描述了动作脚本的变量或元素可以包含的信息种类。动作脚本有两种数据类型：原始数据类型和引用数据类型。原始数据类型是指 String（字符串）、Number（数字型）和 Boolean（布尔型），它们拥有固定类型的值，因此可以包含它们所代表的元素的实际值。引用数据类型是指影片剪辑型和对象型，它们的值的类型是不固定的，因此它们包含对该元素实际值的引用。下面详细介绍各种数据类型。

1. Boolean（布尔型）

值为 true 或 false 的变量被称为布尔型变量。动作脚本也会在需要时将值 true 和 false 转换为 1 和 0。在确定“是 / 否”的情况下，布尔型变量是非常有用的。在进行比较以控制脚本流的动作脚本语句中，布尔型变量经常与逻辑运算符一起使用。例如，在下面的脚本中，如果变量 userName 和 password 为 true，则会播放该 SWF 文件。

```
onClipEvent (enterFrame) {
if (userName == true && password == true){
play( );
}
}
```

2. String（字符串）

字符串是字母、数字和标点符号等字符的序列。字符串必须用一对双引号标记。字符串被当作字符而不是变量进行处理。例如，在下面语句中，“L7”是一个字符串。

```
favoriteBand = "L7";
```

3. Number（数字型）

数字型是指数字的算术值，要想进行正确的数学运算必须使用数字数据类型。可以使用算术运算符加（+）、减（-）、乘（*）、除（/）、取模（%）、递增（++）和递减（--）处理数字，也可以使用内置的 Math 对象的方法处理数字。例如，使用 sqrt( )（平方根）方法返回数字 100 的平方根：

```
Math.sqrt(100);
```

4. Movie Clip（影片剪辑型）

影片剪辑是 Animate 影片中可以播放动画的元件，它们是唯一引用图形元素的数据类型。Animate 中的每个影片剪辑都是一个 Movie Clip 对象，它们拥有 Movie Clip 对象定义的方法和属性。通过点（.）运算符可以调用影片剪辑内部的属性和方法。例如以下调用：

```
my_mc.startDrag(true);
parent_mc.getURL;
```

5. Object（对象型）

对象型是指所有使用动作脚本创建的基于对象的代码。对象是属性的集合，每个属性都拥有自己的名称和值，属性的值可以是任何 Animate 数据类型，甚至可以是对象数据类型。通过点（.）运算符可以引用对象中的属性。例如，在下面代码中，hoursWorked 是 weeklyStats 的属性，而后者是 employee 的属性。

```
employee.weeklyStats.hoursWorked
```

6. Null（空值）

空值数据类型只有一个值，即 null。这意味着没有值，即缺少数据。null 可以用在各种情况中，如作为函数的返回值、表明函数没有可以返回的值、表明变量还没有接收到值、表明变量不再包含值等。

7. Undefined（未定义）

未定义的数据类型只有一个值，即 undefined，用于表示尚未分配值的变量。如果一个函数引用了未在其他地方定义的变量，那么 Animate 将返回未定义的数据类型。

8.1.2 语法规则

在编写 ActionScript 脚本的过程中，要熟悉其编写时的语法规则，动作脚本拥有自己的一套语法规则和标点符号，下面将详细介绍。

1. 点运算符

在动作脚本中，点（.）用于表示与对象或影片剪辑相关联的属性或方法，也可以用于标识影片剪辑或变量的目标路径。点（.）运算符表达式以影片或对象的名称开始，中间为点（.）运算符，最后是要指定的元素。

例如，_x 影片剪辑属性指示影片剪辑在舞台上的 x 轴位置，而表达式 ballMC._x 则引用了影片剪辑实例 ballMC 的 _x 属性。

又如，submit 是 form 影片剪辑中设置的变量，此影片剪辑嵌在影片剪辑 shoppingCart 之中，表达式 shoppingCart.form.submit = true 将实例 form 的 submit 变量设置为 true。

无论是表达对象的方法还是表达影片剪辑的方法，均遵循同样的模式。例如，ball_mc 影片剪辑实例的 play() 方法在 ball_mc 的时间轴中移动播放头，如下面的语句所示。

```
ball_mc.play();
```

点语法还使用了两个特殊别名——_root 和 _ parent。别名 _root 是指主时间轴，可以使用 _root 别名创建一个绝对目标路径。例如，下面的语句调用主时间轴上的影片剪辑 functions 中的函数 buildGameBoard()。

```
_root.functions.buildGameBoard();
```

可以使用别名 _parent 引用当前对象嵌入的影片剪辑，也可以使用 _parent 创建相对目标路径。例如，如果影片剪辑 dog_mc 嵌入到影片剪辑 animal_mc 的内部，则实例 dog_mc 的如下语句会指示 animal_mc 的停止。

```
_parent.stop();
```

2. 界定符

大括号：动作脚本中的语句被大括号括起来组成语句块。例如：

```
// 事件处理函数
public Function myDate(){
Var myDate:Date = new Date();
currentMonth = myDate.getMMonth();
}
```

分号：动作脚本中的语句可以由一个分号结尾。如果在结尾处省略分号，Animate 仍然可以成功地编译脚本。例如：

```
var column = passedDate.getDay();
var row = 0;
```

圆括号：在定义函数时，任何参数定义都必须放在一对圆括号内。例如：

```
function myFunction (name, age, reader){
}
```

调用函数时，需要被传递的参数也必须放在一对圆括号内。例如：

```
myFunction ("Steve", 10, true);
```

可以使用圆括号改变动作脚本的优先顺序或增强程序的易读性。

3. 注释

在【动作】面板中，使用注释语句可以在一个帧或按钮的脚本中添加说明，这有利于增强程序的易读性。注释语句以双斜线 // 开始，斜线显示为灰色，注释内容可以不考虑长度和语法，注释语句不会影响 Animate 动画输出时的文件量。例如：

```
public Function myDate( ){
  // 创建新的 Date 对象
var myDate:Date = new Date( );
currentMonth = myDate.getMMonth( );
  // 将月份数转换为月份名称
  monthName = calcMonth(currentMonth);
  year = myDate.getFullYear( );
  currentDate = myDate.getDate( );
}
```

8.1.3 变量

变量是包含信息的容器。容器本身不会改变，但其内容可以更改。第一次定义变量时，最好给变量定义一个已知值，即初始化变量，这通常在 SWF 文件的第 1 帧中完成。每一个影片剪辑对象都有自己的变量，而且不同的影片剪辑对象中的变量相互独立且互不影响。变量中可以存储的常见信息类型包括 URL、用户名、数字运算的结果、事件发生的次数等。

为变量命名必须遵循以下规则。

- 变量名在其作用范围内必须是唯一的。
- 变量名不能是关键字或布尔型数据（true 或 false）。
- 变量名必须以字母或下划线开始，由字母、数字、下划线组成，其间不能包含空格。（变量名没有大小写的区别）

变量的范围是指变量在其中已知并且可以引用的区域，它包含以下 3 种类型。

1. 本地变量

在声明它们的函数体（由大括号决定）内可用。本地变量的使用范围只限于它的代码块，本地变量会在该代码块结束时到期，其余的本地变量会在脚本结束时到期。若要声明本地变量，可以在函数体内部使用 var 语句。

2. 时间轴变量

时间轴变量可用于时间轴上的任意脚本。要声明时间轴变量，应在时间轴的所有帧上都初始化这些变量。应先初始化变量，然后再尝试在脚本中访问它。

3. 全局变量

全局变量对于文档中的每个时间轴和范围均可见。如果要创建全局变量，可以在变量名称前使用 _global 标识符，而不使用 var 语句。

8.1.4 函数

函数是用来对常量、变量等进行某种运算的方法，如产生随机数、进行数值运算、获取对象属性等。函数是一个动作脚本代码块，它可以在影片中的任何位置上重新使用。如果将值作为参数传递给函数，则函数将对这些值进行操作。

调用函数可以用一行代码来代替一个可执行的代码块。函数可以执行多个动作，并为它们传递可选项。函数必须有唯一的名称，以便在代码行中知道访问的是哪一个函数。

Animate 有内置的函数，可以访问特定的信息或执行特定的任务，例如获得播放器的版本号等。属于对象的函数叫方法，不属于对象的函数叫顶级函数，可以在【动作】面板的【函数】类别中找到。

每个函数都具备自己的特性，而且某些函数需要传递特定的值。如果传递的参数多于函数的需要，多余的值将被忽略；如果传递的参数少于函数的需要，空的参数会被指定为 undefined 的数据类型，这可能导致在导出脚本时出错。如果要调用函数，该函数必须存在于播放头到达的帧中。

动作脚本提供了自定义函数的方法，可以自行定义参数并返回结果。在主时间轴上或影片剪辑时间轴的关键帧中添加函数，即是在定义函数。所有的函数都有目标路径。所有的函数都需要在名称后跟一对括号“()”，但括号中是否有参数是可选的。一旦定义了函数，就可以从任何一个时间轴中调用它，包括加载的 SWF 文件的时间轴。

8.1.5 表达式和运算符

表达式是由常量、变量、函数和运算符按照运算法则组成的计算式。运算符是可以对数值、字符串、逻辑值进行运算的关系符号。运算符有很多种：算术运算符、字符串运算符、比较运算符、逻辑运算符、位运算符和赋值运算符等。

1. 算术运算符及表达式

算术表达式是对数值进行运算的表达式。它由数值、以数值为结果的函数和算术运算符组成，运算结果是数值或逻辑值。

在 Animate 中可以使用以下算术运算符。

- +、-、* 、/ —— 执行加、减、乘、除运算。
- =、<> —— 比较两个数值是否相等、不相等。
- < 、<= 、>、>= —— 比较运算符前面的数值是否小于、小于等于、大于、大于等于后面的数值。

2. 字符串表达式

字符串表达式是对字符串进行运算的表达式。它由字符串、以字符串为结果的函数和字符串运算符组成。其运算结果是字符串或逻辑值。

在 Animate 中可以使用以下字符串运算符。

- & —— 连接运算符两边的字符串。
- Eq 、Ne —— 判断运算符两边的字符串是否相等、不相等。
- Lt 、Le 、Qt 、Qe —— 判断运算符左边的字符串的 ASCII 码是否小于、小于等于、大于、大于等于右边字符串的 ASCII 码。

3. 逻辑表达式

逻辑表达式是对正确、错误结果进行判断的表达式。它由逻辑值、以逻辑值为结果的函数、以逻辑值为结果的算术或字符串表达式和逻辑运算符组成。其运算结果是逻辑值。

4. 位运算符

位运算符用于处理浮点数。运算时先将操作数转化为 32 位的二进制数，然后对每个操作数分别按位进行运算，运算后再将二进制的结果按照 Animate 的数值类型返回。

动作脚本的位运算符包括：&（位与）、/（位或）、^（位异或）、~（位非）、<<（左移位）、>>（右移位）、>>>（填 0 右移位）等。

5. 赋值运算符

赋值运算符的作用是为变量、数组元素或对象的属性赋值。

8.2 动作面板

不管是 ActionScript 3.0 还是 HTML5 Canvas 文档，如果要想在影片中添加脚本，都要使用动作面板，在动作面板中直接输入脚本代码。用户可以直接在动作面板右侧的脚本窗格中编辑动作脚本，这与用户在文本编辑器中创建脚本的方法十分相似。本节将详细介绍动作面板的相关知识及操作方法。

8.2.1 动作面板的结构

在菜单栏中选择【窗口】→【动作】菜单项或按 F9 键，即可打开【动作】面板，如图 8-1 所示。

图 8-1

【动作】面板主要包含两个窗格。左侧窗格为脚本导航器，它列出了 Animate 文档中的脚本位置，可以单击脚本导航器中的项目，在右侧的脚本窗格中快速查看这些脚本。右侧窗格为脚本窗格，用于输入与当前所选帧相关联的 ActionScript 或 JavaScript 代码。在右侧的脚本窗格中，提供了一些功能用于辅助输入代码，如图 8-2 所示。

图 8-2

- 使用向导添加 使用向导添加 ：单击此按钮可使用简单易用的向导添加动作，而无须编写代码。
- 固定脚本 ：将脚本固定到脚本窗格中的各个脚本的固定标签中，然后相应地移动它们。如果使用多个脚本，可以将脚本固定，以保留代码在【动作】面板中的打开位置，然后在打开的各个不同的脚本中进行切换。
- 插入实例路径和名称 ：帮助设置脚本中某个动作的绝对目标路径或相对目标路径。
- 代码片断 ：打开【代码片断】面板，显示代码片断示例。
- 设置代码格式 ：用于设置代码格式，使代码符合基本格式规范，更容易被看懂。

- 查找🔍：查找并替换脚本中的文本。
- 帮助❓：显示脚本窗格中所选脚本元素的参考信息。例如，如果单击 import 语句，再单击【帮助】按钮，【帮助】面板中将显示 import 的参考信息。

8.2.2 代码注释

代码注释是代码中被脚本编译器忽略的部分。代码注释可解释代码的操作，让代码看上去更容易理解，也可以暂时停用不想删除的代码。代码注释有两种形式，即注释行与注释块，如图 8-3 所示。

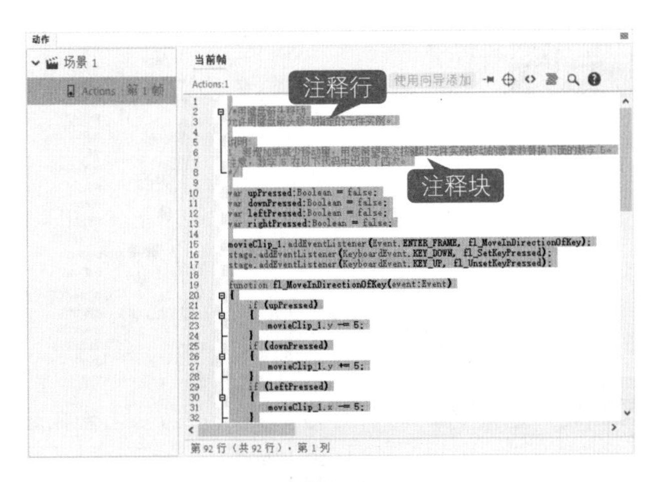

图 8-3

- 注释行。通过在代码行的开头加上双斜杠“//”可对其进行注释。编译器将忽略双斜杠后面一行的所有文本。将鼠标指针置于行的前面，单击鼠标右键，在弹出的快捷菜单中选择【注释】命令或按 Ctrl+M 组合键可注释该行。
- 注释块。可以对若干行代码进行注释，方法是：在代码块的开头加上一个斜杠和一个星号“/*”，并在代码块的结尾加上一个星号和一个斜杠“*/”。选择需要注释的代码块，单击鼠标右键，在弹出的快捷菜单中选择【注释】命令或按 Ctrl+M 组合键可注释所选中的代码。
- 取消注释。将鼠标指针置于含有注释的代码行中，或者选择已注释的代码块，单击鼠标右键，在弹出的快捷菜单中选择【取消注释】菜单项，或按 Ctrl + Shift + M 组合键即可取消注释所选内容。

8.2.3 使用动作码向导

动作码向导是 Animate 新增加的功能，通过选择【动作】面板中的【使用向导添加】选项，不需要手动输入代码就可以将交互功能添加到 HTML5 组件中。需要注意的是，只有

HTML5 Canvas 文档才支持动作码向导。

例如，本例要给舞台上的元件实例添加一个交互功能，为其添加超链接，即单击该实例就可以打开一个网页。下面详细介绍使用动作码向导的操作方法。

操作步骤 Step by Step

第 1 步 打开【新建文档】对话框后，创建一个 HTML5 Canvas 文档，如图 8-4 所示。

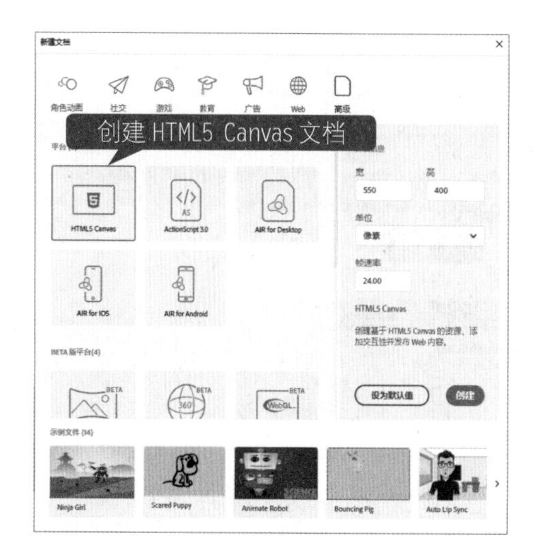

图 8-4

第 3 步 打开【动作】面板，单击【使用向导添加】按钮，如图 8-6 所示。

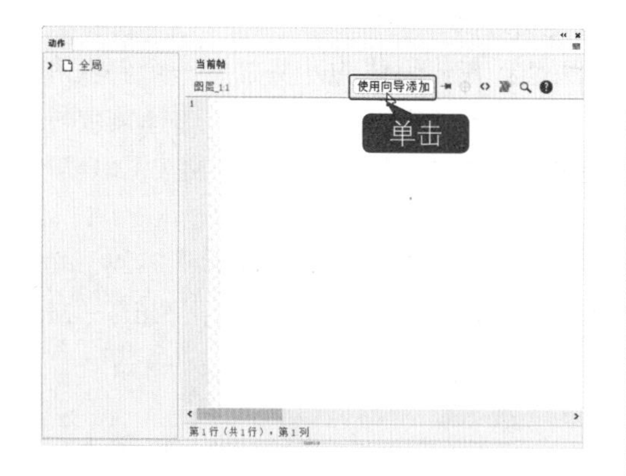

图 8-6

第 2 步 在舞台中创建一个元件实例后，将其选中，在菜单栏中选择【窗口】→【动作】菜单项，如图 8-5 所示。

图 8-5

第 4 步 进入向导界面，选择要执行的一项操作。❶本例选择 Go to Web Page 并单击，也可下拉滚动条或在上方的搜索栏中输入关键词查找需要的操作命令，代码会自动显示在脚本窗格中，❷然后单击【下一步】按钮，如图 8-7 所示。

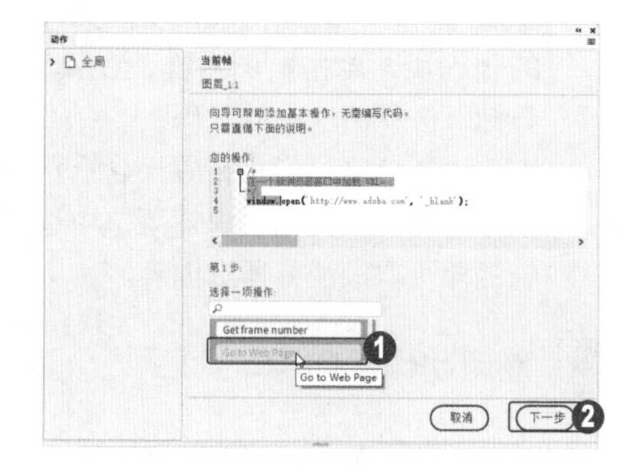

图 8-7

第 5 步 接下来选择触发事件。根据前面所选择的动作类型，该窗口中会列出一组触发器，主要是鼠标事件，如鼠标单击、鼠标双击、鼠标移开等，❶本例选择 On Double Click 即鼠标双击，❷继续选择一个要触发事件的对象，这里选择“当前选中的对象”，选好后代码将自动添加，❸单击【完成并添加】按钮，如图 8-8 所示。

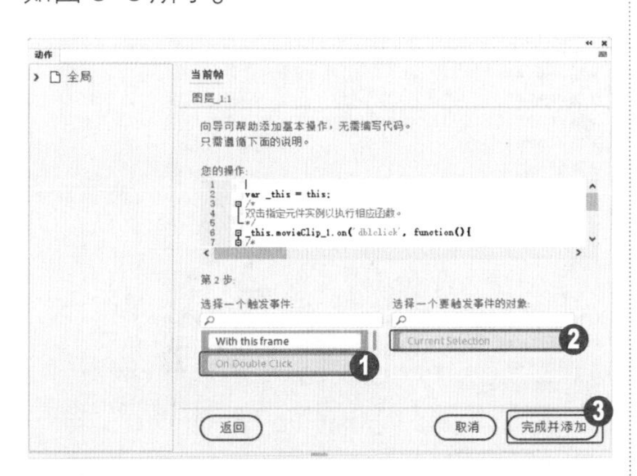

图 8-8

第 6 步 此时可看到已经将代码添加到脚本窗格中，这样即可完成使用动作码向导的操作，如图 8-9 所示。

图 8-9

专家解读

通过【动作】面板，用户还可以查找和替换文本，查看脚本的行号，检查语法错误，自动设定代码格式并用代码提示完成语法。

8.3 代码片断

在 Animate 中，“代码片断”是一种使用 ActionScript 制作动画效果的工具，而使用【代码片断】面板可以非常方便地将 ActionScript 3.0 代码添加到 FLA 文件中。可以说【代码片断】面板是 ActionScript 3.0 入门的好途径。本节将详细介绍代码片断的相关知识。

8.3.1 代码片断的概念与类型

代码片断是 Animate 预置的一些功能代码，它允许用户直接在脚本窗格中添加大量模块化的脚本代码，而不需要任何 JavaScript 或 ActionScript 3.0 方面的知识，从而使得非编程人员能够轻松地使用简单的 JavaScript 和 ActionScript 3.0。

使用代码片断需打开【代码片断】面板，在菜单栏中选择【窗口】→【代码片断】菜单项，或单击【动作】面板右上角的【代码片断】按钮<>，即可打开【代码片断】面板，如图 8-10 所示。

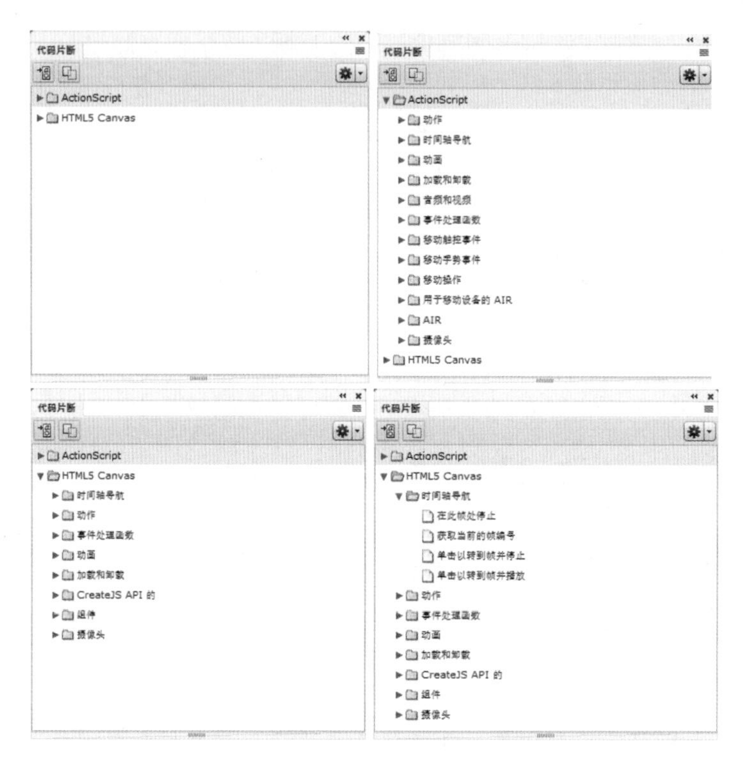

图 8-10

代码片断主要有 3 类，分别是 ActionScript 类、HTML5 Canvas 类和 Web GL 类，对应于 3 种不同的文档类型，即每种文档类型只能使用对应的代码片断。如 ActionScript 文档就只能使用 ActionScript 类的代码片断，而不能使用 HTML5 Canvas 类和 Web GL 类的代码片断。每种类型下面又根据不同的代码功能进行了分类，ActionScript 类下面就包括动作、时间轴导航、动画、加载和卸载、音频和视频等若干个子类，每个子类下面就是若干个代码片断了。

使用 Animate 附带的代码片断也是开始学习 JavaScript 或 ActionScript 3.0 的一种较好的方式。通过查看片段中的代码并遵循片段说明，便可以开始了解代码结构和词汇。

8.3.2 添加代码片断

在【代码片断】面板中，将需要使用的代码片断添加到要想应用的动画中，才能起到制作动画的作用。下面介绍添加代码片断的操作方法。

操作步骤 Step by Step

第 1 步 新建一个空白文档，选中一个元件实例后，在菜单栏中选择【窗口】→【代码片断】菜单项，如图 8-11 所示。

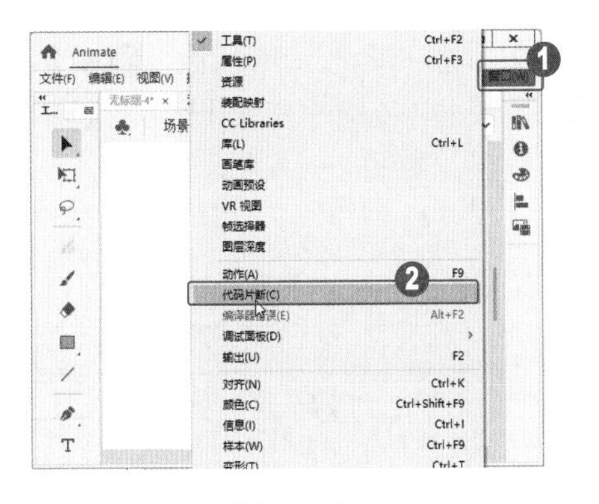

图 8-11

第 2 步 打开【代码片断】面板，单击要添加代码的文件夹折叠按钮 ►，如【动作】文件夹，如图 8-12 所示。

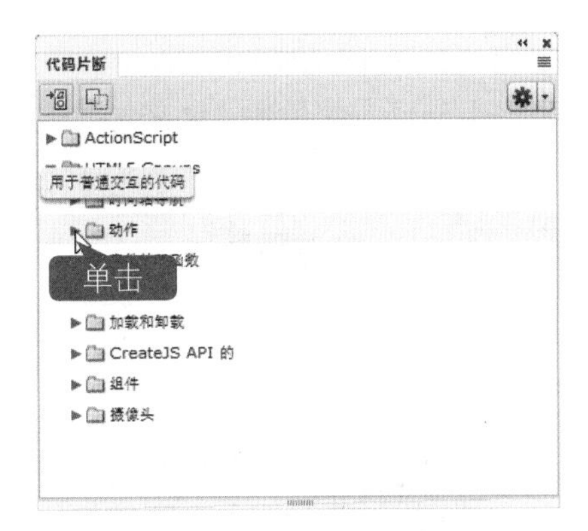

图 8-12

第 3 步 在展开的文件夹列表中，双击要添加的代码类型，如【播放影片剪辑】选项，如图 8-13 所示。

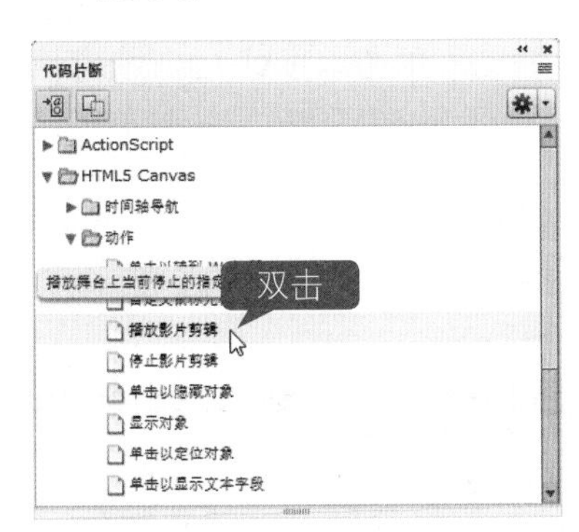

图 8-13

第 4 步 弹出添加代码的【动作】面板，此时可以看到详细的代码，这样即可完成添加代码片断的操作，如图 8-14 所示。

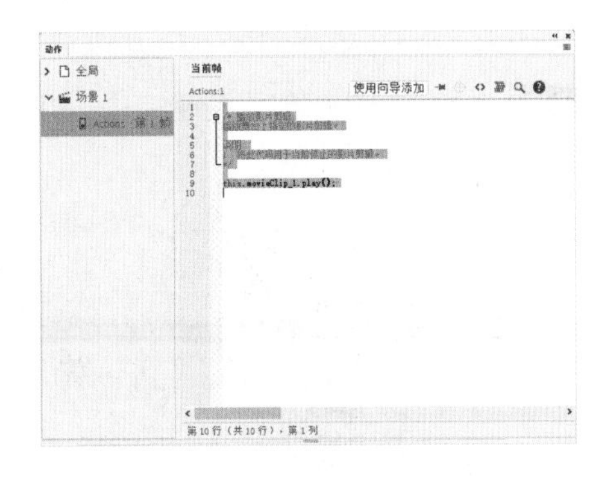

图 8-14

8.3.3 课堂范例——应用代码片断加载外部文件

在使用 Animate 制作动画的过程中，用户可以使用代码片断加载外部文件。本例以加载图像文件为例，详细介绍使用代码片断加载外部文件的操作方法。

<< 扫码获取配套视频课程，本视频课程播放时长约为 1 分 00 秒。

配套素材路径：配套素材/第8章
素材文件名称：加载外部文件.fla、声音按钮.png

操作步骤

Step by Step

第 1 步 打开“加载外部文件.fla”素材文件，选中舞台中的图形，在菜单栏中，选择【修改】→【转换为元件】菜单项，如图 8-15 所示。

图 8-15

第 3 步 在菜单栏中选择【窗口】→【代码片断】菜单项，如图 8-17 所示。

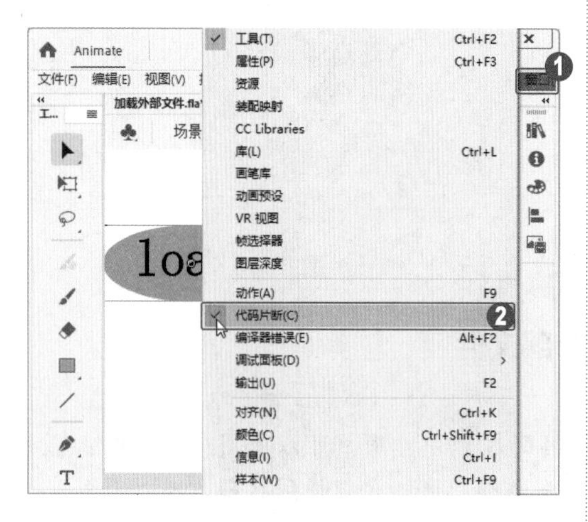

图 8-17

第 2 步 弹出【转换为元件】对话框，❶在【名称】文本框中输入元件名称，❷在【类型】下拉列表框中选择【按钮】选项，❸单击【确定】按钮，如图 8-16 所示。

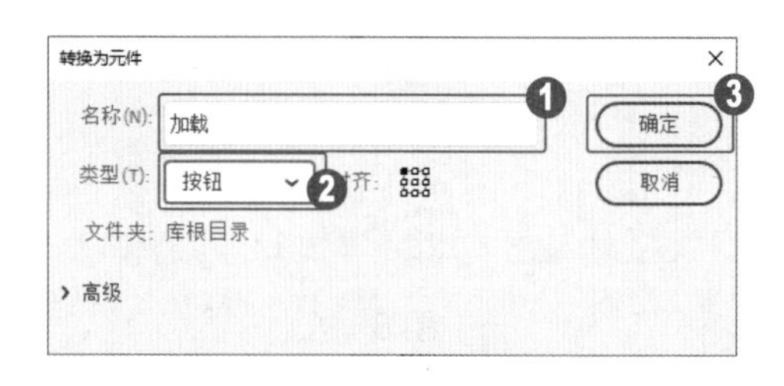

图 8-16

第 4 步 打开【代码片断】面板，❶单击【加载和卸载】折叠按钮 ▶，❷在展开的折叠列表中，双击【单击以加载/卸载 SWF 或图像】选项，如图 8-18 所示。

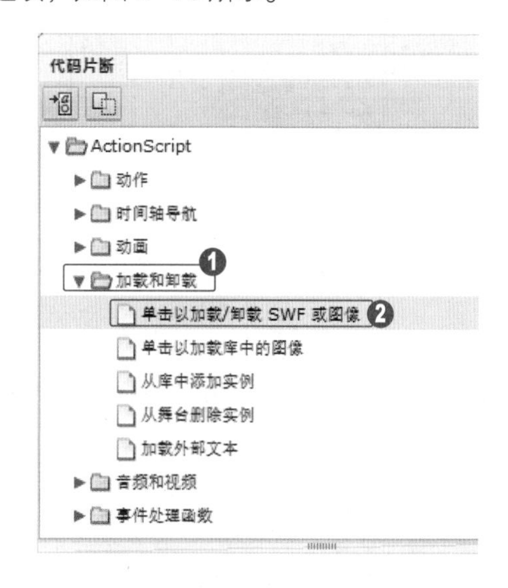

图 8-18

第 5 步 弹出【动作】面板，在该面板中找到“http://www.helpexamples.com/flash/images/image1.jpg”文本代码，如图 8-19 所示。

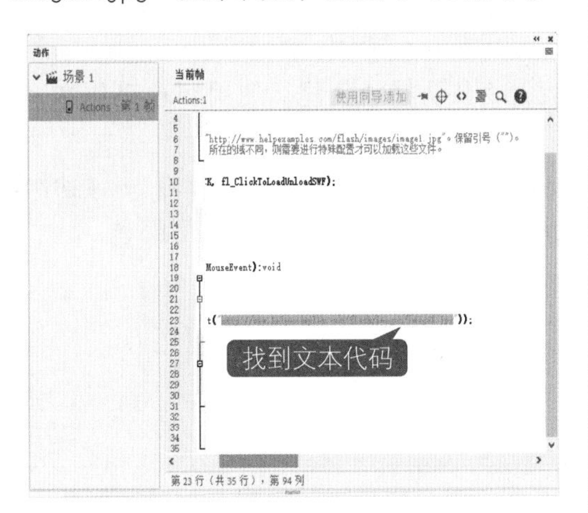

图 8-19

第 6 步 将其替换为“声音按钮.png”（这里要注意与本例素材文件相同路径中有外部文件“声音按钮.png”），如图 8-20 所示。

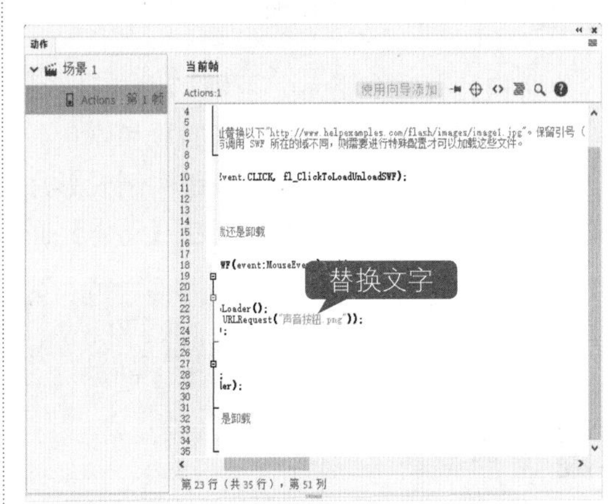

图 8-20

第 7 步 按 Ctrl+Enter 组合键测试影片，单击 load 图形按钮，如图 8-21 所示。

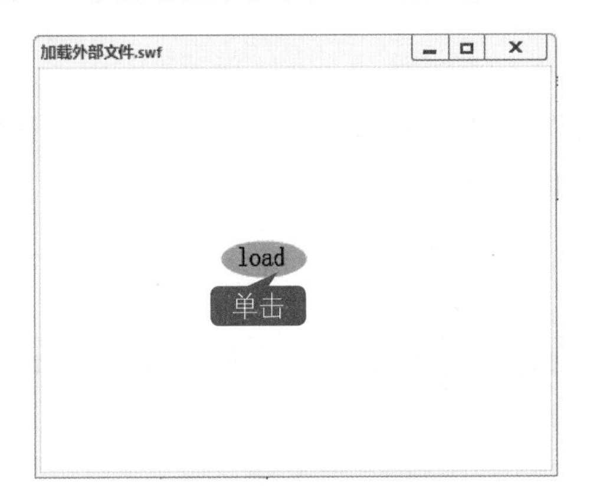

图 8-21

第 8 步 此时可以看到加载的图像文件，这样即可完成应用代码片断加载外部文件的操作，如图 8-22 所示。

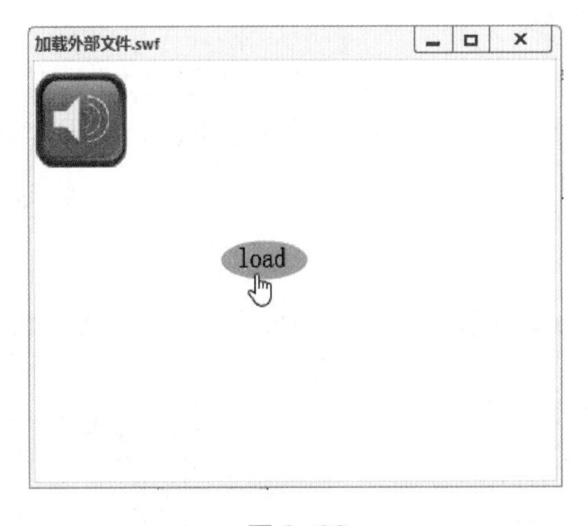

图 8-22

8.4 制作交互式动画

使用动作脚本可以通知 Animate 在发生某个事件时应该执行什么动作。当播放头到达某一帧，或当影片剪辑加载或卸载，或用户单击按钮或按下键盘键时，就会发生一些能够触发脚本的事件。脚本可以由单一动作组成，如指示影片停止播放的操作；也可以由一系列动作组成，如先计算条件，再执行动作。本节将介绍制作交互动画的相关知识及方法。

8.4.1 播放和停止动画

除非另有命令指示，否则影片一旦开始播放，将从头播放到尾。使用 play 动作和 stop 动作可以控制影片或影片剪辑播放和停止。

选择要指定动作的帧、按钮实例或影片剪辑实例，在菜单栏中选择【窗口】→【动作】菜单项，打开【动作】面板，在【动作】面板的脚本窗格中根据需要输入以下脚本。

```
stop();                              //帧动作
MyClip.play();                       //在舞台上播放指定的影片剪辑 MyClip
MovieClip(this.root).stop();         //停止当前实例的父级影片剪辑
```

专家解读

需要注意的是，要控制的影片剪辑必须有一个实例名称，而且必须显示在时间轴上。动作后面的空括号表明该动作不带参数。一旦停止播放，必须使用 play 动作明确指示要重新开始播放影片。

8.4.2 按钮事件

按钮是交互动画的常用控制方式，可以利用按钮来控制和影响动画的播放，实现页面的链接、场景的跳转等功能。下面介绍脚本语言中的表达式。

```
stop();
//处于静止状态
var playBtn:playbutton = new playbutton();
//创建一个按钮实例
    playBtn.addEventListener( MouseEvent.CLICK, handleClick );
//为按钮实例添加监听器
var stageW=stage.stageWidth;
var stageH=stage.stageHeight;
//依据舞台的宽和高
playBtn.x=stageW/1.2;
playBtn.y=stageH/1.2;
this.addChild(playBtn);
//添加按钮到舞台中，并将其放置在舞台的左下角（"stageW/1.2"、"stage
H/1.2" 宽和高在 x 轴和
y轴的坐标）
function handleClick( event:MouseEvent ) {
  gotoAndPlay(2);
 }
//单击按钮时跳到下一帧并开始播放动画
```

8.4.3 添加控制命令

控制鼠标跟随所使用的脚本如下。

```
root.addEventListener(Event.ENTER_FRAME,元件实例);
function 元件实例(e:Event) {
var h:元件 = new 元件();
//添加一个元件实例
h.x=root.mouseX;
h.y=root.mouseY;
//设置元件实例在x轴和y轴的坐标位置
root.addChild(h);
//将元件实例放入场景
}
```

8.5 实战课堂——为动画添加链接

在 Animate 中，打开【代码片断】面板，在【动作】文件夹折叠列表中，可以为动画添加链接动作，测试影片后，单击相应的按钮，即可看到要链接的网页。本例详细介绍为动画添加链接的操作方法。

<< 扫码获取配套视频课程，本视频课程播放时长约为 1 分 06 秒。

配套素材路径：配套素材/第8章

素材文件名称：添加动画链接.fla

操作步骤 Step by Step

第 1 步 打开"添加动画链接.fla"素材文件，选中舞台中的所有图形，在菜单栏中选择【修改】→【转换为元件】菜单项，如图 8-23 所示。

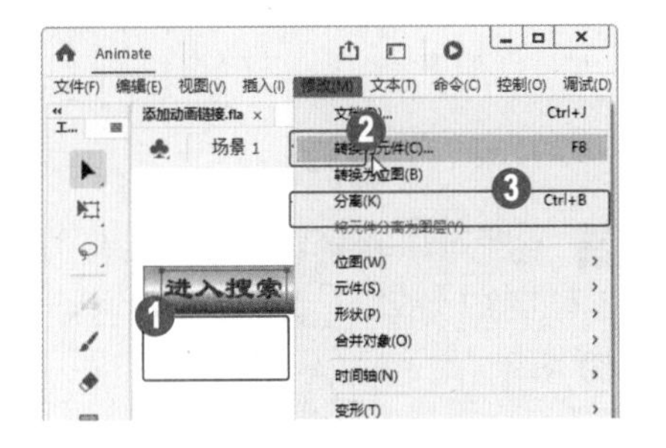

图 8-23

第 2 步 弹出【转换为元件】对话框，❶在【名称】文本框中输入元件名称，❷在【类型】下拉列表框中选择【影片剪辑】选项，❸单击【确定】按钮，如图 8-24 所示。

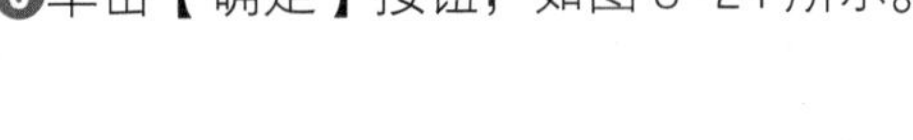

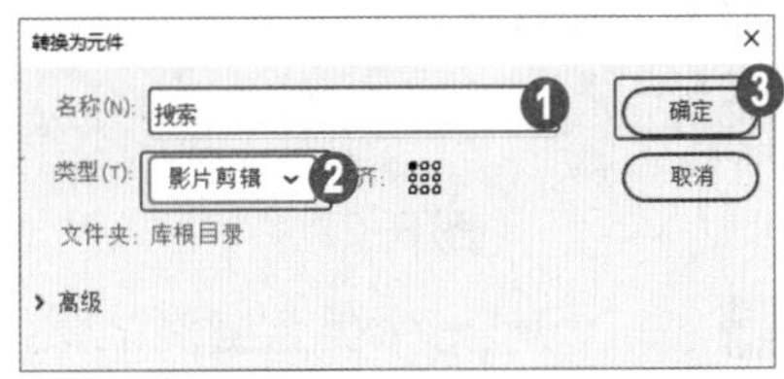

图 8-24

第 3 步 打开【属性】面板，在【实例名称】文本框中输入实例名称，如图 8-25 所示。

图 8-25

第 5 步 打开【代码片断】面板，❶单击【动作】折叠按钮 ▸，❷在展开的折叠列表中，双击【单击以转到 Web 页】选项，如图 8-27 所示。

图 8-27

第 7 步 按 Ctrl+Enter 组合键测试影片，单击窗口中的图形按钮，如图 8-29 所示。

第 4 步 在菜单栏中，❶选择【窗口】菜单，❷在弹出的下拉菜单中选择【代码片断】菜单项，如图 8-26 所示。

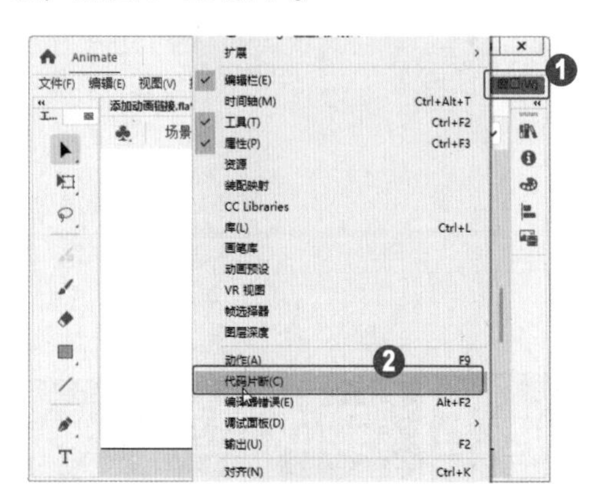

图 8-26

第 6 步 弹出【动作】面板，在面板中的编辑区，找到“http://www.adobe.com”文本，将其替换为“http://www.baidu.com”，如图 8-28 所示。

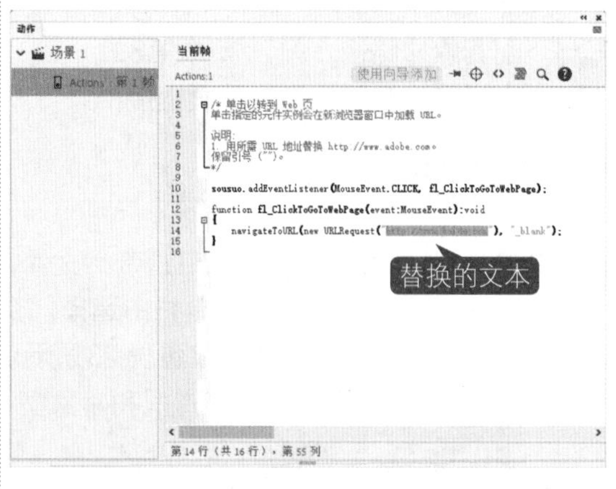

图 8-28

第 8 步 此时可以看到链接的“百度”网页，这样即可完成为动画添加链接的操作，如图 8-30 所示。

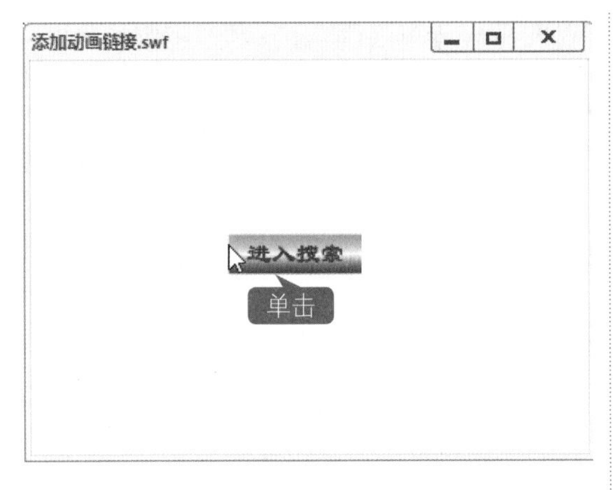

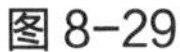
图 8-29

图 8-30

8.6 思考与练习

通过本章的学习，读者可以掌握动作脚本和交互动画的基本知识以及一些常见的操作。本节将针对本章知识点，有目的地进行相关知识测试，以达到巩固与提高的目的。

一、填空题

1. ________ 就是在动画运行过程中起到控制和计算作用的程序代码，在动画中添加交互性动作，可在 Animate、FLEX 和 AIR 内容及应用程序中实现交互。

2. 数据类型描述了动作脚本的变量或元素可以包含的信息种类。动作脚本有两种数据类型：________ 类型和 ________ 类型。

3. ________ 类型是指 String（字符串）、Number（数字型）和 Boolean（布尔型），它们拥有固定类型的值，因此可以包含它们所代表的元素的实际值。

4. ________ 类型指影片剪辑型和对象型，它们的值的类型是不固定的，因此它们包含对该元素实际值的引用。

5. 值为 true 或 false 的变量被称为 ________ 变量。

6. 字符串是字母、数字和标点符号等字符的序列。字符串必须用一对 ________ 标记。字符串被当作字符而不是变量进行处理。

7. 数字型是指数字的 ________，要进行正确的数学运算必须使用数字数据类型。

8. ________ 是 Animate 影片中可以播放动画的元件，它们是唯一引用图形元素的数据类型。

9. 对象型指所有使用动作脚本创建的基于对象的代码。对象是属性的集合，每个属性都

拥有自己的 ________，属性的值可以是任何 Animate 数据类型，甚至可以是对象数据类型。

10. 在动作脚本中，点（.）用于表示与对象或影片剪辑相关联的属性或方法，也可以用于标识影片剪辑或变量的 ________。

11. 在【动作】面板中，使用 ________ 可以在一个帧或按钮的脚本中添加说明，这有利于增强程序的易读性。

12. ________ 是用来对常量、变量等进行某种运算的方法，如产生随机数、进行数值运算、获取对象属性等。

二、判断题

1. 在 Animate 2022 中，要实现一些复杂多变的动画效果就要使用动作脚本，可以通过输入不同的动作脚本来实现高难度的动画制作。（ ）

2. 动作脚本也会在需要时将值 true 和 false 转换为 1 和 2。（ ）

3. 在进行比较以控制脚本流的动作脚本语句中，布尔型变量经常与逻辑运算符一起使用。（ ）

4. 可以使用算术运算符加（+）、减（-）、乘（*）、除（/）、取模（ %）、递增（++）和递减（--）来处理数字，也可以使用内置的 Math 对象的方法处理数字。（ ）

5. 注释语句以双斜线“//”开始，斜线显示为黑色，注释内容可以不考虑长度和语法，注释语句不会影响 Animate 动画输出时的文件量。（ ）

6. 变量是包含信息的容器。容器本身不会改变，但其内容可以更改。（ ）

7. 第一次定义变量时，最好为变量定义一个已知值，即初始化变量，这通常在 SWF 文件的第 1 帧中完成。每一个影片剪辑对象都有自己的变量，而且不同的影片剪辑对象中的变量相互独立且互不影响。（ ）

8. 可用于时间轴上的任意脚本。要声明时间轴变量，应在时间轴的所有帧上都初始化这些变量。应先初始化变量，然后再尝试在脚本中访问它。（ ）

9. 表达式是可以对数值、字符串、逻辑值进行运算的关系符号。（ ）

10. 代码片断是 Animate 预置的一些功能代码，它允许用户直接在脚本窗格中添加大量模块化的脚本代码，而不需要任何 JavaScript 或 ActionScript 3.0 方面的知识，从而使得非编程人员能够很快就轻松地使用简单的 JavaScript 和 ActionScript 3.0。（ ）

三、简答题

1. 如何使用动作码向导？

2. 如何添加代码片断？

第9章

组件和动画预设

- 组件
- 使用动画预设
- 制作登录界面

本章主要介绍了组件、使用动画预设方面的知识与技巧，在本章的最后还针对实际工作需求，讲解了制作登录界面的方法。通过本章的学习，读者可以掌握组件和动画预设方面的知识。

9.1 组件

组件是一些复杂的带有可定义参数的影片剪辑符号，既可以是简单的界面控件，也可以包含不可见的内容，使用组件可以快速地构建具有一致外观和行为的应用程序。本节将详细介绍组件的相关知识及操作方法。

9.1.1 Animate 的常用组件

Animate 中包含的组件共分为两类：用户界面（UI）组件和视频（Video）组件。下面将详细介绍。

1. 用户界面组件

用户界面组件可以单独使用，在 Animate 影片中添加简单的交互动作；也可以组合使用，为 Web 表单或应用程序创建一个完整的用户界面。

在菜单栏中选择【窗口】→【组件】菜单项或按 Ctrl+F7 组合键，即可打开【组件】面板，如图 9-1 所示。

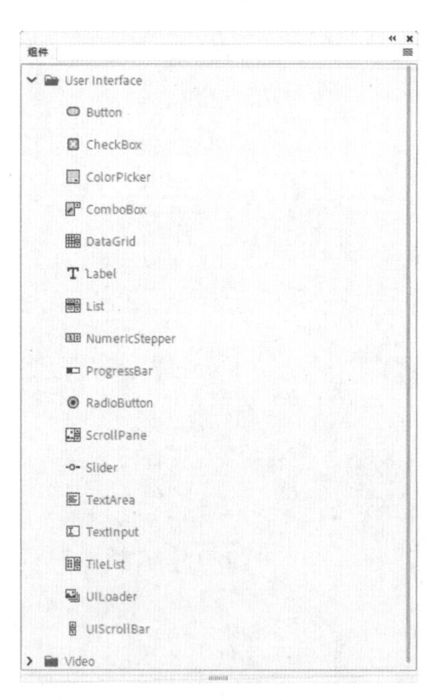

图 9-1

该面板中部分选项的介绍如下。

- Button：用于响应键盘上的空格键或者鼠标的动作。

- CheckBox：用来显示一个复选框。
- ColorPicker：用来显示一个颜色拾取框。
- ComboBox：用来显示一个下拉列表框。
- DataGrid：数据网格。用于在行和列构成的网格中显示数据。
- Label：用于显示对象的名称、属性等。
- List：用来显示一个滚动选项列表。
- NumericStepper：用来显示一个可以逐步递增或递减数字的列表。
- ProgressBar：用于等待加载内容时显示加载进程。
- RadioButton：表示在一组互斥选择中的单项选择。
- ScrollPane：提供用于查看影片剪辑的可滚动窗格。
- Slider：显示一个滑动条，通过滑动与值范围相对应的轨道端点之间的滑块选择值。
- TextArea：用于显示一个带有边框和可选滚动条的文本输入区域，通常用于输入多行文本。
- Textinput：用于显示单行输入文本。
- TileList：提供呈行和列分布的网格，通常用来以“平铺”格式设置并显示图像。
- UILoader：一个能够显示 SWF 或 JPEG 的容器。
- UIScrollBar：一个显示有滚动条的文本字段容器。

2. 视频组件

视频组件用于定制视频播放器外观和播放控件。Animate 2022 中的视频组件如图 9-2 所示。

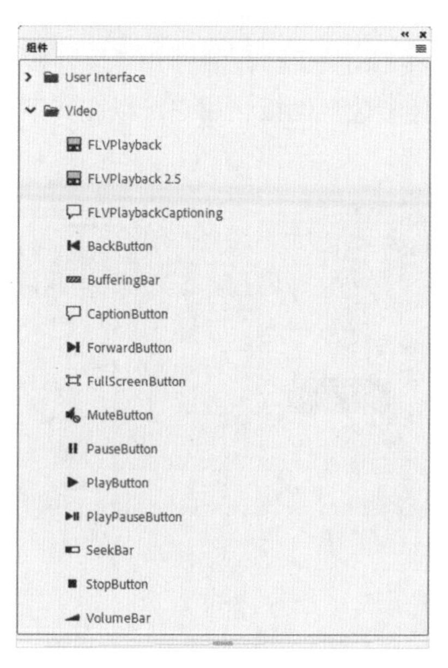

图 9-2

9.1.2 设置与应用组件

用户可以在【组件】面板中双击要使用的组件，该组件将显示在舞台窗口中，如图9-3所示。

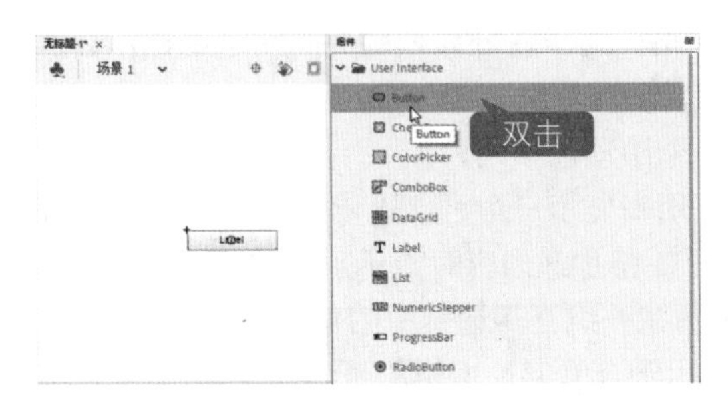

图 9-3

也可以在【组件】面板中选中要使用的组件，将其直接拖曳到舞台窗口中，如图9-4所示。

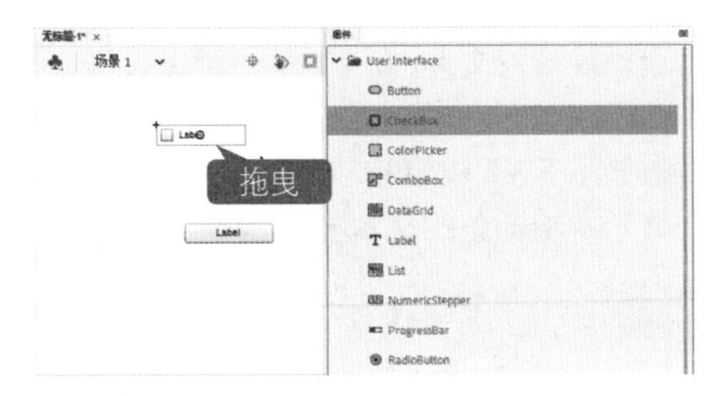

图 9-4

在舞台窗口中选中组件，按 Ctrl+F3 组合键打开【属性】面板，单击【显示参数】按钮，如图 9-5 所示。打开【组件参数】面板，用户可以在其下拉列表框中选择相应的选项，如图 9-6 所示。

图 9-5

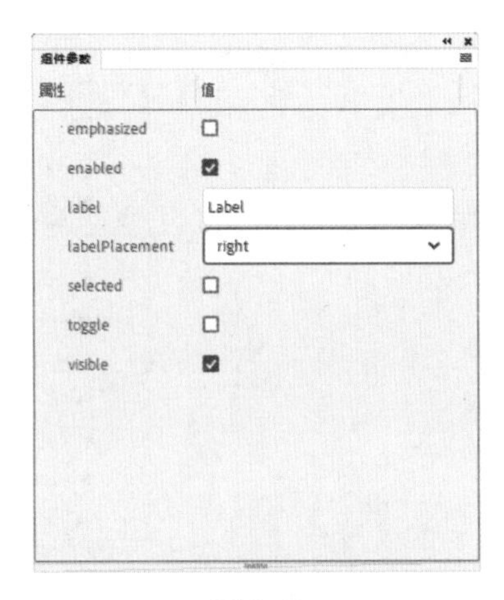

图 9-6

知识拓展：快捷添加组件的方式

在 Animate 中，在文档中首次添加组件时，Animate 会将其作为影片剪辑导入到【库】面板中，然后用户可以直接从【库】面板中将其拖曳至舞台中，将组件添加到舞台中。

9.2 使用动画预设

动画预设是预配置的补间动画，可以将它们应用于舞台上的对象。用户只需选择对象并单击【动画预设】面板中的【应用】按钮，即可为选中的对象添加动画效果。本节将详细介绍使用动画预设的相关知识及操作方法。

9.2.1 预览与应用动画预设

Animate 提供的每个动画预设选项都包括预览，用户可在【动画预设】面板中查看其预览。通过预览，用户可以了解在将动画应用于 FLA 文件中的对象时所获得的结果。对于用户创建或导入的自定义预设，用户可以添加自己的预览。

在菜单栏中选择【窗口】→【动画预设】菜单项，打开【动画预设】面板，如图 9-7 所示。单击【默认预设】文件夹前面的三角图标，展开默认预设选项，选择其中一个默认的预设选项，即可预览默认动画预设，如图 9-8 所示。要想停止预览播放，在【动画预设】面板外单击即可。

图 9-7

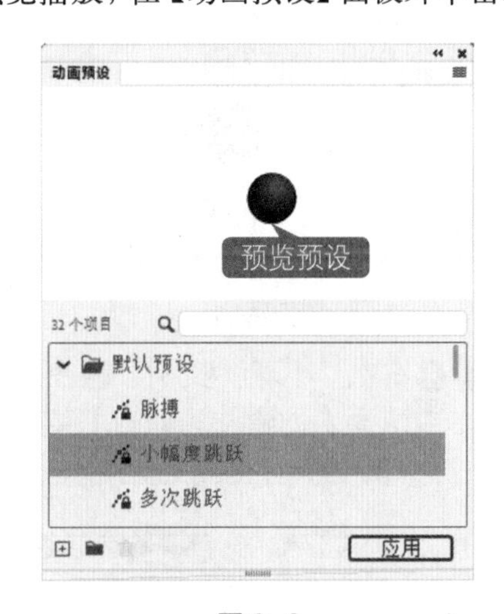

图 9-8

在舞台上选中可补间的对象（元件实例或文本字段）后，可单击【应用】按钮应用预设。每个对象只能应用一个预设。如果将第二个预设应用于相同的对象，则第二个预设将替换第一个预设。

专家解读

一旦将预设应用于舞台上的对象，在时间轴中创建的补间就不再与【动画预设】面板有任何关系了。在【动画预设】面板中删除或重命名某个预设对以前使用该预设时创建的所有补间没有任何影响。如果在面板中的现有预设上保存新预设，它对使用原始预设时创建的任何补间没有影响。

9.2.2 自定义动画预设

如果用户想对自己创建的补间或在【动画预设】面板中应用的补间进行更改，可将它另存为新的动画预设。新预设将显示在【动画预设】面板的【自定义预设】文件夹中。下面详细介绍自定义动画预设的操作方法。

操作步骤 Step by Step

第 1 步 选择【基本椭圆】工具，在工具箱中将笔触颜色设为无，填充颜色设为红色径向渐变，在舞台中绘制 1 个圆形，如图 9-9 所示。

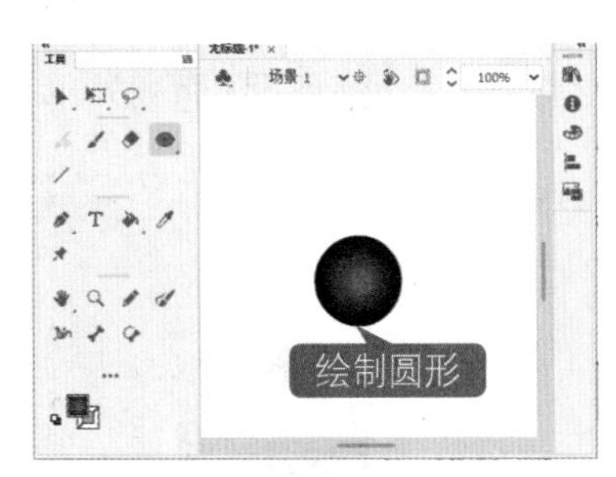

图 9-9

第 2 步 使用【选择工具】选中圆形，按 F8 键，弹出【转换为元件】对话框，❶在【名称】文本框中输入“小球”，❷在【类型】下拉列表框中选择【图形】选项，❸单击【确定】按钮，即可将圆形转换为图形元件，如图 9-10 所示。

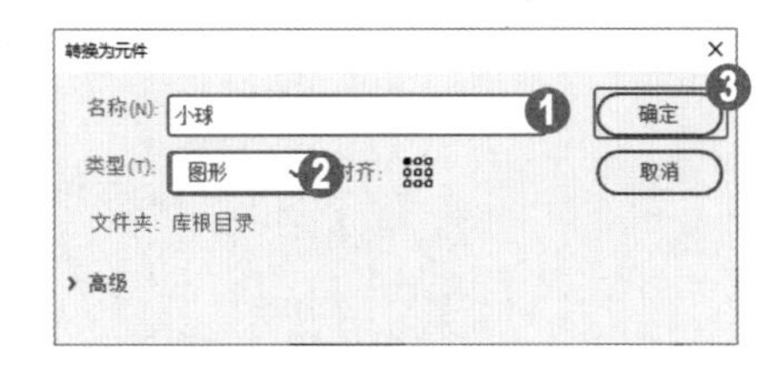

图 9-10

第 3 步 ❶右击“小球”实例，❷在弹出的快捷菜单中选择【创建补间动画】菜单项，即可生成补间动画，如图 9-11 所示。

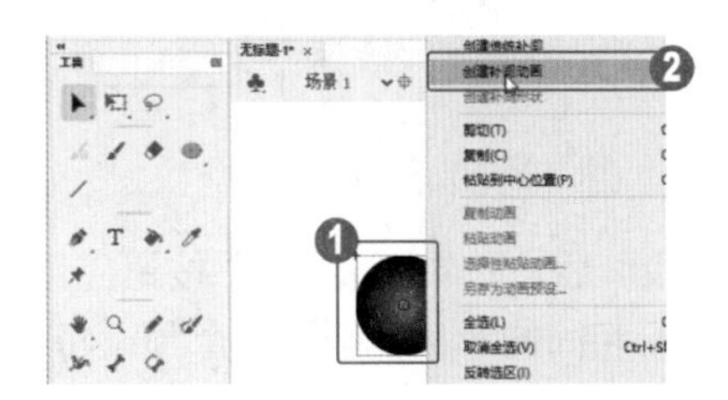

图 9-11

第 4 步 在舞台中将“小球”实例水平向右拖曳到适当的位置，如图 9-12 所示。

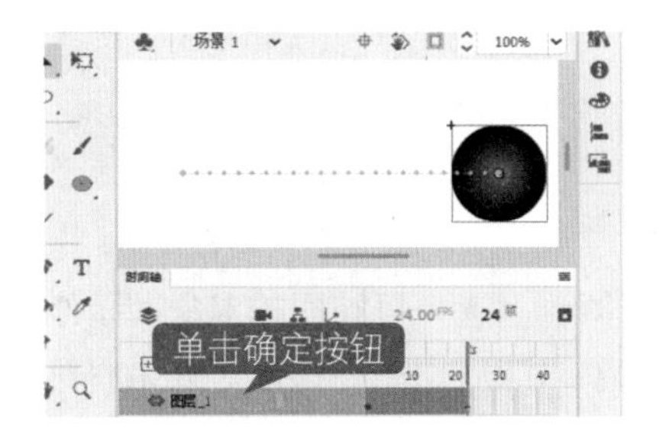

图 9-12

第 5 步 将鼠标指针放在运动路线上，当鼠标指针变为“ ”形状时，按住鼠标左键并向上拖曳到适当的位置，即可将运动路线调整为弧线，效果如图 9-13 所示。

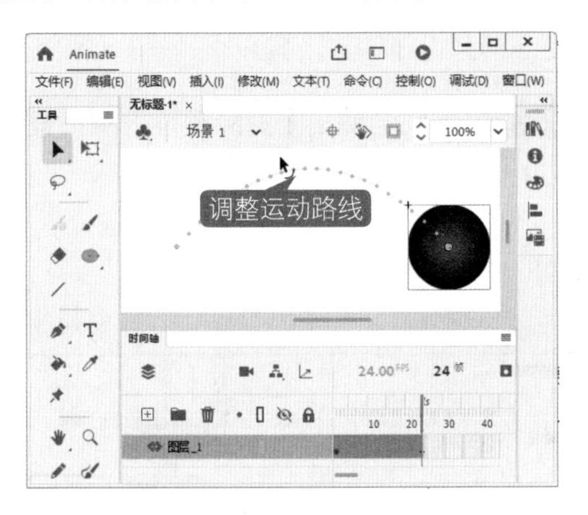

图 9-13

第 6 步 ❶选中舞台中的“小球”实例，❷单击【动画预设】面板左下方的【将选区另存为预设】按钮，如图 9-14 所示。

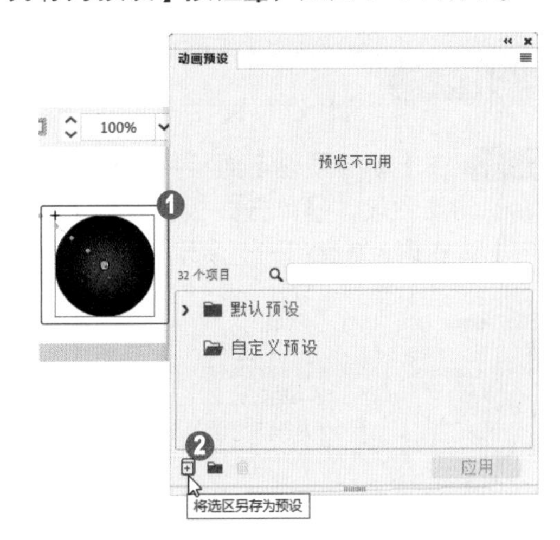

图 9-14

第 7 步 弹出【将预设另存为】对话框，❶在【预设名称】文本框中输入名称，❷单击【确定】按钮，完成另存为预设效果的操作，如图 9-15 所示。

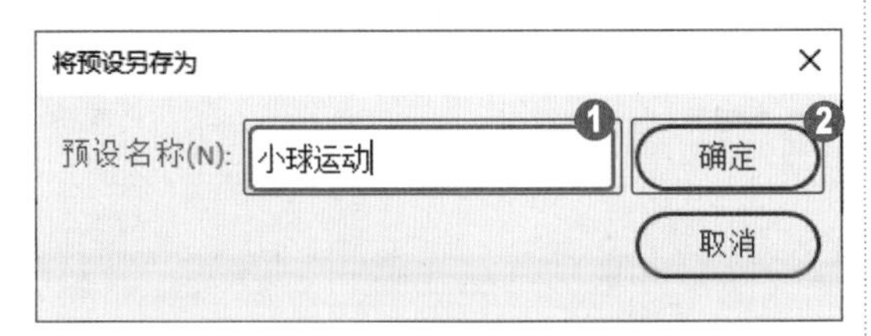

图 9-15

第 8 步 此时在【动画预设】面板中，可以看到保存的自定义动画预设，如图 9-16 所示。

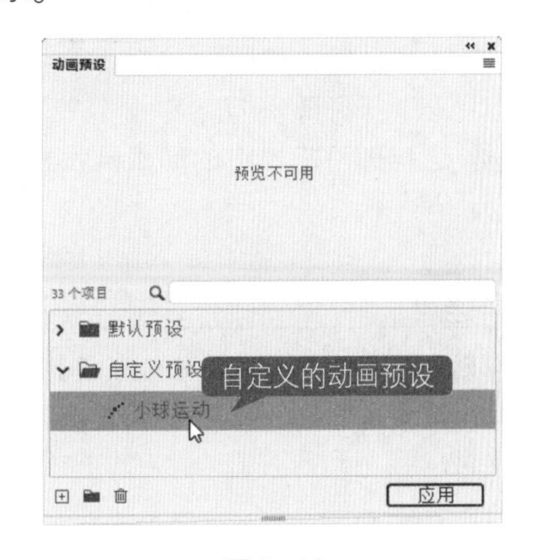

图 9-16

专家解读

动画预设只能包含补间动画，传统补间不能保存为动画预设。自定义的动画预设存储在【自定义预设】文件夹中。

9.2.3 删除动画预设

用户可以在【动画预设】面板中删除动画预设。在删除动画预设时，Animate 将从磁盘中删除其 XML 文件。下面详细介绍删除动画预设的操作方法。

操作步骤 Step by Step

第 1 步 在【动画预设】面板中，❶选择要删除的动画预设，❷单击面板下方的【删除项目】按钮，如图 9-17 所示。

图 9-17

第 2 步 系统会弹出【删除预设】对话框，单击【删除】按钮，如图 9-18 所示。

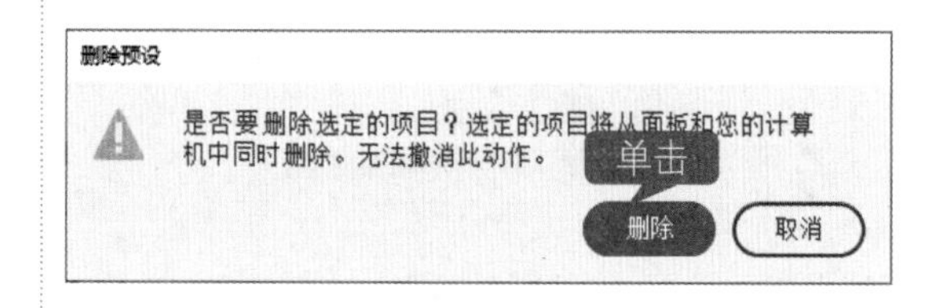

图 9-18

第 3 步 这样即可将选中的动画预设删除，如图 9-19 所示。

图 9-19

■ 指点迷津

在删除动画预设时，【默认预设】文件夹中的预设是删除不了的。

9.3 实战课堂——制作登录界面

在 Animate 中，用户可以将常用的组件放在一起使用，来制作不同的动画效果，本例将介绍使用这些常用的组件来制作一个登录界面的操作方法。

<< 扫码获取配套视频课程，本视频课程播放时长约为 56 秒。

操作步骤

Step by Step

第 1 步 新建一个空白文档，❶在工具箱中单击【文字工具】按钮 T，❷在舞台中输入文字内容，如图 9-20 所示。

图 9-20

第 2 步 打开【组件】面板，❶在 User Interface 文件夹中选择 TextInput 选项，❷将其拖曳到舞台中，如图 9-21 所示。

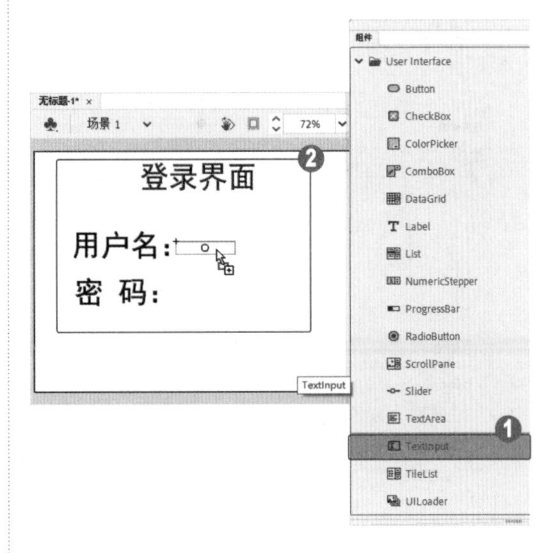

图 9-21

第 3 步 重复步骤 2 的操作，再次拖曳组件至舞台中，如图 9-22 所示。

第 4 步 在【组件】面板中，❶选择 User Interface 文件夹中的 Button 选项，❷将其拖曳到舞台中，如图 9-23 所示。

图 9-22

第 5 步 打开【属性】面板后，单击【显示参数】按钮，打开【组件参数】面板，在label文本框中输入文字“登录”，如图 9-24 所示。

图 9-24

图 9-23

第 6 步 按 Ctrl+Enter 组合键测试影片效果，这样即可完成制作登录界面的操作，如图 9-25 所示。

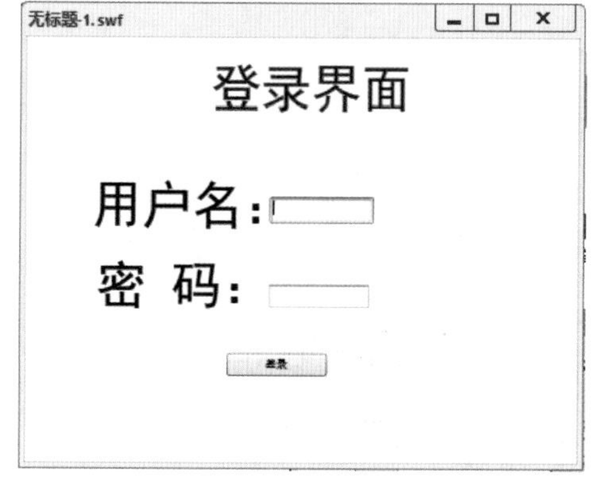

图 9-25

9.4 思考与练习

通过本章的学习，读者可以掌握组件和动画预设的基本知识以及一些常见的操作方法。本节将针对本章知识点，有目的地进行相关知识测试，以达到巩固与提高的目的。

一、填空题

1. 组件是一些复杂的带有可定义参数的影片剪辑符号，既可以是简单的界面控件，也可以包含 ________ 的内容，使用组件可以快速地构建具有一致外观和行为的应用程序。

2. Animate 中包含的组件共分为两类：________ 组件和视频（Video）组件。

二、判断题

1. 用户可以在【组件】面板中双击要使用的组件，组件将显示在舞台中，也可以在【组件】面板中选中要使用的组件，将其直接拖曳到舞台中。 （ ）

2. 动画预设是预配置的传统补间动画，可以将它们应用于舞台上的对象。用户只需选择对象并单击【动画预设】面板中的【应用】按钮，即可为选中的对象添加动画效果。 （ ）

三、简答题

1. 如何设置与应用组件？

2. 如何自定义动画预设？

思考与练习答案

第 1 章

一、填空题

1. An
2. 矢量动画
3. 矢量动画
4. Create JS
5. 视图、调试
6. 工具箱
7. 同类型
8. 图像
9. 对齐
10. 属性

二、判断题

1. 对
2. 错
3. 对
4. 对
5. 对
6. 错
7. 错
8. 对

三、简答题

1. Animate 2022 提供了多种类别的应用模板供选择使用。选择【文件】→【从模板新建】菜单项，或按 Ctrl+Shift+N 组合键，弹出【从模板新建】对话框。在该对话框的【类别】列表中选择需要使用的模板类别，在【模板】列表中选择需要使用的模板。此时，在对话框中能够预览模板文件的效果并看到对该模板的描述信息。单击【确定】按钮，即可使用该模板创建新文档。

2. Animate 2022 允许用户将文档保存为模板。选择【文件】→【另存为模板】菜单项，弹出【另存为模板警告】提示框。关闭提示框。单击【另存为模板】按钮，系统会弹出【另存为模板】对话框。在该对话框的【名称】文本框中输入模板的名称，在【类别】下拉列表框中选择模板类型，在【描述】文本框中输入对模板的描述。设置完成后，单击【保存】按钮，即可将动画以模板的形式保存下来。

第 2 章

一、填空题

1. 钢笔工具、锚点
2. 橡皮擦

二、判断题

1. 对
2. 错

三、简答题

1. 在舞台上绘制一个椭圆图形，单击工具箱中的【部分选取工具】按钮，然后单击椭圆形的边缘，此时，椭圆形的边缘会出现多个锚点。

单击鼠标左键选择其中一个锚点，并向任意方向拖曳。

到合适位置释放鼠标左键，即可完成使用部分选取工具改变图形形状的操作。

2. 使用【画笔工具】绘制一个心形，将填充颜色设置为红色，选择【颜料桶工具】，此时鼠标指针变成了颜料桶形状“”，将鼠标指针移动到心形的中间并单击。

可以看到这个图形已被填充为红色，这样即可完成使用颜料桶工具填充颜色。

第 3 章

一、填空题

1. 文字
2. 静态文本、输入文本
3. 动态文本
4. 输入文本
5. 【对齐】
6. 8
7. 对象绘制
8. 联合、交集

二、判断题

1. 对
2. 错
3. 对
4. 对
5. 错
6. 对

三、简答题

1. 在舞台上输入文本后，选择工具箱中的【任意变形工具】，当文本框周围出现文本对象的轮廓线时，将鼠标指针移动到轮廓线的转角处，此时鼠标指针会变成“ ”形状。

按住鼠标左键向上或向下拖动，可实现对文本的旋转。

将鼠标指针移动到对角线处，当鼠标指针变成“ ”形状时，按住鼠标左键向上或向下拖动，可缩放文本对象的大小。

当鼠标指针变成“ ”形状时，按住鼠标左键向上或向下拖动，可实现对文本的倾斜。

在舞台上输入文本后，在菜单栏中选择【修改】→【变形】→【水平翻转】菜单项，即可实现文本对象的水平翻转。

在舞台上输入文本后，在菜单栏中选择【修改】→【变形】→【垂直翻转】菜单项，即可实现文本对象的垂直翻转。

2. 在舞台中绘制好准备排列的图形对象后，使用【选择工具】将这些图形全部选中。

在菜单栏中选择【修改】→【对齐】→【底对齐】菜单项，即可将所有图形的底部对齐。

第 4 章

一、填空题

1. 库、图形
2. 按钮、图形
3. 属性
4. 不包含

二、判断题

1. 对
2. 对
3. 错
4. 对

三、简答题

1. 在舞台上绘制一个对象后，如需要转为元件，则右击绘制好的元件，在弹出的快捷菜单中选择【转换为元件】菜单项，打开【转换为元件】对话框。

在【名称】文本框中输入需要转换的元件名称，默认情况下为“元件 1”，在【类型】下拉列表框中选择需要转换的元件类型，单击【确定】按钮，即可实现将场景中绘制的对象或导入到场景中的对象转换为元件。

2. 实例创建完成后，可以为实例指定另外的元件，使舞台上的实例变为另外一个实例，但原来的实例属性不会改变。

【属性】面板中的【交换】按钮位于【实例】最右侧。单击【交换】按钮⇄，打开【交换元件】对话框，选择准备交换的元件，再单击【确定】按钮，即可完成元件的替换，从而完成交换实例。

第 5 章

一、填空题

1. 时间轴
2. 帧
3. 底部
4. 播放头
5. 逐帧动画
6. 空白关键帧
7. 动画
8. 空白关键帧
9. 虚线
10. 补间动画
11. 传统补间动画

二、判断题

1. 对
2. 对
3. 错
4. 对
5. 对
6. 错
7. 错
8. 对

三、简答题

1. 新建一个空白文档，❶在工具箱中单击【文字工具】按钮T，❷在舞台中输入文字“1”。

在【时间轴】面板中，❶选中第 2 帧，在键盘上按 F6 键插入关键帧，❷将文字修改为“2”。

在【时间轴】面板中，❶选中第 3 帧，在键盘上按 F6 键插入关键帧，❷将文字修改为“3”。

在【时间轴】面板中，❶选中第 4 帧，在键盘上按 F6 键插入关键帧，❷将文字修改为“4”。

在【时间轴】面板中，❶选中第 5 帧，在键盘上按 F6 键插入关键帧，❷将文字修改为“5”。

按 Ctrl+Enter 组合键测试效果，这样即可完成制作逐帧动画的操作。

2. 新建一个空白文档，❶在工具箱中单击【矩形工具】按钮■，❷在舞台中绘制矩形。

在【时间轴】面板中选中第 15 帧，在键盘上按 F6 键插入关键帧。

返回到工具箱中，❶单击【选择工具】按钮▸，❷在舞台中选中图形并按 Delete 键删除。

返回到工具箱中，❶单击【椭圆工具】按钮●，❷在舞台中绘制一个圆形。

在【时间轴】面板中选中第 1 帧～第 15 帧之间的任意帧，右击，在弹出的快捷菜单中选择【创建补间形状】菜单项。

按 Enter 键测试效果，这样即可完成制作简单形状补间动画。

第 6 章

一、填空题

1. 图层 _1
2. 普通层
3. 重命名
4. 【图层属性】
5. 显示

6. 路径
7. M

二、判断题

1. 对
2. 错
3. 对
4. 对
5. 对

三、简答题

1. 在【时间轴】面板 k，❶右击【图层 2】图层，❷在弹出的快捷菜单中选择【添加传统运动引导层】菜单项。

此时在【图层 2】图层的上方会出现一个引导层，这样即可完成添加运动引导层的操作。

2. 在【时间轴】面板中右击要转换为遮罩层的图层，在弹出的快捷菜单中选择【遮罩层】菜单项，选中的图层将转换为遮罩层，其下方的图层自动转换为被遮罩层，并且它们都自动被锁定。

第 7 章

一、填空题

1. 交换位图
2. 消除锯齿

二、判断题

1. 错
2. 对

三、简答题

1. 将位图导入到舞台中后，选中该位图，在菜单栏中选择【修改】→【位图】→【交换位图】菜单项。

弹出【交换位图】对话框，显示当前舞台中应用的位图图像，单击【浏览】按钮。弹出【导入位图】对话框，❶选择准备替换的位图素材，❷单击【打开】按钮。

返回到舞台中，可以看到已经替换了所选择的位图素材，这样即可完成交换位图的操作。

2. 将位图导入到舞台中后，选中该位图，然后在菜单栏中选择【修改】→【位图】→【转换位图为矢量图】菜单项。

弹出【转换位图为矢量图】对话框，❶设置矢量图的颜色阈值、最小区域、角阈值和曲线拟合，❷单击【确定】按钮。

返回到舞台中，可以看到转换后的矢量图，这样即可完成将位图转换为矢量图的操作。

第 8 章

一、填空题

1. 动作脚本
2. 原始数据、引用数据
3. 原始数据
4. 引用数据
5. 布尔型
6. 双引号
7. 算术值
8. 影片剪辑
9. 名称和值
10. 目标路径
11. 注释语句
12. 函数

二、判断题

1. 对
2. 错
3. 对
4. 对
5. 错

6. 对

7. 对

8. 对

9. 错

10. 对

三、简答题

1. 打开【新建文档】对话框后，创建一个 HTML5 Canvas 文档。

在舞台中创建一个元件实例后，将其选中，在菜单栏中选择【窗口】→【动作】菜单项。

打开【动作】面板，单击【使用向导添加】按钮。

进入向导界面，选择要执行的一项操作。本例选择 Go to Web Page 并单击，也可下拉滚动条或在上方的搜索栏中输入关键词查找需要的操作命令，代码会自动显示在脚本窗格中，然后单击【下一步】按钮。

接下来选择触发事件。根据前面所选择的动作类型，该窗口中会列出一组触发器，主要是鼠标事件，如鼠标单击、鼠标双击、鼠标移开等，本例选择 On Double Click 即鼠标双击，继续选择一个要触发事件的对象，这里选择【当前选中的对象】选项，选好后代码将自动添加，单击【完成并添加】按钮。

此时看到已经将代码添加到脚本窗格中，这样即可完成使用动作码向导的操作。

2. 新建一个空白文档，选中一个元件实例后，在菜单栏中选择【窗口】→【代码片断】菜单项。

打开【代码片断】面板，单击要添加代码的文件夹折叠按钮 ▸，如【动作】文件夹。

在展开的文件夹列表中，双击要添加的代码类型，如【播放影片剪辑】选项。

弹出添加代码的动作面板，此时可以看到详细的代码，这样即可完成添加代码片断的操作。

第 9 章

一、填空题

1. 不可见

2. 用户界面（UI）

二、判断题

1. 对

2. 错

三、简答题

1. 用户可以在【组件】面板中双击要使用的组件，组件将显示在舞台中。

也可以在【组件】面板中选中要使用的组件，将其直接拖曳到舞台中。

在舞台中选中组件，按 Ctrl+F3 组合键，打开【属性】面板，单击【显示参数】按钮。打开【组件参数】面板，用户可以在其下拉列表框中选择相应的选项。

2. 选择【基本椭圆】工具，在工具箱中将笔触颜色设为无，填充颜色设为红色径向渐变，在舞台中绘制 1 个圆形。

使用【选择工具】选中圆形，按 F8 键，弹出【转换为元件】对话框，❶在【名称】文本框中输入“小球”，❷在【类型】下拉列表框中选择【图形】选项，❸单击【确定】按钮，即可将圆形转换为图形元件。

❶右击“小球”实例，❷在弹出的快捷菜单中选择【创建补间动画】菜单项，即可生成补间动画。

在舞台中将“小球”实例水平向右拖曳到适当的位置。

将鼠标指针放在运动路线上，当鼠标指针变为“”形状时，按住鼠标左键并向上拖曳到适当的位置，即可将运动路线调整为弧线。

❶选中舞台中的“小球”实例，❷单击【动画预设】面板左下方的【将选区另存为预设】按钮。

弹出【将预设另存为】对话框，❶在【预设名称】文本框中输入一个名称，❷单击【确定】按钮完成另存为预设效果的操作。

此时在【动画预设】面板中，可以看到保存的自定义动画预设。